深度学习计算机视觉

[埃及] 穆罕默德·埃尔根迪（Mohamed Elgendy） 著

刘升容 安 丹 郭平平 译

U0286712

清华大学出版社

北 京

北京市版权局著作权合同登记号　图字：01-2021-5983

Mohamed Elgendy
Deep Learning for Vision Systems
EISBN: 978-161729-619-2
Original English language edition published by Manning Publications, USA © 2020 by Manning Publications. Simplified Chinese-language edition copyright © 2022 by Tsinghua University Press Limited. All rights reserved.

图书在版编目(CIP)数据

深度学习计算机视觉 / (埃及) 穆罕默德·埃尔根迪 (Mohamed Elgendy) 著；刘升容，安丹，郭平平译. —北京：清华大学出版社，2022.7（2025.1 重印）
书名原文：Deep Learning for Vision Systems
ISBN 978-7-302-60994-0

I.①深… Ⅱ.①穆… ②刘… ③安… ④郭… Ⅲ.①计算机视觉 Ⅳ.①TP302.7

中国版本图书馆 CIP 数据核字(2022)第 095829 号

责任编辑：王　军　刘远菁
封面设计：孔祥峰
版式设计：思创景点
责任校对：成凤进
责任印制：沈　露

出版发行：清华大学出版社
　　　　　网　　　址：https://www.tup.com.cn，https://www.wqxuetang.com
　　　　　地　　　址：北京清华大学学研大厦 A 座　　　　邮　　编：100084
　　　　　社 总 机：010-83470000　　　　　　　　　　邮　　购：010-62786544
　　　　　投稿与读者服务：010-62776969，c-service@tup.tsinghua.edu.cn
　　　　　质 量 反 馈：010-62772015，zhiliang@tup.tsinghua.edu.cn
印 装 者：小森印刷霸州有限公司
经　　销：全国新华书店
开　　本：170mm×240mm　　　印　　张：24.25　　　字　　数：576 千字
版　　次：2022 年 8 月第 1 版　　　印　　次：2025 年 1 月第 3 次印刷
定　　价：128.00 元

产品编号：089959-01

谨以此书献给我的母亲 Huda，是她教给了我坚毅和善良；

献给我的父亲 Ali，是他教给了我耐心和目标；

献给深爱我并支持我的妻子 Amanda，她总是激励我砥砺前行；

献给我两岁的女儿 Emily，她每天都在提醒我，对于 AI 来说，哪怕是追赶最幼小的人类的步伐，也依然"路漫漫其修远兮"。

推荐序一

自2006年杰弗里·辛顿以及他的学生鲁斯兰·萨拉赫丁诺夫正式提出深度学习的概念以来，一股深度学习热一直"高烧"不断，并深刻影响着机器学习、人工智能等领域的技术革新。在我所从事的信息技术领域，近年来与深度学习相关的研究生学位论文数量高居首位，以至于当下信息技术领域的学位论文如果不与深度学习有关联，则往往被认为前沿性不够。这足见深度学习对信息技术的深刻影响。

信息社会是知识经济的时代，尤其是在信息技术领域，新思想、新概念、新技术、新知识不断涌现，每个从业者都必须不断地学习。一本好书就是一剂良药，对我们学习某一领域的新知识、新技术大有裨益。作为一名传道、授业、解惑的师者，近年来我也和我的学生一道在深度学习领域不断地学习和实践。

我曾经试图找到一本既有理论深度、知识广度，又有技术细节、数学原理的关于深度学习的书籍，供自己学习，也推荐给我的学生学习。虽浏览文献无数，但一直没有心仪的目标。两周前，刘升容女士将她的译作《深度学习计算机视觉》初稿呈现给我，目的是要我从专业的角度对译文的严谨性把关。粗读一遍后，顿觉豁然开朗，油然生出得来全不费功夫之感。这大概就是我心心念念苦寻的那本书：该书对人工智能、机器学习、计算机视觉、机器视觉、神经网络、深度学习等基本概念及其相互关系阐述透彻，解决了初学者对一些相关概念的边界认识不清的问题；从各种神经网络架构到网络的训练、评估和调参，各种技术细节深入浅出，为读者运用深度学习方法解决不同领域的实际问题奠定了基础；对各种网络模型背后的数学原理的介绍直观而细致，使得读者可以不停留在抱着神经网络"黑匣子"调参的阶段，而是深入了解其背后的原理，进而有可能研发自己的架构；书中呈现的若干学习项目更是为读者通过实战提升技能创造了条件。

相信穆罕默德·埃尔根迪先生的这本专著中译本的出版一定会对国内信息技术领域从事与深度学习相关的技术研究和应用研究的读者大有裨益，从而推动深度学习计算机视觉在国内的发展。

刘学锋　教授

上海大学通信与信息工程学院信息系

推荐序二

以前看到"读万卷书，不如行万里路"，颇以为然，这实际上是一个方法论问题，特别强调实践环节对一个学者成长的重要性。然而，《深度学习计算机视觉》一书极大地改变了我的认识，让我感觉既要"行万里路"，也要重视"读万卷书"，尤其是对实践有指导意义、介绍基础理论的好书，这样才能做到事半功倍。

人工智能及其深度学习分支已成为当今科学技术领域热门的发展方向之一，而且已经取得了有目共睹的成就，深度学习(DL)广阔的应用前景也吸引了各行各业学者的积极参与。很多客户的痛点与诉求看似可以用机器学习解决，但实际上却充满风险，所以机器学习究竟什么时候该用，什么时候不该用，便成了值得思考的问题。尽管机器学习的应用一直都非常广泛，但并不是任何看起来能用机器学习解决的事情都可以用机器学习解决，或者说在很多情况下，机器学习并不是最优解。由于技术起点不同，加之关于人工智能和深度学习的书籍早已浩如烟海，众多学者一直有个困惑：能不能有一本书带领我由浅入深地认识 DL 架构，并建立全面系统的知识体系架构，循序渐进地对相关知识进行梳理，使我得到权威的、系统的训练，并正确使用DL 技术？

该书的出现让我感觉眼前一亮，看到了希望。作者精心设计了书的内容，希望通过此书教给读者真正强大的深度学习基础，即深度学习的底层思维框架；该书涵盖了"深度学习基础""深度学习实践"和"深度学习进阶"三大部分内容，从最基础的概念开始，由浅入深地剖析经典的网络架构，带领读者步入深度学习的神秘世界。该书一方面包含了深度学习可能涉及的横向(内容广度)和纵向(内容深度)的知识，有助于构建完整的知识体系，特别适合初学者入门；同时该书采用大量形象生动的示例来阐明深奥的原理，让原本抽象的运算过程具象化，能帮助读者轻松建立理解和认知的过程，对初学者非常友好。另一方面，作者以其深厚的技术功底和超凡的叙述能力删繁就简、以点带面，帮助初学者从一个个散落的概念中串联起 CV 与 DL 的知识链，深入浅出、恰到好处地逐层深入，最终构建起一张深度学习知识网。此外，该书能帮助读者建立起一种底层的认知和思考能力，让读者读完本书后能够具备阅读先进文献、优化现有模型并独立创造先进模型的能力，使读者不仅"知其然"，还"知其所以然"，并认识到什么时候该用 DL、什么时候能用 DL，以及采用何种算法去实现。我认为这是真正的"授人以渔"，也是本书最为难得之处。

尤其难能可贵的是，作者还无私分享了完整可运行的代码。该书大部分章节都配有针对性的项目练习，不仅包括核心代码段的思路串讲，还有完整可运行的代码，并包含可供下载的相应数据集，且关键参数都经过了贴心的优化，使代码能够在无独立 GPU 的环境下运行，方便读者开展实操练习，帮助读者真正掌握 DL 技术。

该书不失为目前众多 DL 相关书籍中的一股清流，既注重理论教学，又强化实操，确为 DL领域的一本经典之作，广大读者皆可从中获益。

何贞铭　副教授
长江大学地球科学院

推荐序三

人工神经元网络的概念始于 80 年前，其技术探索随着各类神经网络模型的发展而起起伏伏。近十余年来，深度学习技术与应用呈爆发式发展状态：一方面，解决复杂业务需求的模型算法层出不穷；另一方面，芯片技术的迅猛发展使模型的算力得到了保障。在深度学习的应用探索方面，不同的深度学习算法有效地支撑着计算机视觉、语音等领域的广泛应用。有些应用，譬如人脸识别、语音识别、语言翻译等，已经大大提升了我们的工作效率和生活品质。

在人工智能与深度学习应用的诸多领域中，本人工作所在的地理信息领域算是比较小众的一个方向。领域虽小，对深度学习的应用需求却比较广泛。譬如，该领域可以通过深度学习技术对遥感卫星和航空飞机拍摄的影像数据进行自然及城市环境的地表覆盖分类、自然景观及人为设施(如道路)的提取等，可以通过多年度时序的卫星影像分析城市发展的变迁、土地利用类型和建筑边界的改变，甚至可以有效地监测土地违法事件的发生，为政府自然资源、环境生态、智能车联等领域提供技术支撑。更专业一些，还可通过深度学习技术对激光点云数据进行城市3D 重建和对象化，从而更高效地助力数字孪生城市的建设。

无论是传统 IT 领域、互联网领域、车联网领域，还是本人所在的小众领域，人工智能的应用价值已经得以全方位呈现，深度学习技术已经成为各行业各领域的核心支撑技术之一。掌握深度学习技术已成为从业者把握趋势、实现未来超越之必备途径之一。然而，虽然深度学习各应用领域的程序或系统使用起来非常简单、高效，但其背后的开发难度远不是常人所能想象的。其主要原因之一就是深度学习技术的学习门槛太高，往往让人望而却步。仅从名词上看，人工神经元、深度学习等各类概念就会让人心生畏惧，更何况该技术还需要学习者具备高等数学、计算机视觉、算法与结构等多方面理论知识。在这个时候，一本能够将复杂的技术转化为简单易懂概念的教材显得尤为重要。本书从基础概念知识讲起，由浅入深，娓娓道来，引人入迷，在不知不觉中掌握深度学习之六脉神剑。

本书译者乃本人多年之同事，长期从事地理信息领域工作，性格乐观，积极奋进，工作严谨、高效。她与本人同事之时就长期研究深度学习技术的原理、算法及应用，也是本人所在公司之人工智能技术研发与应用的拓荒者。她在深度学习于地理信息领域的算法创新与应用探索方向取得了非常优异的成绩。翻译一本好书，对译者来说是一个挑战，但正因为有了译者的专业功力及多年工作实战经验的加持，方才能使这本好书更好地为人所知，为人所学，为人所用。

沙志友　高级副总裁

易智瑞信息技术有限公司

推荐序四

过去十多年里，我从毕业到加入互联网公司，经历了移动互联网的快速变化周期。期间各种技术层出不穷，如果说有什么技术对计算机领域产生了足够深远的影响，那 AI 和深度学习一定位列其中，而计算机视觉又是其中最为广泛的技术方向之一。在各行各业，我们看到不断有基于 AI 的新技术涌现，这些新技术甚至突破了传统对技术的理解。如今，我们看到这样的趋势还在延续，不管是自动驾驶还是未来的元宇宙，都将有更多的应用空间。

技术革命引领创新是这个时代进步的主旋律。不管你是否真正应用技术做实际的研发，对技术原理的基本理解都可以很好地帮助你拥有创新思考的底层基础。人工智能的时代已经到来，每个立志通过技术创新来解决实际行业问题的从业者，都很有必要对深度学习和计算机视觉有基本的了解。

当然，要对深度学习和计算机视觉有好的理解，并不是一件容易的事情，因为其背后涉及的专业学科知识繁多，而且要将知识点有机串联并由浅入深地展开，实非易事。本书作者很好地做到了这一点，相信这对于你学习深度学习和计算机视觉会大有裨益。

作为译者的同事，她的专业和知识积累非常值得钦佩。当得知她正为此书翻译时，我非常好奇是什么样的书会吸引她如此投入，同时很期待这本叠加了她的专业视角的翻译作品问世。直到看到此书，我又希望把这份好奇和期待推荐给你，相信它一定会不负所望。

曹栋清
腾讯位置服务产品总监

译 者 序

深度学习(DL)与计算机视觉(CV)结合的领域是当今最具吸引力的研究方向之一,随着最近几年自动驾驶汽车商业化逐渐落地,视觉感知技术日趋成熟,该领域取得的成就有目共睹。在本人所从事的地理信息产业中,DL 与 CV 的结合也被广泛应用于遥感影像的智能提取、高精地图的生产与更新、城市 3D 模型重建等领域,生产效率不断提高,人们越来越多地享受到 DL 和 CV 技术创新带来的便利性。

行业的高速发展吸引了大量人才,对于前仆后继地涌入该领域的年轻学子和工程师而言,网络上的论文文献、在线课程、博客、长短视频等丰富资源唾手可得;然而作为一名 DL 领域的初学者,我也产生了同本书作者一样的强烈感受:在各种渠道和碎片化的信息中疲于搜寻,却始终找不到一个有效的资源,可以帮助我建立全面系统的深度学习知识框架!

基于同样的痛苦,作者遂亲自执笔,呕心沥血写就本书。作者深知,AI 领域的高速发展使得一些知识在很短时间内就会过时,唯有扎实的基础和底层思维能力才能走得长远。为此,作者从最基础的概念着手,逐渐深入 DL 知识网的根部,如剥洋葱般层层递进,最终帮助读者建立 DL 学科的深入学习能力。

本书共分为三大部分。

第 I 部分主题为"深度学习基础",由第 1~4 章组成,其中:

- 第 1 章概述了计算机视觉的概念和应用、计算机视觉原理、计算机图像处理原理、人工特征提取过程,并简单描述了图像分类器的工作机制。
- 第 2 章阐述了单层和多层感知机的定义及其架构,介绍了输入层、隐藏层、输出层、连接权重、激活函数、误差函数、优化算法、前馈过程和后向传播等深度学习中必须掌握的重要概念。
- 第 3 章进入卷积神经网络的学习,详细讲解了卷积层、池化层、全连接层、特征提取、权重及参数、dropout 层的原理及其致力于解决的问题。
- 第 4 章通过一个 DL 项目实操带你牢牢掌握上述网络架构和参数,同时介绍模型的性能评估指标和性能调优,并介绍常用的优化策略,如学习率衰减、早停、优化算法、正则化技术、归一化问题等。

读完第 I 部分,你将对 DL 和 CV 中的基本概念及其原理建立切实的理解,并对卷积神经网络的基本组成架构建立清晰的认识,这将有助于你打下扎实的 DL 基础。

在第 II 部分,作者将注意力集中在图像分类和检测这一深度学习最为流行的技术领域(也是自动驾驶视觉感知的核心技术之一),这一部分由第 5~7 章组成,其中:

- 第 5 章带领读者深度剖析了 LeNet-5、AlexNet、VGGNet、Inception、GoogLeNet、ResNet 等 DL 领域脍炙人口的经典通用模型的网络架构，从中你可以看出 CNN 架构的演进过程。
- 第 6 章介绍了迁移学习及其工作原理，尝试将神经网络在特定数据集上的知识复用到另一个相关问题。迁移学习在生产实践中非常实用。
- 第 7 章深入介绍了 R-CNN 系列、SSD、YOLO 等目标检测的通用框架及其演进过程，并阐述了 one-stage 和 two-stage 模型、NMS 等常见概念。

第 II 部分是本书的重中之重，你将学习到诸多先进的架构及其设计精华之所在。读完这一部分，你将拥有阅读业界前沿论文及先进文献、并复现论文模型的基础能力。

第 III 部分可以被视为 DL 领域的进阶，由第 8~10 章组成，让读者能够更深一层地领略深度学习的魅力，其中：

- 第 8 章介绍了如今流行的生成对抗网络(GAN)，包括架构剖析、模型评估及其应用实践，并带领读者构建自己的 GAN。GAN 被 Yann LeCun 称为"过去 10 年 ML 领域最有趣的想法"，展示了深度学习创造性的一面，很有启发性。
- 第 9 章将目标聚焦到了 DeepDream 和神经风格迁移这一颇有艺术创意的领域。计算机是否具有同人类一样的想象力和创造力，一直是 AI 领域关注的话题，该章向读者展示了计算机如何创建艺术图像，同时深入讲解了 CNN 特征的可视化过程。这一话题命中了现在 AI 的痛点"可解释性"，为读者打开了 CNN 的黑盒，非常值得一读。
- 至于第 10 章，作者邀请了另一位专注于视频分割和多目标追踪领域的朋友来撰写。该章探讨了在大规模图像检索系统或人脸识别应用中，使用视觉嵌入与 CNN 联合训练以获取图像之间有意义的联系的话题。视觉嵌入在人脸识别、图像检索与推荐、人员/车辆等目标重识别、NLP 中图像文本匹配等领域均有应用。

读完本书，我如获至宝，这就是我一直在寻找的那本"独门秘籍"！本书独特之处众多，最显著的有以下三点：

一是语言生动易懂，虽是专业书籍，却并不晦涩。本书在讲解原理时大量使用形象生动的示例，比如，用杠铃锻炼肱二头肌的训练方法来类比 dropout 为何可以有效防止过拟合，将 GAN 的对抗性训练过程比喻成货币伪造者与警察之间的对抗，等等，同时辅以大量精心注释过的图片，一图胜千言，让原本深奥、枯燥的知识点变得生动有趣，非常有助于初学者理解。

二是体系完整且阐述能深入浅出。面对 DL 这棵枝繁叶茂、树杈横生的大树，初学者需要掌握太多的内容，常有一种顾此失彼、不知从何处下手的压力感。本书一方面内容翔实，涵盖了深度学习所需的各种专业知识，另一方面，作者以其深厚的技术功底和循循善诱的讲解能力，层层深入，帮助初学者循序渐进地构建起完整的 DL 知识体系。

三是培养读者的底层学习能力。用作者的话说，这是一本传授技能而非技巧的书籍，作者希望本书读者能够真正建立起对深度学习这门学科的理解和认知，因此不回避枯燥的数学公式和架构原理(但讲解易懂又恰到好处)，在讲解经典神经网络架构时，力所能及地展示优秀的原创先驱者们的思考过程，且善用提问方式引领读者思考和归纳，同时设计了大量实操课程，带领读者一起练习巩固，最终希望读者读完本书后能够具备阅读先进文献、优化现有模型并独立创造先进模型的能力。

本书还有诸多精妙之处，序言中难免挂一漏万，读者们在阅读过程中将逐步体会到作者的用心，因此我向大家隆重推荐此书。本书第 1 章和附录部分由安丹翻译，第 10 章由郭平平翻译，然后我们彼此校稿。然而我们译者团队才疏学浅，本书内容恐有诸多错误及偏颇之处，诚请读者们包涵和指正，指正内容请发至 rongliu0627@163.com 邮箱。

最后，借此机会向我的爱人表达感谢，你承担了几乎所有的家务及照顾幼儿的重任，替我省出了大量时间；感谢我的女儿，你如此体贴和善解人意，在没有妈妈陪伴的无数个夜晚和周末，你表现出了超强的理解力，让我能够心无旁骛地工作；感谢易智瑞信息技术有限公司的前同事及老朋友们，包括沙志友先生、刘宇、伏伟伟、刘春影、孙福霖、李永胜等，感谢母校的老师和师兄姐们，包括刘学锋老师、何贞铭老师、李恒凯师兄、张乐师姐、王露师姐等，感谢你们在技术上的指导、精神上的鞭策以及友情上的包容和理解。如果没有你们的鼓励、支持和帮助，我可能不会如此顺利地完成这项工作。尤其感谢腾讯位置服务产品总监曹栋清先生、易智瑞信息技术有限公司高级副总裁沙志友先生、上海大学通信与信息工程学院刘学锋教授，以及长江大学地球科学院何贞铭副教授(排名不分先后)，在本书即将出版之际，拨冗垂阅此书并不吝赐教、亲为作序，将伯之助我们译者团队铭感不忘！我还要特别感谢清华大学出版社的王军编辑，感谢您的善意和真诚，彼此一面之缘却给予我宝贵的机会、充足的信任和极大的耐心。由衷感谢各位对本书翻译的支持！

愿读者们都能从此书中有所收获。

刘升容代笔

2022 年 6 月于北京

作者简介

    Mohamed Elgendy，现任 Rakuten(乐天)公司的工程副总裁，掌管该公司的 AI 平台和产品的开发。此前，他曾担任 Synapse Technology 公司的工程主管，负责开发专用于世界范围内安全威胁检测的计算机视觉应用程序；后在亚马逊建立并管理了一支中央 AI 团队。该团队充当 AWS 和 Amazon Go 等亚马逊工程团队的深度学习智囊团。他还在亚马逊机器学习大学(Amazon's Machine University)开发了计算机视觉的深度学习课程。时至今日，Mohamed 还经常在亚马逊开发者大会、O'Reilly 人工智能峰会和谷歌 I/O 大会上发表演讲。

致 谢

本书的写作过程耗尽了我的心血。希望拥有本书的你会觉得物超所值。一路走来,我衷心感谢大家的帮助。

感谢 Manning 团队,是你们让本书的出版成为可能。感谢出版商 Marjan Bace 以及编辑和制作团队的每一个人,包括 Jennifer Stout、Tiffany Taylor、Lori Weidert、Katie Tennant 和其他幕后工作者。

感谢由 Alain Couniot 领导的技术评审员同行——Al Krinker、Albert Choy、Alessandro Campeis、Bojan Djurkovic、Burhan ul haq、David Fombella Pombal、Ishan Khurana、Ita Cirovic Donev、Jason Coleman、Juan Gabriel Bono、Juan José Durillo Barrionuevo、Michele Adduci、Millad Dagdoni、Peter Hraber、Richard Vaughan、Rohit Agarwal、Tony Holdroyd、Tymoteusz Wolodzko 和 Will fuger,以及在书籍论坛上提供反馈的活跃读者。他们的贡献包括发现拼写错误、代码错误和技术错误,以及提出有价值的主题建议。每一个审查结果和每一个被采纳的反馈都成了本书终稿的一部分。

最后,感谢整个 Synapse Technology 团队,他们创造了令人难以置信的产品。感谢 Simanta Guatam、Aleksandr Patsekin、Jay Patel 和其他人为我答疑解惑,并参与本书头脑风暴。

关于封面插图

本书封面上的人物是 Ibn al-Haytham，他是一位阿拉伯数学家、天文学家和物理学家，由于他对光学原理和视觉感知的重要贡献，被誉为"现代光学之父"。插图从波兰天文学家约翰内斯·赫维留斯(Johannes Hevelius)15 世纪版 *Selenographia* 的卷首插图修改而来。

Ibn al-Haytham 是第一个解释视觉成因之人，在其著作《光学之书》(*Book of Optics*，*Kitabal-Manazir*)中解释道：视觉产生的原因是光线被物体反射，然后进入人眼。他也是第一个论证视觉产生于大脑(而非人眼)的人。他提出的许多概念成了现代视觉系统的基石。本书第 1 章将展现它们之间的联系。

在我探索计算机视觉领域时，Ibn al-Haytham 给了我很大启发。谨以此书封面来纪念这位伟人，同时希望激励后继者：我们现在的工作成果也能延续千年并鼓舞他人！

关于本书

目标读者

如果你了解基本的机器学习框架，能够使用 Python 进行编程，并且想学习如何构建和训练先进的神经网络来解决复杂的计算机视觉问题，那么你就是本书的目标读者。简言之，本书适合有中级 Python 经验和机器学习基础，并对应用深度学习解决计算机视觉问题有兴趣的任何人。

再次申明，我撰写本书的目的是：提升读者的技能，而不是讲解内容本身。为了实现这个目标，需要贯彻以下两条原则。

(1) 讲授学习方法。我不想读一本只讲科学现象的书，这种书在互联网上多如牛毛，还可免费获取。我希望读完一本书后能够增长技能，学会思考问题并提出解决方案，以便在某个领域深入研究。

(2) 深入学习。如果你能成功贯彻第一条原则，就能顺利实现第二条。本书不会回避数学原理，因为对数学方程的理解将赋予你 AI 领域所需的最好技能——阅读论文、理解创新点以及尝试实践。不过请放心，我保证仅介绍相关且必需的数学概念，不会影响到对论文的整体理解。

内容提要

本书分为三部分。

第 I 部分详细解释深度学习的基本概念，这是后续章节的基础。强烈建议阅读这一部分，因为它深入讲解神经网络架构及其定义，并解释神经网络原理中涉及的所有概念。读完第 I 部分后，你可以直接跳到后面感兴趣的章节。

第 II 部分解释目标分类和目标检测相关技术。第 III 部分介绍图像生成和视觉嵌入技术。若干章节会以实际项目来帮助你理解相关主题。

代码说明

本书中的所有示例代码都使用了开源框架且可免费下载，包括 Python、Tensorflow、Keras

和 OpenCV。附录 A 将介绍完整的配置过程。另外,建议你配置 GPU 来运行示例代码。第 6～10 章包含更复杂的深度学习训练项目,这些项目在常规 CPU 上极其耗时。也可选择使用 Google Colab 这样的免费云环境或尝试其他付费资源。

示例代码在正文和编号列表中均会出现,且均采用等宽字体格式以区别于其他内容。部分加粗的代码表示其相较于前述步骤有所修改,比如在一行现有代码中添加了新特性。

大部分源码已经被格式化,其中添加了换行符和缩进以适应书中可用的页面空间。极少数情况下,代码中还包含续行符(➥)。此外,书中引用的示例代码均删掉了注释。

完整的示例代码可扫描封底二维码下载。

前　言

两年前，我决定写一本书，以一种直观的方式来讲述深度学习与计算机视觉。我的目标是开发一个全面的资源，让学习者不仅知道机器学习的基础知识，而且能构建先进的深度学习算法来解决复杂的计算机视觉问题。

简而言之，到目前为止，还没有一本书以我想要的方式讲授计算机视觉。早些时候，作为一名机器学习初学者，我希望找到一本能带我"从入门到进阶"的书。我打算专攻计算机视觉应用程序的构建，因此希望有一个一站式的资源，教会我下面两件事：使用神经网络构建一个端到端的计算机视觉应用程序；轻松阅读并复现论文，以跟上最新行业的进展。

我奔波在各种在线课程、博客、论文和 YouTube 视频之间并试图创建一个全面的课程。深入理解事物背后原理的过程颇具挑战性，我说的深入理解不是了解基本概念，而是掌握概念和理论背后的数学原理。我找不到这样一个可用而全面的资源：横向上涵盖探索复杂的计算机视觉应用时应当学习的所有重要主题，同时纵向上能够讲清楚其中的数学逻辑。

作为一个初学者，我努力寻找但最终一无所获，因此决定亲自执笔。我的目标是写一本综合、全面的书籍，兼顾横向的内容广度和纵向的内容深度，不仅能授你以"鱼"，更能授你以"渔"。

横向上，本书解释了一名计算机视觉工程师需要了解的绝大部分主题：从神经网络的概念、不同类型的神经网络架构，到网络的训练、评估和调参等。

纵向上，本书并没有停留在代码上，而是直观且细致地解释了数学原理，使你可以轻松阅读和复现论文，甚至发明自己的架构。

截至目前，这是唯一一本以这种方式讲授计算机视觉与深度学习的书。无论你是想找一份计算机视觉工程师的工作，还是想深入理解先进的神经网络算法，抑或打算构建自己的产品或成立创业公司，你都适合阅读本书。

希望本书能让你乐在其中。

目　　录

第Ⅰ部分　深度学习基础

　　得益于过去几年来人工智能(artificial intelligence，AI)和深度学习技术的巨大进步，计算机视觉成为一个飞速发展的技术领域。在神经网络的帮助下，自动驾驶汽车可以轻易绕过车辆、行人及其他障碍；智能推荐算法在推荐相似产品方面变得越来越"聪明"；人脸识别技术也日渐精细，使得智能手机和智能门禁刷脸开锁成为现实。诸如此类的计算机视觉应用已经在人们日常生活中司空见惯了。然而，计算机视觉的触角已经跨越了简单的对象识别领域，深度学习让计算机具备了想象和创造新事物的能力，比如创造艺术作品和现实世界中不存在的人脸及其他对象。

　　本书第Ⅰ部分探讨深度学习基础、不同形式的神经网络，以及稍微深入地涉及超参数调优等概念的结构化项目主题。

第1章

计算机视觉概述

本章主要内容:
- 视觉系统(vision system)的组成部分
- 计算机视觉(computer vision)应用
- 理解计算机视觉管道(computer vision pipeline)
- 图像预处理(preprocessing images)和特征提取(extracting features)
- 使用分类器(classifier)学习算法

你来了,且来得正是时候!恭喜你做出了一个正确的决定:掌握深度学习(deep learning,DL)和计算机视觉(computer vision,CV)技术!得益于 AI 和 DL 技术的进步,CV 成了近几年来迅猛发展的领域。神经网络已被应用于自动驾驶,让汽车能够辨认其他汽车以及行人的位置,并准确地避开他们。日常生活中也不乏各种 CV 应用,如安全摄像头和智能门锁等智能设备。人脸识别技术也日臻成熟:智能手机和智能门禁可实现刷脸开锁。甚至可以预见,未来某一天,家里的沙发或电视能够识别出家里的特定人员并根据其个人喜好做出反应。CV 并非仅限于对象识别领域,相反,DL 赋予了计算机想象和创造新事物的能力,比如创造艺术品、虚拟对象和独一无二的逼真人脸。

我对 DL 感到兴奋并深入探索 CV 领域的原因是,AI 的快速发展使得不同行业每天都有新的 AI 应用产生,其中有些应用在几年前尚属异想天开。AI 的无限可能令我着迷并激发了我撰写本书的灵感。通过学习这些内容,你也许能具备创造新 AI 产品和应用的能力。即便最终没有从事与 CV 相关的工作,你也会发现本书中的概念对你理解 DL 算法和架构大有裨益。这是因为本书虽然聚焦于 CV 应用,内容却涵盖了人工神经网络(artificial neural network,ANN)、卷积网络(convolutional network,CNN)、生成对抗网络(generative adversarial network,GAN)、迁移学习(transfer learning)等最重要的 DL 架构,而这些知识可以迁移到自然语言处理(natural language processing，NLP)和语音用户界面(voice user interface，VUI)等领域。

下面较详细地列出了本章的主要内容。

- 计算机视觉直觉(vision intuition)：从视觉感知直觉(visual perception intuition)开始，了解人类和机器的视觉系统之间的相似性。视觉系统有两个主要组成部分：感知设备和解译设备。每个设备都是为特定任务量身定制的。
- CV 应用：总览不同 CV 应用中使用到的 DL 算法，并讨论不同生物的视觉。
- 计算机视觉管道：最后，聚焦到视觉系统的第二大设备——解译设备。这部分将介绍视觉系统理解和处理图像数据所采取的系列步骤，这些步骤被称为计算机视觉管道。

  CV 管道由 4 个主要步骤组成：图像输入、图像预处理、特征提取和使用 ML 模型进行图像解译。该部分内容涉及图像的成像和计算机如何"看见"图像。然后，快速回顾图像处理和特征提取技术。

准备好了吗？踏上你的学习之旅吧！

1.1　计算机视觉

所有 AI 系统的核心功能都是感知环境，并根据其认知采取行动。计算机视觉涉及视觉感知部分：它是一门通过图像和视频来感知和理解世界的科学。通过构建现实世界的物理模型，一个 AI 系统可以采取适当的行动。于人类而言，视觉只是感知的一个方面。我们不仅通过视觉，还通过听觉、嗅觉和其他感官来感知世界。这在某种意义上与 AI 系统类似：视觉只是 AI 系统"理解"世界的一种方式。根据正在构建的应用程序特点，可以选择最佳的感知设备来获取外部世界的信息。

1.1.1　视觉感知的定义

视觉感知(visual perception)本质上是通过景象或视觉输入来观察对象及其模式的行为。以自动驾驶汽车为例，视觉感知意味着了解周围的对象及其具体细节(比如行人情况或者车辆是否需要驶入特殊车道)，同时检测交通标志并理解其含义。这就是名词定义中对"感知"一词的解释。我们并非仅在捕捉周围的环境情况，而是试图建立一个可以通过视觉输入来理解环境的系统。

1.1.2　视觉系统

在过去几十年里，传统的图像处理技术被认为是 CV 系统，但这并不完全准确。对机器而言，处理图像与理解图像内部含义是完全不同的两码事，后者绝不是一个简单的任务。图像处理现在只是复杂而庞大的图像解译系统的一部分。

1. 人类视觉系统

人类、动物、昆虫和大多数生物的视觉系统本质上几乎一样，都包含捕捉图像的传感器或眼睛，以及处理和解译图像的大脑。然后，系统根据从图像中提取的信息输出预测，如图 1-1 所示。

　　下面来看看人类视觉系统如何工作。假设现在要解译图 1-1 中狗的图像。我们只要看一眼，就能直接理解这张图片是由三只狗组成的。识别图片中的对象并对其进行分类对人类来说如此自然，这是人类多年来"久经训练"的结果。

人类视觉系统

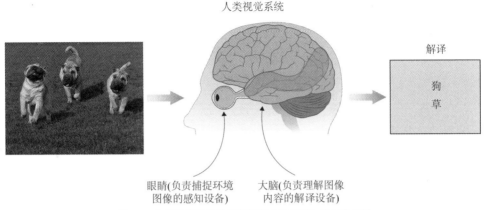

解译

狗
草

眼睛(负责捕捉环境　　　大脑(负责理解图像
图像的感知设备)　　　内容的解译设备)

图 1-1　人类视觉系统使用眼睛和大脑来感知和解译图像

　　假设第一次有人给你看狗的照片，你不知道它是什么。然后，他们告诉你这是一只狗。几次这样的实验之后，你就能识别狗了。现在，在某次后续的实验中，他们给你看一张马的照片。你看着图像，你的大脑开始分析目标的特征：它有 4 条腿、大长脸、长耳朵。这是一只狗吗？他们接着告诉你："不，这是一匹马。"然后，你的大脑开始调整算法的某些参数来区别马和狗。恭喜你，你刚才已训练你的大脑来对马和狗进行分类了。当然，你还可以在这个过程中添加更多东西，比如猫、老虎和猎豹等。如此，你几乎可以训练你的大脑识别任何东西。

　　计算机亦是如此。你可以训练机器学习和识别对象，但人类比机器敏锐得多。人类只需要几张图像就可以学会识别大多数对象，而机器则需要数千张样本图像，某些复杂情况下甚至需要数百万张。

机器学习视角

下面从机器学习视角来回顾上面的例子。

- 你从几张标记为狗的图片中学会了识别狗，这个方法被称为监督学习(supervised learning)。
- 标记的数据(labeled data)是你已经知道答案的数据。你看到了一张狗的图片并被告知这是一只狗，此时，你的大脑会把你看到的特征与"狗"这个标签关联起来。
- 然后他们向你展示另一个对象——一匹马，并要求你辨认它。刚开始你的大脑会以为它是一只狗，因为你从没有见过马，你的大脑把马和狗的特征弄混了。当被告知你的预测是错的，你的大脑调整了参数来学习马的特征："是的，马也有 4 条腿，但是马的腿更长。更长的腿表明对象是马。"这个过程可以多次进行，直到大脑不再出错。这被称为试错训练(train by trial and error)。

2. AI 视觉系统

科学家们在人类视觉系统的启发下尝试用机器复制视觉能力,并于最近几年取得了惊人的成就。要模仿人类的视觉系统,同样需要两个主要组件:模仿眼睛功能的感知设备,以及模仿大脑功能(解译和区分图像)的强大算法,如图 1-2 所示。

图 1-2　计算机视觉系统由感知设备(sensing device)和解译设备(interpreting device)组成

1.1.3　感知设备

开发人员为完成特定任务而设计视觉系统。无论是使用相机、雷达、X 射线、CT 扫描、激光雷达,还是将一系列设备组合起来运用,设计视觉系统时不能忽视的一个重要方面是选择最佳的感知设备来获取特定环境中的完整场景信息,以完成眼前的任务。再次以自动驾驶汽车(autonomous vehicle,AV)为例。AV 视觉系统的主要目标是让汽车了解周围的环境,并安全、及时地从 A 点移动到 B 点。为了实现这一目标,车辆配备了一组摄像头和传感器,可以实施 360 度的检测——针对行人、自行车、其他车辆、道路施工及其他移动的对象,可检测三个足球场之外的区域。

自动驾驶中常用的一些感知设备如下:

- 激光雷达——一种类似于雷达的技术,使用不可见的光脉冲来创建周围环境的高分辨率的 3D 地图。
- 摄像头——可以探测路牌和路标,但无法测量距离。
- 雷达——可以测量距离和速度,但不能测量细节。

医学诊断中以 X 射线或 CT 扫描作为感知设备,而农业视觉系统则使用其他类型的雷达传感器来完成农业景观的感知。视觉系统各式各样,每一种都依据任务目标而设定,而设计视觉系统的第一步是确定其目标。在设计端到端的视觉系统时,请务必牢记这一点。

识别图片

动物、人类和昆虫都有眼睛作为感知设备,但并不是所有的眼睛都有相同的构造、图像输出质量和分辨率。某种生物的眼睛是为满足这种生物的特殊需求进化而成的。例如,蜜蜂和许多其他昆虫都有复眼。复眼由多个晶状体(一只复眼中含多达 3 万个晶状体)组成。复眼的分辨率很低,这使它们不能很好地识别远处的对象,但它们对运动非常敏感,这是高速飞行时生存所必需的。蜜蜂不需要高分辨率的图像,但它们的视觉系统能让它们在快速飞行时捕捉到最细微的动作。

复眼　　　　　　　　　　　　　蜜蜂眼中的花朵

复眼分辨率很低但是对运动敏感

1.1.4　解译设备

计算机视觉算法通常被用作解译设备。解译程序是视觉系统的大脑,它的作用是从感知设备中获取图像,从中学习特征和模式来识别对象。因此,核心工作是构建一个大脑。科学家们受到人类大脑工作方式的启发,试图对中枢神经系统进行逆向解构以了解如何构建人工大脑。人工神经网络(ANN)应运而生,如图 1-3 所示。

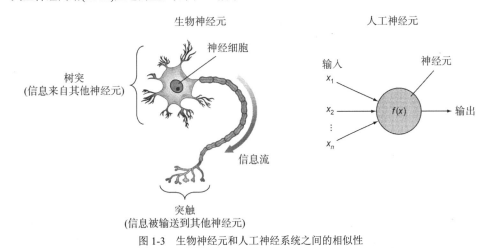

图 1-3　生物神经元和人工神经系统之间的相似性

图 1-3 展示了生物神经元和人造系统之间的相似之处。两者都包含一个主要处理元素:带有一组输入信号($x_1, x_2, \ldots, x_n$)和一个输出的神经元。

生物神经元的学习行为激发科学家们去创造一个相互连接的神经元网络。人工神经元模仿人类大脑处理信息的方式,当足够的输入信号被激活时,该神经元会向与其相连的所有其他神经元发送信号。因此,从单个神经元来看,工作机制非常简单(详见下一章),但当数百万个相互连接的神经元层层堆叠在一起,每个神经元又与其他数千个神经元相连时,这就产生了一种学习的行为。多层神经网络的构建被称为深度学习,如图 1-4 所示。

　　DL 方法通过一系列神经元层的数据转换来表示学习的过程。本书将探索不同的 DL 架构,如 ANN 和卷积神经网络,以及它们在 CV 中的应用。

人工神经网络(ANN)

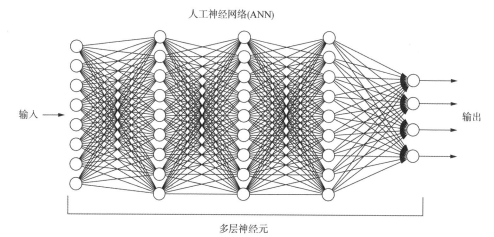

多层神经元

图 1-4　深度学习网络中包含多层神经元

机器学习能比人脑表现得更好吗

　　如果你 10 年前问我这个问题,我可能会说,不,机器的精确率比不上人类。但是不妨看看下面两个场景。

- 假设给你一本包含 10 000 张狗的图片的书,这些图片是按狗的品种分类的。现在要求你学习每个品种的特征。你大概要花多长时间才能学习完 10 000 张图片里的 130 个品种?如果再给你 100 张狗的图片进行测试,要求你根据刚才所学标记它们的品种,你能准确地标记多少?要知道,一个经过几小时训练的神经网络的准确率可以达到 95%以上。

- 在创造方面,神经网络可以研究一件艺术品的笔画、颜色、特定图案、阴影等模式,在此基础上将原作的风格转换成新的图像,并在几秒内创造出一幅接近原作风格的新作品。

　　最近几年,AI 和 DL 技术的进步已经使机器在许多图像分类应用和目标检测应用中表现出了超越人类的能力,而且这种能力正迅速扩展到其他众多应用领域。但是别太在意这个,下一节将讨论一些使用了 DL 技术的最流行的 CV 应用。

1.2　CV 应用

　　几十年前,计算机已开始能够识别人脸图像,但现在,AI 系统的图像和视频分类能力已经能与计算机旗鼓相当,这得益于计算能力的显著提升和大数据的触手可及。AI 和 DL 在许多复杂的视觉感知任务中表现出超越人类的能力,这些任务包括图片搜索、字幕提取、图像和视频分类,以及目标检测。此外,深度神经网络并不局限于 CV 任务,它们在自然语言处理和语音用户界面任务中也很成功。本书将关注 CV 的可视化应用。

在计算机视觉的诸多应用中,DL 被用于识别对象及其行为,此处不会一一列举这些应用,因为相关内容足以单独成书了。相反,下面将概述一些最流行的 DL 算法及其在不同行业中的可能应用。这些行业包括自动驾驶、无人机、机器人、店内摄像头,以及能在肺癌早期检测出病症的医疗诊断扫描仪。

1.2.1　图像分类

图像分类(image classification)是一种将一组预定义的类别标签分配给图像的任务。卷积神经网络是最常用于图像分类和处理的一种神经网络类型。

- 肺癌诊断——肺癌是一个日益严重的问题。它之所以凶险,是因为病人被确诊时通常都已经到了癌症的中晚期阶段。医生通常用眼睛检查 CT 扫描图像,以寻找肺部的小结节。但在肺癌早期,结节一般都非常小,肉眼很难发现。几家 CV 公司决定利用 DL 技术应对这一挑战。几乎每一种肺癌都是从一个小结节开始的,而这些结节千态万状,医生要花几年时间才能学会识别。医生非常擅长鉴别 6～10mm 的大中型结节,但结节如果小于 4mm,就容易成为漏网之鱼。DL 网络,特别是 CNN 网络,现在能够从 X 射线和 CT 扫描图像中自动学习这些特征,并在小结节变得致命之前及早发现它们,如图 1-5 所示。

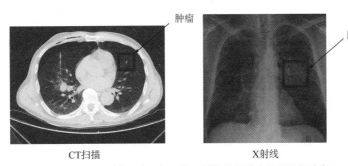

图 1-5　视觉系统现在已经可从 X 射线等图像中识别早期肿瘤

- 交通标志识别——传统上,标准的 CV 方法被用于交通标志的检测和分类,但这种方法需要以手工方式制作图像的特征,既费时又费力。相反,通过应用 DL 方法,可以创建一个可靠的交通标志分类模型,让它自己识别出最适合这个问题的特征,如图 1-6 所示。

注意　CNN 在图像分类任务中的应用已经日益普遍。由于其高识别率和快速执行效率,CNN 毫无疑问增强了大多数 CV 任务(包括之前已经存在的和新产生的领域)。就像癌症诊断和交通标志识别的例子所展示的那样,可将成千上万的图像输入 CNN 中并根据需要分类。其他图像分类场景包括:识别人和对象,区分不同动物(如猫、狗和马)及其品种,对农业土地进行分类,等等。简而言之,只要有一组经过标记的图像,CNN 就可以按照预定义的类型完成分类任务。

图 1-6　视觉系统能够非常高效地识别交通标志

1.2.2　目标检测与定位

图像分类问题是 CNN 最基础的应用。在这类问题中，每个图像仅包含一个对象，而深度学习的任务是识别这个对象。但若要使其达到人类的理解水平，就必须增加这些网络的复杂度，使它们能够识别多个对象及其在图像中的位置。为此，可以构建 YOLO(you only look once)、SSD(single-shot detector)和 Faster R-CNN 等目标检测模型。它们不仅可以对图像进行分类，还可定位和检测图像中包含的多个对象。这些 DL 模型可以加载图像，将其分解为更小的区域，并标记每个区域的类别，这样，给定图像中的多个对象就可以被定位和标记，如图 1-7 所示。可以想象，这样的任务是自治系统(autonomous system)等应用的先决条件。

图 1-7　深度学习系统可以分割图像中的不同对象

1.2.3　生成艺术(风格迁移)

神经风格迁移(neural style transfer)是最有趣的 CV 应用之一，用于将某种风格从一张图像转移到另一张图像。风格迁移的基本思想是：取一张图片(比如一个城市的图片)，然后选一个喜欢的艺术风格(比方说梵·高的"星空")，最后输出的图片看起来就像梵·高画的"星空"版城市。如图 1-8 所示。

这实际上是一个简单的应用程序。真正令人震惊的地方是，如果你认识任何一位画家，你就知道一幅绘画作品的创作可能需要几天甚至几个星期才能完成，然而现在，利用一个应用程序，可在几秒之内以现有的风格为灵感绘制一幅新的图像。

原始图像　　　　　　　　　风格图像　　　　　　　　　生成艺术

+

=

图1-8　将梵·高的"星空"风格迁移到一张原始的城市图片上，创建一张看起来像原创者绘画的艺术作品

1.2.4　图像生成

尽管上面那些例子展示的 AI 相关的 CV 应用确实令人震撼，但是，真正称得上奇迹的却是图像生成。2014 年，lan Goodfellow 发明了一种可以生成新事物的 DL 模型——生成对抗网络(generative adversarial network，GAN)。这个名字听起来有点让人生畏，但事实并非如此。GAN 是一种进化的 CNN 架构，它被认为是 DL 领域的重大改进。了解了 CNN，你就更容易理解 GAN 了。

GAN 是一种复杂的 DL 模型，可以生成对象、人、地点等事物的精准合成图像，效果令人震惊。你只要给它一组图像，它就可以生成全新的、看起来完全真实的图像。例如，StackGAN 是 GAN 架构的一种变体，它可以基于对象的文本描述生成匹配该描述的高分辨率图像。这不同于在数据库中搜索图像的操作。这些"照片"以前并不存在，并且是完全虚构的，如图 1-9 所示。

GAN 是近几年机器学习领域最有前景的技术之一，其研究刚刚起步但未来可期。目前为止，GAN 大多数应用都在图像方面，但是不妨畅想一下，如果机器被赋予创造图像的能力，它们还会创造出什么呢？在未来某一天，你最喜欢的电影、音乐甚至书籍会由计算机来创作吗？利用一种类型的数据(如文本)合成另一类数据(如图像)的能力终将创造这样一个世界：仅仅使用详细的文本描述就可以创建丰富多彩的娱乐内容。

这只彩色羽毛的小鸟
有一个短而尖的喙和
一对褐色的翅膀

这只鸟全身通红，但
有一对黑色翅膀和一
个尖尖的喙

图 1-9　GAN 能利用一系列现有图像生成全新的、虚构的图像

GAN 创造的艺术品

2018 年 10 月，一幅由 AI 创作的名为《埃德蒙·贝拉米肖像》(The Portrait of Edmond Belamy)的画作以 43.25 万美元的价格售出。作品中的主角是一位名叫埃德蒙·贝拉米的虚构人物，可能是一位法国人。从他的深色礼服大衣和白色衣领来推测，他可能是一名教会人员。

这幅画由 3 名 25 岁的法国学生用 GAN 创建。GAN 在绘制于 14～20 世纪的 15 000 幅肖像画数据集上进行训练，然后"创作"了一幅属于它自己的肖像画。该团队将图像打印出来，装裱一番，然后以 GAN 算法的一部分作为签名。

由 AI 创作的一幅名为埃德蒙·贝拉米的虚构
人物的肖像画艺术作品卖出了 43.25 万美元

1.2.5　人脸识别

人脸识别(face recognition，FR)技术可以准确地识别或标记一个人的图像。其日常应用包括在网络上搜索名人，以及在照片中自动标记朋友和家人。人脸识别是一种细粒度图像分类(fine-grained classification)模式。

著名的 Handbook of Face Recognition(Li 等人著，Springer 出版社，2011 年)将 FR 系统分为两种模式。

- 人脸鉴别(face identification)：涉及一对多匹配，将查询的人脸图像与数据库中的所有模板图像进行比较，以确定该人脸的身份；这种模式的另一个应用场景涉及城市管理当局的监视列表，用于检验一张人脸图片是否与嫌疑人库中的图片相匹配(一对多匹配)。

- 人脸验证(face verification)：涉及一对一匹配，将查询的人脸图像与一个身份已经明确的模板人脸图像进行比较，如图 1-10 所示。

人脸验证系统　　　　　　　　　　　　人脸鉴别系统

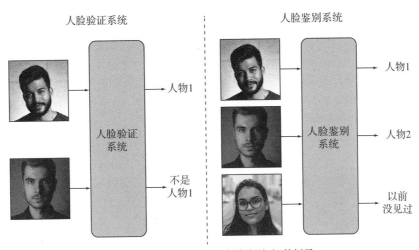

图 1-10　人脸验证(左)和人脸鉴别(右)的例子

1.2.6　图片推荐系统

在图片推荐系统(image recommendation system)中，用户寻找与给定图片相似的图像。购物网站基于用户选择的特定商品以图片方式提供产品建议，例如，假设用户选择了鞋子的照片，系统则搜索并返回与用户的选择相似的系列鞋子的图片。图 1-11 展示了服装搜索的示例。

查询　　　　　　　　　　检索结果

图 1-11　服装搜索。最左侧一列是用户查询的图片，后续图片是系统返回的与所选衣物相似的检索结果

(来源：Liu 等人，2016 年)

1.3　计算机视觉管道概览

现在，是时候进一步探讨 CV 系统了。本章前面的内容讨论了视觉系统的两个主要组成部分：感知设备和解译设备。图 1-12 是对这部分内容的回顾。本节将探讨被解译设备用来处理和理解图像的管道。

图 1-12　计算机视觉系统的解译设备

CV 应用各不相同，但典型的视觉系统均包含一系列明确的步骤，以处理和分析图像数据。这些步骤被称为计算机视觉管道(computer vision pipeline)。许多视觉应用都遵循这样的流程：获取数据和图像，处理数据，执行分析和识别，最后基于提取的信息做出预测。图 1-13 展示了这个流程。

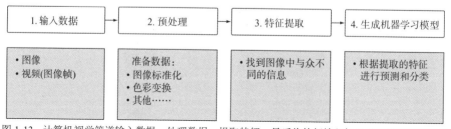

图 1-13　计算机视觉管道输入数据，处理数据，提取特征，最后将特征输入机器学习模型进行学习

下面将上述过程应用于图像分类，如图 1-14 所示。假设有一张摩托车的图片，希望模型预测该图是某类对象(摩托车、汽车和狗)的概率。

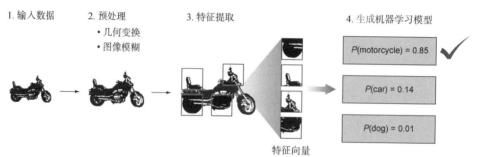

图 1-14　使用机器学习模型预测图像是某类对象(摩托车、汽车和狗)的概率

定义 图像分类器(classifier)是一种算法，它以图像作为输入，并输出标识该图像的标签或
"类"。类(也称为类别)在机器学习中指数据的输出类别。

下面分步骤阐述图像如何通过分类管道。

(1) 计算机从照相机之类的成像设备接收视觉输入。输入通常是一张图片或视频中的系列
图像帧。

(2) 每张图片都会被发送给预处理步骤以实现图像的标准化。常见的预处理步骤包括：调
整图像大小、模糊、旋转、形状变换或颜色变换(比如从彩色图转换为灰度图)。将图像标准化(比
如使其大小相同)后，才能进行进一步的分析和比较。

(3) 提取特征。特征用于定义对象，对象的形状和颜色等都可以被当作特征。例如，摩托
车的特征有车轮的形状、前大灯、挡泥板等。这个过程的输出是一个特征向量，其中包含用于
识别对象的独特形状和特点。

(4) 将特征输入分类模型，这一步将查看上一步中生成的特征向量并预测图像的类别。现
在把你自己想象成一个分类器模型来探索分类过程。你逐个查看特征向量中的特征，试图确定
图像中的内容。

① 你首先看到了一个特征——轮子。这是一辆汽车，还是一辆摩托车，抑或一只狗？很明
显，它不是狗，因为狗没有轮子(至少正常的狗没有，不包括机器狗)。因此，这可能是汽车或摩
托车的图像。

② 接下来看下一个特征——前大灯，然后得出结论：这是摩托车(而不是汽车)的可能性更大。

③ 下一个特征是挡泥板，因此，它是摩托车的可能性更高了。

④ 对象只含 2 个轮子，这更像摩托车了。

⑤ 继续分析所有的特征，如外形、踏板等，直到你得到关于图片中对象的最佳猜想。

上述过程的输出是每个类别的概率，如上例所示，图片对象是狗的概率最低，为 1%，而
它是摩托车的概率为 85%。由此可见，尽管模型能以最高的概率预测出正确的类别，但它仍然
对汽车和摩托车的区分有些困惑——它预测该图像是一辆汽车的概率为 14%。既然这确实是摩
托车，可以确定该 ML 分类算法的准确率为 85%，这不算太差。为了提升准确率，需要改进上
面的步骤：步骤(1)，获取更多的训练图像；步骤(2)，进行更多的处理以去除噪声；步骤(3)，
提取更好的特征；步骤(4)，改变分类器算法并调整一些超参数；甚至可以进行多轮训练。上述
步骤其实已经列出了提高模型准确率可以采用的方法。

上面展示了图像在 CV 管道中流动的全貌，接下来深入剖析管道中的每一个步骤。

1.4 图像输入

CV 应用处理的是图像或视频数据。接下来讨论灰度图和彩色图像的处理，后续章节将讨
论视频，因为视频可以分解为连续的图像帧。

1.4.1   图像的函数表达

一张图像可以表示为一个含有 x、y 两个变量的函数，该函数定义了一个 2D 区域。数字图像由像素网格构成。像素是图像的原始构造块。每一幅图像都由一组像素组成，其中，像素值代表图像中具体位置的光照强度。下面以摩托车为例来探讨图像的像素网格，如图 1-15 所示。

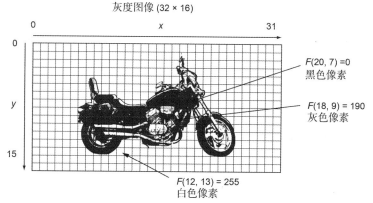

灰度图像 (32 × 16)

$F(20, 7) = 0$
黑色像素

$F(18, 9) = 190$
灰色像素

$F(12, 13) = 255$
白色像素

图 1-15   组成图像的原始构造块被称为像素，像素值代表指定位置的光照强度

图 1-15 中图像的大小为 32×16，这意味着图像的尺寸是 32 像素宽，16 像素高。x 轴从 0 到 31，y 轴从 0 到 15。从总体上看，图像含有 512(32×16)个像素。在该灰度图中，每个像素都有一个像素值，代表像素所在位置上的光强。像素值范围为 0～255，其中，0 表示黑色，255 表示白色，中间的值代表灰度。

图像坐标系与笛卡儿坐标类似：图像以 2D 方式展示于 x-y 平面上。原点(0, 0)位于图像左上角。为了表示一个特定像素，用符号 F 代表函数，x、y 则表示像素在坐标系中的位置。例如，位于 x=12，y=13 的像素为白色，如用函数表示，则为：$F(12, 13)$=255。同理，摩托车前面的黑色像素(20, 7)可被表示为：$F(20, 7)$ =0。

灰度图 => F(x，y) 代表 (x，y) 点的光强

以上是灰度图的表示方法，彩色图像略有不同。

在彩色图像中，像素值由三个(而非一个)数字表示，其中每个数字分别代表像素中各颜色的光强。例如，在 RGB 系统中，像素值由红光强度、绿光强度和蓝光强度表示。此外，对于 HSV 和 Lab 这样的颜色表示系统，其像素表示方法遵循相同的概念(稍后会有更多关于彩色图像的内容)。下面是 RGB 系统中表示彩色图像的函数：

RGB 彩色图像 => F(x,y) = [red(x,y), green(x,y) , blue(x,y)]

把图像看作函数的做法在图像处理中大有用途。可以把一幅图像看作 $F(x, y)$ 函数，并对其进行数学运算，将其转换为一个新的图像函数 $G(x, y)$。表 1-1 是图像转换的示例。

表 1-1　图像转换示例

应用	转换
将图像调暗	$G(x, y) = 0.5 * F(x, y)$
将图像调亮	$G(x, y) = 2 * F(x, y)$
将图像下移 150 个像素	$G(x, y) = F(x, y + 150)$
去除灰度值以将图像变为黑白图	$G(x, y) = \{0 \text{ if } F(x, y) < 130, 255 \text{ otherwise}\}$

1.4.2　计算机读取图像

人类看一幅图像时看到的是对象、风景、颜色等，但计算机并非如此。对于图 1-16 所示的图片，人脑可以处理它并立即知道这是一辆摩托车的照片，而计算机"看到"的却是一个 2D 像素值矩阵，这些像素值代表各种颜色的光强。总之，没有上下文，只有大量的数据。

人类所见　　　　　　　　　　　　　　　计算机所见

图 1-16　计算机将图像视作 2D 像素值矩阵，这些值代表各种颜色的光强，例如，灰度图的值范围为 0～255，其中，0 代表黑色，255 代表白色

图 1-16 中图像的大小为 24×24，这表明图像高 24 像素，宽 24 像素，总像素为 576(24×24)。如果图像尺寸为 700×500，矩阵的大小则为(700, 500)。

1.4.3　彩色图像

在灰度图像中，每个像素的值仅表示一种颜色的光强，而在标准的 RGB 系统中，彩色图像有红、绿、蓝三通道。换句话说，彩色图像由三个矩阵表示，各矩阵分别代表红光强度、绿光强度和蓝光强度。

图 1-17 展示了彩色图像的红、绿、蓝三通道(不同于灰度图的单一通道)。问题是，计算机是如何看待这张图的？计算机将其看成三个矩阵的堆叠，即通常所说的 3D 矩阵。这幅 700×700 的彩色图像的大小为(700, 700, 3)。假设第一个矩阵表示红色通道，则矩阵中每一个元素代表一个红光强度，绿色和蓝色通道亦然。彩色图像的每一个像素由三个数字(范围为 0～255)表示，每个数字分别代表红、绿、蓝光的强度。

以图 1-17 中的像素(0, 0)为例，它代表图像左上角绿色草地的像素。在彩色图像中，该像素看起来如图 1-18 所示。图 1-19 展示了不同的绿色和它们的 RGB 值。

彩色图像

RGB通道

$F(0, 0) = [11, 102, 35]$

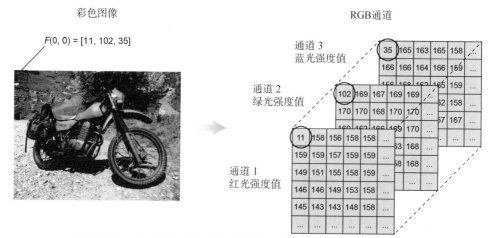

通道 3
蓝光强度值

通道 2
绿光强度值

通道 1
红光强度值

图 1-17 彩色图像由红、绿、蓝通道表示，可以用矩阵表示这些颜色的光强

红   绿   蓝   森林绿
(11, 102, 35)

11 + 102 + 35 =

图 1-18 一幅绿草的图像实际上由三种不同光强的颜色组成

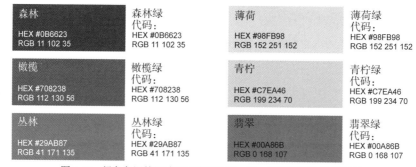

森林	森林绿	薄荷	薄荷绿
HEX #0B6623	代码：	HEX #98FB98	代码：
RGB 11 102 35	HEX #0B6623	RGB 152 251 152	HEX #98FB98
	RGB 11 102 35		RGB 152 251 152
橄榄	橄榄绿	青柠	青柠绿
HEX #708238	代码：	HEX #C7EA46	代码：
RGB 112 130 56	HEX #708238	RGB 199 234 70	HEX #C7EA46
	RGB 112 130 56		RGB 199 234 70
丛林	丛林绿	翡翠	翡翠绿
HEX #29AB87	代码：	HEX #00A86B	代码：
RGB 41 171 135	HEX #29AB87	RGB 0 168 107	HEX #00A86B
	RGB 41 171 135		RGB 0 168 107

图 1-19 绿色色调的深浅不同意味着红、绿、蓝三通道的光强不同

计算机如何识别颜色

计算机把图像看成矩阵。灰度图像只有一个通道。因此，可用 2D 矩阵表示灰度图像，其中每个元素代表特定像素的亮度值。记住，0 代表黑，255 代表白。与灰度图像不同，彩色图像有红、绿、蓝三个通道，因此，可用深度为 3 的 3D 矩阵表示。

前面已经描述过如何用函数表达图像，这种概念让我们能以数学计算的方式处理图像，从而改变图像或者提取信息。将图像表示成函数的做法是颜色变换、尺寸调整等图像处理技术的基础。图像处理的每一步都只是操作数学方程，以便逐像素转换图像。

灰度图：$f(x, y)$ 表示位置 (x, y) 处的光强

彩色图像：$f(x, y)=[red(x, y), green(x, y), blue(x, y)]$

1.5　图像处理

在机器学习(ML)项目中，数据预处理(或清洗)的步骤必不可少。作为 ML 工程师，你在构建学习模型之前通常会花费大量时间清洗数据。数据清洗的目标是为 ML 模型准备好数据，使其更易于分析和处理。图像亦是如此。在将图像提供给 ML 模型之前，需要根据问题的特性和手头的数据集情况对图像进行处理。

图像处理可能涉及调整图像大小之类的简单任务。稍后会讲到，为了将图像数据集提供给卷积网络，所有图像都必须具有相同的大小。也可进行其他处理任务，比如几何和颜色变换、从彩色图到灰度图的转换等。后续章节和项目将涉及多种图像处理技术。

获取到的数据通常杂乱无章且来源五花八门。为了将其提供给 ML 模型(或神经网络)，需要使其标准化并对其进行清理。预处理有利于降低算法的复杂度和提升算法准确率。我们无法根据每一张图像的状况写一个独特的算法，因此，应将获取的图像转换成一种形式，以使其适用于通用算法。下面将描述常用的数据处理技巧。

将彩色图像转为灰度图以降低计算复杂度

从图像中删除不必要的信息以减小空间或降低计算的复杂度，这种做法有时候会让你获益匪浅。例如，对于某些对象而言，颜色对于对象的识别和解译并不重要，灰度图已经足以实现特定对象的识别。这种情况下，可考虑将彩色图像转为灰度图，因为相比于黑白图像，彩色图像包含更多信息，这些信息会增加不必要的复杂度并占用更多内存空间。要知道，彩色图像含 3 个通道，若将它们转为灰度图，可减少处理的像素数量，如图 1-20 所示。

图 1-20　将彩图转为灰度图后，需要处理的像素数量会减少，这非常适用于那些对转换导致的颜色信息
丢失不敏感的应用

颜色信息在什么情况下至关重要

将彩图转为灰度图的处理方式在解决某类问题时并不可取。很多场景中，颜色信息必不可少。比如，假设要构建一个诊断系统以识别医学图片中的皮肤红疹，这个场景严重依赖于红色通道的光强，若移除图像颜色，会使问题的解决困难重重。一般来说，颜色信息在医疗领域的许多应用中都举足轻重。

在自动驾驶汽车的车道检测应用中，颜色信息同样很重要。汽车需要区分黄线和白线，因为这两种线对应的规则不同。灰度图无法提供足够的信息来区分黄线和白线。

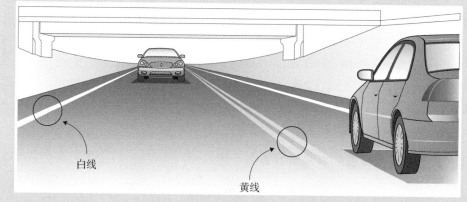

白线

黄线

基于灰度图像的处理器无法区分彩色图像

根据经验，若要判断颜色信息是否重要，可用人眼来观察图像。如果人眼能够在灰色图像中识别要找的对象，那么将灰度图提供给模型即可，反之，模型就肯定需要更多的颜色信息。同样的判断规则也适用于下面将要讨论的大多数其他预处理技术。

上面的示例展示了如何使用亮度和暗度(强度)模式来定义对象的形状和特征，然而在其他一些应用中，颜色对于某些对象的定义不可或缺，比如，皮肤癌检测严重依赖于皮肤颜色(红疹)。

- 图像标准化：第 3 章将讲到，某些 ML 算法(如 CNN)的一个重要约束是，必须将数据集中的图像调整为统一尺寸。这意味着在将图像输入学习算法之前必须对其进行预处理和缩放，使其具有相同的宽度和高度。

- 数据增强(data augmentation)：另一种常见的预处理技术是使用现有图像的修改版本来增强现有数据集。缩放、旋转和其他仿射变换操作是常用方法，可大大丰富数据样本，并让神经网络接触到形形色色的图片。这使模型更有可能识别图片中以各种形态出现的目标对象。图 1-21 展示了一个对蝴蝶图像进行增强的示例。

- 其他技巧：还有许多预处理技术可用于清理图片以训练 ML 模型。某些项目可能需要删除图像的背景以减少噪声。另一些项目可能需要调亮或调暗图像。简而言之，任何需要应用于数据集的调整都属于预处理操作。你需要根据手头数据情况和待解决的问题选择合适的处理方法。本书将涉及许多图像处理技术，让你能直观地判断自己的项目需要应用哪些技术。

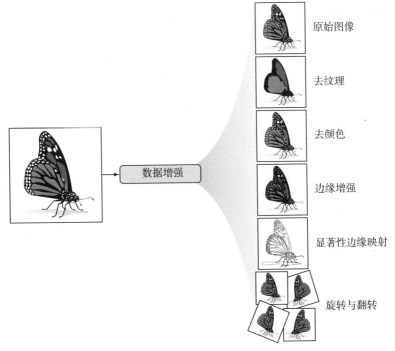

图 1-21 图像增强技术为输入的图像创建修改版本，为 ML 模型提供更多示例

没有免费的午餐

这句话是由 David Wolpert 和 William Macready 在"最优化算法没有免费的午餐定理"("No Free Lunch Theorems for Optimizations"，*IEEE Transactions on Evolutionary Computation*)中提出的。当团队在进行 ML 项目时，你也会经常听到这种说法。这意味着没有一种方法普遍适用于所有模型。在进行 ML 项目时，你需要做出许多选择，比如构建神经网络体系架构，进行超参数调优，以及采用适当的数据预处理技术。虽然存在一些处理特定问题的经验方法，但确实没有一个方法能保证在所有情况下屡试屡验。你必须对数据集和待解决的问题做出特定假设。对于某些数据集，最好将彩色图像转换为灰度图；而对于其他数据集，可能需要保留或调整彩色图像。

令人欣慰的是，不同于传统的机器学习，DL 算法只需极少量的数据预处理，因为神经网络在处理图像和提取特征方面承担大部分繁重的工作，你即将体会到这一点。

1.6 特征提取

特征提取是 CV 管道的核心部分。实际上，整个 DL 模型的核心理念是提取有用的特征，这些特征应能清晰地定义图像中的对象。所以，本章会多花点篇幅解释什么是特征和特征向量，以及为什么特征的提取如此重要。

> **定义**   机器学习中的特征是待观察对象个体的可测量的属性或特质。特征也是 ML 模型的输入,用于输出预测或分类。假设你想要预测房子的价格,那么你输入的特征(属性)可能包括面积、房间数量、浴室数量等,模型将根据特征的值输出预测的价格。选择可以明确区分对象的良好特征,可以提升 ML 算法的预测能力。

1.6.1   计算机视觉中特征的定义

CV 中的特征是图像中可测量的数据,这些数据对特定对象来说是独一无二的。它可以是一种独特的颜色或特定的形状,如线、边缘或图像片段。好的特征可以用来区分不同的对象。例如,给定一个特征(如轮子),让你猜测对象是摩托车还是狗,你会怎么选择?答案是显而易见的。在这种情况下,轮子就是一个可以明确区分摩托车和狗的强有力的特征,但如果给定一个同样的特征(轮子),让你判断对象是自行车还是摩托车,这个特征就不够有说服力了。你需要寻找更多特征,如镜子、牌照、挡泥板等,它们共同描述一个对象。在 ML 项目中,将原始数据(图像)转换成特征向量并将其提供给算法,算法就可以学习对象的特征,如图 1-22 所示。

图中摩托车的原始图像被输入一个特征提取算法中。暂时把特征提取算法当成一个黑盒子,稍后再去剖析它。现在只需要明白这个黑盒子输出了一个包含一系列特征的向量,该向量是一个可以清晰表示对象的一维数组。

图 1-22   将图像输入特征提取算法中,以寻找图像中的模式并创建特征向量

特征普适性

值得注意的是,图 1-22 仅反映了从一辆摩托车上提取的特征,而特征的一个关键特性是可重复性。这些特征应该能够用来检测常规的摩托车,而不仅仅是这一辆摩托车。所以,在现实问题中,一个特征并不是输入图像的某个部分的精确拷贝。

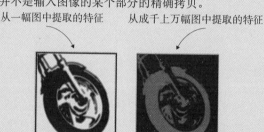

特征需要检测常规的模式

以轮子为例，该特征看起来并不完全像某一辆摩托车的轮子。相反，它看起来像一个带有某些模式的圆形，这些模式可以在训练集的所有图片中识别轮子。当特征提取器遍历成千上万张摩托车图像时，不管车轮出现在图像的哪个位置，以及车轮属于哪种摩托车，它都会识别出定义常规车轮的模式。

1.6.2　有用特征的定义

机器学习模型的好坏取决于你提供的特征。这意味着提取有用的特征是构建 ML 模型的一项重要工作，但如何定义有用的特征呢？

举个例子，假设要构建一个能够分辨格雷伊猎犬和拉布拉多犬的分类器，选择身高和眼睛颜色这两个特征进行评估，如图 1-23 所示。

先看身高，这个特征有用吗？一般来说，格雷伊猎犬比拉布拉多犬要高个几英寸，但并非总是如此，狗的世界也是千变万化的。不妨看看两个种群的身高分布。图 1-24 中的直方图直观地展示了一个小型数据集中两种狗的身高分布。

图 1-23　格雷伊猎犬和拉布拉多犬特征定义示例

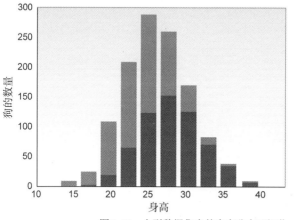

图 1-24　小型数据集中的身高分布可视化

从直方图中可以看出，如果狗的身高小于或等于 20 英寸，那么它是拉布拉多犬的概率在 80%以上。另一方面，如果狗的身高大于或等于 30 英寸，则几乎可以断定它是格雷伊猎犬，而直方图中间的数据(身高为 20～30 英寸)显示，这一部分狗属于拉布拉多犬或格雷伊猎犬的概率非常接近。下面展示了这种情况下的判断过程。

如果身高≤20：

　　返回拉布拉多犬的概率更高。

如果身高≥30：

　　返回格雷伊猎犬的概率更高。

如果 20<身高<30：

　　寻求其他特征来区分对象。

因此在本示例中，狗的身高是一个有用的特征，因为它有助于区分两种狗。虽然它并不能在所有情况下区分格雷伊猎犬和拉布拉多犬，但这不妨碍我们采用这个特征。在 ML 项目中，几乎没有一个特征可以单独对所有对象进行分类。这也是 ML 项目总是需要多个特征的原因，其中，每个特征对应不同的信息。如果一个特征就可以完成任务，那你完全不需要费心思去训练分类器，写一个 if-else 语句即可。

提示　与之前进行颜色转换(彩图转为灰度图)时所做的事情类似，为了确定特定问题需要使用的特征，可以做一个思想实验。假定你自己就是那个分类器，你需要什么信息才能区分格雷伊猎犬和拉布拉多犬呢？也许还会考虑毛发长度、体型、毛发颜色等特征。

再看眼睛颜色这个特征，这是一个无效特征的示例。在这个小型数据集中，假定眼睛颜色只有蓝色和棕色两种，其直方图如图 1-25 所示。

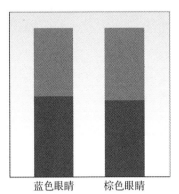

蓝色眼睛　　棕色眼睛

图 1-25　小型数据集上的眼睛颜色分布可视化

很明显，对这两种狗而言，眼睛颜色的分布不相上下，各占 50%。实际上，该特征并不能说明什么，因为它与狗的品种没有关联。因此，它是一个无效特征。

什么是对象识别的有用特征

一个好的特征可以帮助我们以所有可能出现的方式识别一个对象，它有以下特点：

- 可辨别的

- 易于跟踪和比较
- 在不同尺度、光照条件和观察角度下均保持一致
- 在有噪声或者对象只有部分可见时仍然显性可见

1.6.3　手动与自动的特征提取

特征提取是机器学习领域中非常宽泛的话题，相关内容足够单独成书。通常人们会在名为"特征工程"的主题和上下文环境中描述它。本书只关注图像的特征提取，因此本章只会简单提及这方面的内容，后续章节会进一步阐述。

1. 手动提取特征的传统机器学习

传统的 ML 问题中，人们花了大量时间手动选择特征。这个过程依赖领域知识(或与领域专家的合作)来创建能提升 ML 性能的特征，然后将这些特征提交给支持向量机(support vector machine，SVM)或 AdaBoost 算法等分类器以预测输出，图 1-26 展示了这一过程。

下面列出了一些手工制作的特征集：

- 方向梯度直方图(histogram of oriented gradients，HOG)
- 基于 Haar 特征的级联分类器(Haar cascades)
- 尺度不变特征变换(scale-invariant feature transform，SIFT)
- 加速鲁棒特征(speeded-up robust feature，SURF)

图 1-26　传统的机器学习算法需要手工提取特征

2. 自动提取特征的深度学习

深度学习不需要手动提取特征。神经网络会自动提取特征，并通过将权重值应用到网络连接来学习特征在输出中的重要性。你只需要将原始图像提供给网络。当该图像通过网络各层时，网络会识别图像中的模式并使用这些模式来创建特征，如图 1-27 所示。神经网络可以被看作端到端的特征提取器兼分类器，这与手动提取特征的传统 ML 模型大不相同。

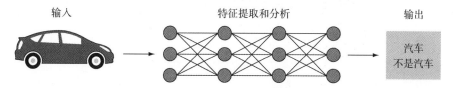

图 1-27　深度神经网络将输入的图像传递到网络各层，自动提取特征并完成分类，不需要人工提取特征

神经网络如何区分有用和无用的特征

你或许会认为神经网络只能理解最有用的特征，但这并不完全正确。神经网络收集所有的特征并给予其随机权重，并在训练过程中调整权重以反映特征的重要性，以及它们能在多大程度上影响输出预测。出现频率最高的图案将会有更高的权重并被认为是更有用的特征，权重最小的特征对输出的影响也很小。下一章将详细讨论这个学习过程。

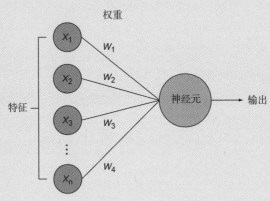

对不同的特征进行加权，以反映它们在目标识别中的重要性

3. 为什么需要特征

输入图像中含有太多不必要的信息，因此，对图像进行预处理后，第一步就是通过提取重要信息以及删除不必要信息以对其进行简化。通过提取重要的颜色或图像片段，可以将复杂的大图像转换成较小的特征集。这使根据图像特征进行分类的任务变得更加简单和快捷。

考虑下面的场景。假设有一个包含 10 000 张摩托车图片的数据集，每一张都是宽 1000，高 1000。其中一些图片有单色的背景，而另一些则有很多不必要的背景数据。将成千上万张图像输入特征提取算法时，丢掉所有对识别摩托车不重要的数据，只保留一个可以直接输入分类器的有用特征集，如图 1-28 所示。与其让分类器查看 10 000 张图像的原始数据集来学习摩托车的属性，不如试试上述处理方法，这个过程要简单得多。

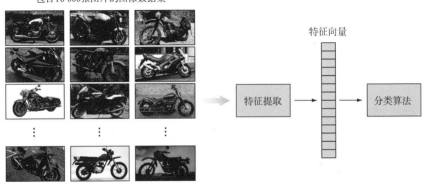

图 1-28　从成千上万张图像中提取与合并特征，并输出特征向量以提供给分类器

1.7　分类器学习算法

下面列出了本章目前为止就分类器管道所讨论的内容。

- 输入图像：了解如何将图像表示为函数。计算机将图像视为 2D 矩阵(灰度图)和 3D 矩阵(三个通道，彩色图像)。
- 图像处理：讨论了一些图像预处理技术。该步骤旨在清洗数据集，并将清洗好的数据用作 ML 算法的输入。
- 特征提取：将大的图像数据集转换成有用的特征向量，该特征向量可以描述图像中对象独一无二的特性。

现在，是时候将提取的特征向量提供给分类器并进行图像分类(如区分摩托车或其他类别)了。

如上一节所述，分类任务通过支持向量机等传统的 ML 算法或者 CNN 之类的深度神经网络算法来实现。传统的 ML 算法可能会在某些问题上取得不错的成绩，而 CNN 则在图像处理和分类等最复杂的问题上大获全胜。

本书将详细讨论神经网络及其工作原理。就目前而言，你只需要记住，神经网络不仅会自动从数据集中提取有用的特征，还能充当分类器并输出图像的类别标签。输入图像经过神经网络的各层时，网络逐层学习其特征(如图 1-29 所示)。网络层次越深，从数据集学习到的特征就越多，故此名曰"深度学习"。更深的层级会带来更多的权衡，接下来的两章将讨论这个话题。神经网络的最后一层通常充当输出类别标签的分类器。

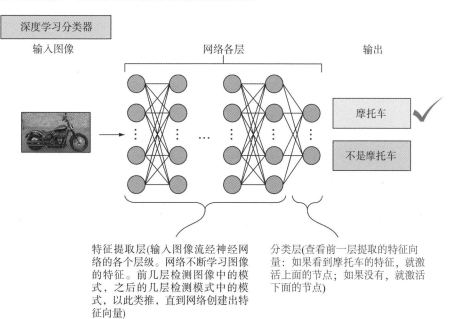

特征提取层(输入图像流经神经网络的各个层级。网络不断学习图像的特征。前几层检测图像中的模式，之后的几层检测模式中的模式，以此类推，直到网络创建出特征向量)

分类层(查看前一层提取的特征向量：如果看到摩托车的特征，就激活上面的节点；如果没有，就激活下面的节点)

图 1-29　输入图像经过神经网络的各层，网络逐层学习图像特征

1.8　本章小结

- 人类和机器的视觉系统都包含两个基本组件：感知设备和解译设备。

- 解译过程包含 4 个步骤：输入数据、预处理、特征提取和生成机器学习模型(分类器学习算法)。

- 可将一幅图像表示为 x 和 y 的函数。计算机将图像视为像素值矩阵：灰度图有 1 个通道，彩色图像有 3 个通道。

- 图像处理技术因问题和数据而异。常用技术包括：将彩色图像转为灰度图以降低复杂度，将图像调整为统一大小以适应神经网络，以及数据增强。

- 特征是图像中用于对象分类的独特属性。传统的 ML 算法使用多种特征提取方法。

第 *2* 章

深度学习和神经网络

本章主要内容：

- 理解感知机和多层感知机
- 使用不同类型的激活函数
- 使用前馈、误差函数和误差优化训练神经网络
- 执行后向传播

第 1 章讨论了组成 CV 管道的 4 个步骤，即输入数据、预处理、特征提取和生成机器学习模型(分类器学习算法)；还讨论了传统的机器学习(ML)算法与深度学习(DL)算法的不同。前者手动提取特征以生成特征向量并将它交给算法以进行分类；而在深度学习中，神经网络既是特征提取器，又是分类器。深度神经网络自动识别模式，从图像中提取特征并为图像打上分类标签，如图 2-1 所示。

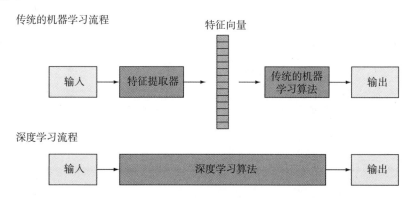

图 2-1　传统的机器学习算法需要手动提取特征，深度神经网络让图像在网络层中传递以自动提取特征

本章将暂别与 CV 相关的内容并将目光聚焦到图 2-1 所示的 DL 算法框中，以深入研究神经网络如何学习特征并做出预测。第 3 章将继续研究 CV 话题，讨论 CV 应用中最流行的 DL 架构之一——卷积神经网络。

下面较详细地列出了本章的主要内容。

- 描述神经网络最基本的组成部分——感知机(perceptron)。感知机是一种只包含一个神经元的神经网络。

- 介绍更复杂的神经网络结构——多层感知机(multilayer perceptron，MLP)。多层感知机包含数百个神经元，因此可解决更复杂的问题。这些神经元堆叠在隐藏层中。神经网络结构的主要组件包括：输入层、隐藏层、连接权重(connection weight)及输出层。

- 讲述网络训练过程中的三个主要步骤。

  (1) 前馈操作。

  (2) 误差计算。

  (3) 误差优化：使用后向传播和梯度下降算法来选择最优参数以使误差函数最小化。

本章将深入探讨以上每一个步骤。你将发现，构建一个神经网络时需要做出必要的设计决策：选择优化器、成本函数和激活函数，设计网络的结构，包括网络中应该有多少连接层，以及每层应该有多少个神经元，等等。

准备好了吗？开始学习吧！

2.1　理解感知机

回顾一下第 1 章中提到的人工神经网络(ANN)的架构图。如图 2-2 所示，ANN 由许多分层组织的神经元组成，用来执行某种计算和预测任务。这种结构也可被称为多层感知机，这种说法更直观，因为它暗示着网络是由多层结构的感知机组成的。MLP 和 ANN 这两个术语均可用来描述这种神经网络结构。

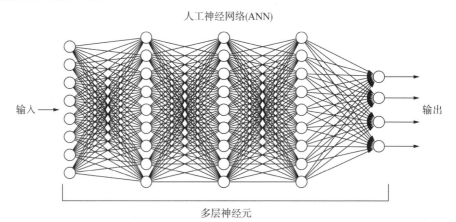

人工神经网络(ANN)

输入 →　　　　　→ 输出

多层神经元

图 2-2　人工神经网络由多层相互连接的节点(或神经元)组成

图 2-2 中，每个节点被称为神经元。在讨论 MLP 的工作原理之前，本节会先带你了解神经网络最基本的组成部分——感知机。一旦了解了单层感知机的工作机制，你就能更直观地理解多层感知机的原理了。

2.1.1　感知机的定义

感知机由单个神经元组成，是最简单的神经网络。从概念上讲，感知机的工作机制类似于生物神经元(如图 2-3 所示)。生物神经元从树突接收电信号，并对电信号进行不同程度的调节。只有当输入信号的总强度超过某一阈值时，神经元才会通过突触发出输出信号。然后，输出信号被传送给另一个神经元，以此类推。

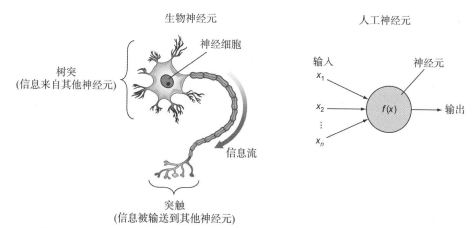

图 2-3　人工神经元的灵感来源于生物神经元。不同的神经元之间由携带信息的突触连接

为了模拟生物神经元的这种现象，人工神经元执行了两个连续的函数：计算输入信号的加权和(weighted sum)以表示输入信号的总强度，并对该结果应用阶跃函数(step function)以确定是否触发输出。如果信号强度超过某个阈值，该函数则输出 1，反之则输出 0。

如第 1 章所述，并非所有的输入特征都同等重要(或有用)，因此每个输入节点都被分配了一个权重值以区分其重要性。该权重被称为连接权重。

连接权重

并非所有的输入特征都同等重要(或有用)。为此，每个输入特征(x_1)都被分配了一个权重(w_1)，以反映它在决策过程中的重要性。输入特征被赋予的权重越大，它对输出的影响就越大。如果权重大，输入信号就会被放大，反之则会减弱。在常见的神经网络表示方法中，权重由输入节点到感知机的线或边表示。

假设要根据一组特征(如大小、邻近街区、房间数)来预测房价，则此处有 3 个输入特征(x_1、x_2 和 x_3)，每个输入都有不同的权重，其值代表该输入对房价预测的最终影响。例如，如果房子的大小特征对房价的影响是邻近街区特征的 2 倍，而邻近街区特征对房价的影响是房间数特征的 2 倍，则 3 个特征的权重值分别是 8、4、2。

如何分配连接权重和如何学习是神经网络训练过程的核心，也是本章剩余部分要讨论的内容。

图 2-4 展示了感知机的主要组件。

- 输入向量：输入到神经元的特征向量。通常用大写的 X 表示输入向量$(x_1, x_2, ..., x_n)$。
- 权重向量：每个输入 x_i 都被分配一个权重值 w_i，表示不同的输入具有不同的重要性。
- 神经元函数：包括加权和函数与阶跃激活函数(step activation function)。这些计算在神经元内执行，以调制输入信号。
- 输出：由神经网络使用的激活函数的类型决定。稍后将详细讨论不同的激活函数。对于阶跃函数而言，输出只能是 0 或 1，而其他激活函数将输出概率或者浮点值。输出节点表示感知机的预测结果。

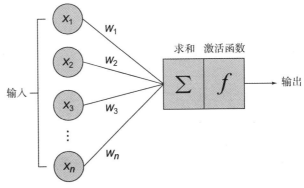

图 2-4　将赋予了权重的输入向量输入神经元，并在神经元内执行加权求和与激活函数计算

接下来深入讲解神经元内部的加权求和与阶跃函数的计算过程。

1. 加权和函数

将各项输入与其权重相乘，然后对所有乘积进行求和，再加上一个偏置(bias)项，即可得出加权和函数，也被称为线性组合。该函数是一条直线，其公式表达如下：

$$z = \sum x_i \cdot w_i + b$$

$$z = x_1 \cdot w_1 + x_2 \cdot w_2 + x_3 \cdot w_3 + \cdots + x_n \cdot w_n + b$$

Python 中实现加权求和的代码如下：

```
z = np.dot(w.T,X) + b
```
← X 是输入向量(大写的 X)，w 是权重向量，b 是 y 轴截距(y-intercept)

偏置的定义，以及引入偏置的意义

为了帮助你理解，先来复习一下线性代数的概念。直线的函数表达如下：

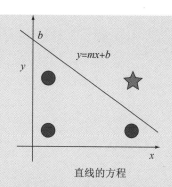

直线的方程

直线的函数由方程 $y= mx+b$ 表示，其中 b 为 y 轴截距。斜率和(直线上的)一个点就可以定义一条直线。偏置即 y 轴上的点。偏置可以让直线在 y 轴方向上下移动，以便更好地拟合数据。如果没有偏置值(b)，直线就必须总是经过原点$(0, 0)$，拟合效果相对较差。

为了直观地理解偏置的重要性，以上图为例，你可以尝试用一条穿过原点$(0, 0)$的直线将圆和五角星分开，你很快会发现，这是不可能做到的。

输入层可以额外引入一个值恒为 1 的节点来表示偏置，如下图所示。在神经网络中，偏置值(b)被视为额外权重并由神经元进行学习和调整，以使成本函数(cost function)最小化。下一节将讨论成本函数。

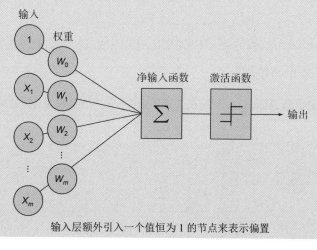

输入层额外引入一个值恒为 1 的节点来表示偏置

2. 阶跃激活函数

无论是在人工神经网络还是在生物神经网络中，神经元都不会仅输出它接收到的原始输入，而是会包含一个步骤——激活函数(activation function)，这是大脑的决策单元。

在 ANN 中，激活函数采用与之前相同的加权求和输入($z =\sum x_i \cdot w_i + b$)，并在加权和大于某一阈值时激活神经元。该激活操作基于激活函数的计算结果，稍后将回顾不同类型的激活函数及其用途。

感知机使用的最简单的激活函数是输出 0 或 1 的阶跃函数,即加权和≥0 时,输出=1(激活),

否则输出=0(不激活)，如图 2-5 所示。

Python 中阶跃函数的表达如下：

```python
def step_function(z):
    if z <= 0:
        return 0
    else:
      return 1
```

z 为加权和，$z=\sum x_i \cdot w_i + b$

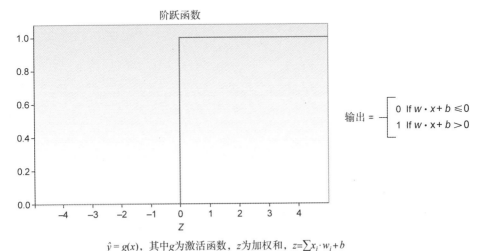

输出 $= \begin{cases} 0 \text{ If } w \cdot x + b \leqslant 0 \\ 1 \text{ If } w \cdot x + b > 0 \end{cases}$

$\hat{y} = g(x)$，其中 g 为激活函数，z 为加权和，$z=\sum x_i \cdot w_i + b$

图 2-5　阶跃函数生成二进制的输出(0 或 1)，如果加权和≥0，输出=1，否则输出=0

2.1.2　感知机的学习机制

感知机通过试错法进行学习。它将权重用作旋钮，上下调整权重值，直至训练完成，如图 2-6 所示。

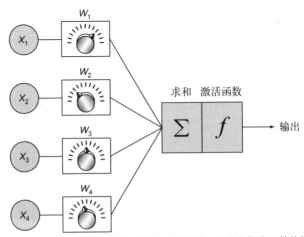

图 2-6　在学习过程中对权重值进行上下调整，以优化损失函数的值

下面展示了感知机的学习逻辑。

(1) 神经元计算加权和并将结果输入激活函数以预测 $\hat{y}$ 值。此为前馈过程：

$$\hat{y} = \text{activation}\left(\sum x_i \cdot w_i + b\right)$$

(2) 将预测结果与真值进行比较以计算误差：

$$\text{error} = y - \hat{y}$$

(3) 更新权重。如果预测值过高，则调整权重以便在下次训练中得出较低的预测值，反之亦然。

(4) 重复上面的步骤。

此过程反复进行多次，神经元持续更新权重，直到步骤(2)产生一个极小的误差(接近于 0)，这意味着神经元的预测值非常接近真值。至此，停止训练并保存产生最佳结果的权重值以备后续使用。

2.1.3　单层感知机的局限性

对于复杂问题而言，单个神经元够用吗？答案是否定的。原因是，感知机是一个线性函数，这意味着经过训练的神经元会产生一条直线来划分数据。

假设现在要训练感知机以预测球员能否被校队录取。先收集往年所有的数据并训练感知机仅基于两个特征(身高和年龄)进行预测。训练有素的网络找到最佳权重和偏置值来生成一条直线，这条直线以最佳方式将录取与不录取的球员分开(最佳拟合)。该直线的方程如下：

$$z = \text{height} \cdot w_1 + \text{age} \cdot w_2 + b$$

完成训练后，可以使用这个感知机预测新球员。一名新球员身高 150cm，12 岁，将(150, 12)代入上述方程中并计算其结果，如图 2-7 所示，计算结果落在了这条线的下方：神经网络预测这名球员将不会被录取。如果计算结果落在线的上方，则表示该球员将被录取。

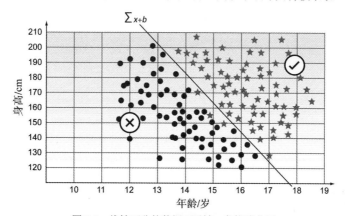

图 2-7　线性可分的数据可以被一条直线分开

在图 2-7 中，单层感知机表现良好，因为数据是线性可分的(linearly separable)，这意味着数据可以被一条直线分开。但问题不会总是如此简单，复杂的数据集通常都是线性不可分的。

如图 2-8 所示，仅用一条直线已无法将训练数据集分开，即单条直线无法拟合数据。针对这种比较复杂的数据，需要引入更复杂的网络。引入两个感知机并生成两条直线，能解决问题吗？

诚然，这绝对要比一条直线好，但仍有错误的预测。如果引入更多的感知机，可以使函数拟合得更好吗？理论上讲，增加的神经元越多，网络与训练数据集就拟合得越好，不过物极必反，如果增加的神经元太多，结果会走向另一个极端——过拟合(overfit，稍后讨论)。这里总结一般的原则：神经网络越复杂，越有利于学习数据的特征。

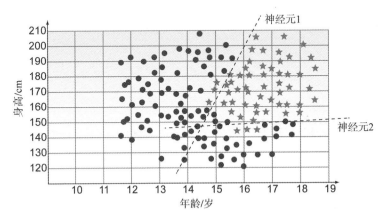

图 2-8　单条直线无法分离非线性数据集中的数据。本示例中，一个含两个感知机的网络可产生两条直线，帮助进一步分离数据

2.2　多层感知机

单层感知机可以很好地处理线性可分的简单数据集，但如你所见，现实世界远比这复杂得多，而神经网络正好可以大显身手。

线性与非线性问题
- 线性数据集：可以用一条直线分割数据。
- 非线性数据集：无法用单条直线分割数据。需要将多条线组合成特定形状来分割数据。
如下图所示，在线性问题中，圆点和星星可以被一条线轻易地划分为两类。在非线性数据中，一条线显然不能解决问题。

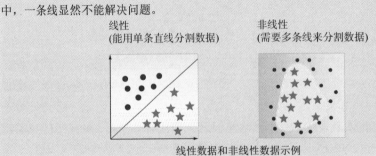

线性数据和非线性数据示例

非线性数据集的分割需要不止一条直线，这促使人们想出一个架构，以便在神经网络中使用数十到数百个神经元。如图 2-9 所示，既然单层感知机是一个线性函数，只能产生一条直线，因此，为了拟合这些数据，可以尝试建立一个类似三角形的形状来分割数据，似乎 3 条线就够了。

图 2-9 展示了对非线性数据建模的小型神经网络。在该网络中，将三个神经元堆叠在一起，形成一个层，该层的输出在训练过程中不可见，因此被称为隐藏层(hidden layer)。

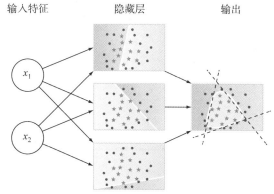

图 2-9　单层感知机是一个线性函数，只能产生一条直线，因此，此处需要三个感知机以创建类似三角形的形状，从而拟合上述数据

2.2.1　多层感知机架构

前面已经讲述了如何为一个神经网络设计多个神经元，接下来处理更复杂的数据集。图 2-10 来自 TensorFlow playground 网站(https://playground.tensorflow.org)。该数据集为包含两类数据的螺旋形数据集。为了拟合该数据集，需要建立一个包含数十个神经元的神经网络。神经网络的一种常见架构是将神经元在隐藏层中层层堆叠，其中每一层包含 n 个神经元，各层之间通过连接权重相连。这形成了图中的多层感知机(multilayer perceptron，MLP)架构。

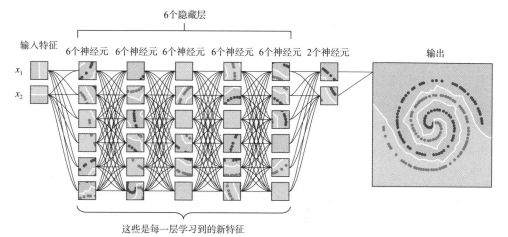

图 2-10　TensorFlow playground 中深度神经网络的特征学习示例

神经网络架构主要由以下几部分组成。

- 输入层：包含特征向量。
- 隐藏层：神经元在隐藏层中层层堆叠。之所以称其为"隐藏层"，是因为我们无法看到或控制这些层的输入或输出，而只能将特征向量传入输入层，然后等输出层给出结果。
- 连接权重(也称为边，edge)：为节点之间的每个连接分配权重以反映其对输出结果的影响程度。在图网络(graph network)的术语中，这被称为连接节点的边。
- 输出层：输出层给出了模型的预测结果。根据神经网络的设置，最终的输出可能是一个实数(回归问题)或者是一组概率(分类问题)，这取决于神经网络输出层的神经元中采用的激活函数的类型。

本节已经讨论了输入层、权重和输出层，下面探讨该架构的隐藏层。

2.2.2 关于隐藏层

隐藏层是特征学习过程的核心所在。仔细查看图 2-10 的隐藏层节点，你会发现较浅的层识别简单模式来学习低级特征(直线)，而较深的层识别模式中的模式以了解更复杂的特征和形状，然后以此类推，逐级深入。后续章节讨论卷积神经网络时，这个概念将会派上用场。现在只需要谨记，神经网络的隐藏层学习复杂的特征，直至能拟合数据。因此，在设计神经网络时，如果网络欠拟合，那么增加隐藏层是解决方案之一。

2.2.3 隐藏层的设计

对于一名机器学习工程师而言，设计网络和进行超参数调优是主要职责。尽管没有适用于所有模型的通用方案，本书仍致力于帮助工程师建立超参数调优的直觉并积累基本经验。网络层数与每层的神经元数即网络设计的重要超参数之一。

网络可以有一个或多个隐藏层(从技术上讲，可以随心所欲地设计层数)，每层可以有一个或多个神经元(同样，可随心所欲地增加节点)。机器学习工程师的职责就是设计这些层。通常，有两个或更多个隐藏层的网络被称为深度神经网络(deep neural network)。通用原则是：网络越深，数据拟合得越好。但过深的网络会导致过拟合，以至于模型在新的数据集上无法泛化(generalize)，此外，计算成本也会更高。所以，工程师的工作是建立一个恰到好处的网络(既不过于简单，又不过于复杂)。建议你阅读其他人成功实现的不同神经网络的体系架构，以建立关于"恰到好处"的直觉。以此为起点，设计一个 3～5 层(基于 CPU 训练)的神经网络并观察其性能。若结果欠拟合，则增加层数，反之则减少层数。推荐使用 TensorFlow playground (https://playground.tensorflow.org)来了解神经网络的表现。

全连接层

值得一提的是，经典的 MLP 架构中的各层是完全连接到下一个隐藏层的。如下图所示，某一层中的每个节点都与上一层的所有节点相连，这被称为"全连接网络"(fully connected network)，这些边表示该节点对输出值的影响程度。

后续章节将讨论神经网络架构的变体(如卷积网络和递归网络)。现在，要知道你所学的是最基本的神经网络架构，被称为 ANN、MLP、全连接网络，或前馈网络(feedforward network)。

假定我们设计了一个含有 2 个隐藏层，每层有 5 个神经元的 MLP 网络。下面做一个练习，快速计算网络中有多少条边。

- weights_0_1：4(输入层 4 个节点)×5(第 1 个隐藏层中 5 个节点)+5 个偏置(每个神经元都有一个偏置)= 25 条边。

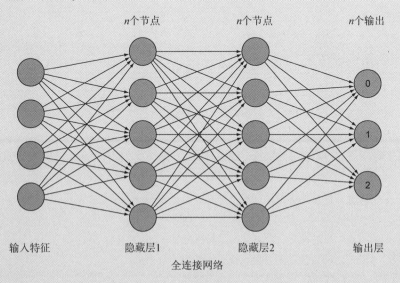

全连接网络

- weights_1_2：5×5 节点+5 个偏置 = 30 条边。
- weights_2_output：5×3 节点+3 个偏置 = 18 条边。
- 此网络一共 73 条边(权重)。

这个简单的网络中共有 73 条边(权重)，这些权重的值被随机初始化，然后网络执行前馈(feedforward)和后向传播(backpropagation)，以学习适合网络模型自身的最佳权重值。

在 Keras 中构建该网络以查看权重的数量，代码如下：

```
model = Sequential([
    Dense(5, input_dim=4),
    Dense(5),
    Dense(3)

])
```

并输出总和：

```
model.summary()
```

输出如下：

```
Layer (type)                    Output Shape                Param #
=================================================================
dense (Dense)                   (None, 5)                   25

dense_1 (Dense)                 (None, 5)                   30

dense_2 (Dense)                 (None, 3)                   18
=================================================================
Total params: 73
Trainable params: 73
Non-trainable params: 0
```

2.2.4　本节内容拓展

下面简要回顾目前为止讨论的内容。

- 生物神经元与人工神经元的相似性：均含有输入和计算输入信号的神经元并产生输出。
- 人工神经元的计算过程以及两个主要功能：加权和函数及激活函数。
- 网络对所有边随机分配权重，这些权重参数反映了该特征对于输出的重要性。
- 包含一个神经元的感知机是线性函数，可产生一条直线来分割线性可分的数据集。为了解决非线性数据的复杂问题，需要引入多个神经元节点，以形成多层感知机。
- MLP 架构包含输入特征、连接权重、隐藏层和输出层。
- 感知机的学习过程是三个主要步骤的反复进行：前馈计算产生预测(加权和与激活)，计算误差，后向传播误差并更新权重以使误差最小化。

关于神经网络超参数，应当记住以下几个要点。

- 隐藏层数量：你可以随心所欲地设置隐藏层数量和每层神经元的数量。通常，神经元越多，越有利于网络学习训练数据，但神经元过多会导致过拟合：网络本应学习数据集特征，但因过度学习而记住了它，因此无法泛化。要获得适当的层数，可先从一个小型网络开始，观察网络性能并增加层级，直到获得满意的结果。
- 激活函数：有很多类型的激活函数，最流行的莫过于 ReLU 和 softmax。建议在隐藏层使用 ReLU 激活函数并在输出层使用 softmax(后续章节的练习项目将展示这一思路的实现)。
- 误差函数：用来测量神经网络的预测值与真实值之间的差距。均方误差常用于回归问题，交叉熵常用于分类问题。
- 优化器(optimizer)：优化算法用于寻找最优的权重值以使误差最小化。有若干种优化器可供选择。本章将讨论批梯度下降、随机梯度下降和 mini-batch 梯度下降法。Adam 和 RMSprop 也是很流行的两个优化器，但本章不予讨论。
- 批大小(batch size)：mini-batch size 是输入神经网络的数据集的子集数量，之后网络参数开始更新。大的 batch size 学习速度更快但需要更多内存。较为合适的 batch size 默认值可能是 32，也可尝试 64、128、256 等数值。
- 训练轮数(epoch)：全部样本在网络中训练的次数即训练轮数。增加训练轮数，直到出现过拟合(过拟合的表现为验证集准确率开始下降而训练集准确率上升)。

- 学习率(learning rate，简写为 lr)：学习率是优化器可调整的输入参数之一。理论上讲，过小的学习率可以保证达到最小误差(前提是训练时间足够长)，过大的学习率可以提升网络学习速度但不能保证找到最小误差。大多数 DL 库中优化器的默认 lr 值是一个合理的数值，以获得不错的效果，你可以在此基础上调高或降低一个数量级。第 4 章将详细讲述学习率。

关于超参数的更多内容

本书尚未讨论的其他超参数包括随机失活(dropout)和正则化(regularization)。第 3 章将讨论卷积神经网络，然后，第 4 章将详解超参数调优。

一般来说，超参数调优的最佳方法是反复试验。通过亲自实践项目，并从已有架构中学习，你将逐渐形成对超参数的直觉。

本书旨在让你学会分析网络性能并了解针对每种状况需要优化哪个超参数。通过理解这些超参数背后的原理并在本章结尾的项目中观察网络性能，可以形成一种经验：针对某种特别的效果需要调整哪个超参数。例如，当误差值不再减小并来回震荡时，可通过降低学习率来解决这个问题；或者当网络在训练集上表现不佳时，可能意味着网络架构不合适，需要添加更多神经元和隐藏层，以建立更复杂的模型。

2.3 激活函数

构建神经网络的设计决策之一是选择激活函数。激活函数也被称为传递函数(transfer functions)或非线性函数(nonlinearities)，因为它们将加权和的线性组合转换为非线性模型。激活函数被放置在每个感知机的末端，以决定是否激活该神经元。

使用激活函数的意义何在？为什么不直接计算网络的加权和，然后通过隐藏层传播并产生一个输出？

激活函数旨在将非线性引入网络。如果没有激活函数，不管你在网络中增加多少层，多层感知机的表现将和单层感知机如出一辙。激活函数还会将输出值限定到一个特定的有限值上。回顾一下预测球员是否会被录取的示例，如图 2-11 所示。

首先，模型计算了加权和并创建了一个线性函数 z：

$$z = \text{height} \cdot w_1 + \text{age} \cdot w_2 + b$$

该函数的输出没有界限。z 可以是任意数。使用激活函数后，可将预测值变为一个有限值。上例使用了一个阶跃函数，其中，如果 $z>0$，则结果落于直线之上(表示被录取)；如果 $z<0$，则结果落在直线之下(表示被拒绝)。因此，如果没有激活函数，模型会生成一个线性函数并计算出一个值，但感知机却无法决策。激活函数决定了是否触发感知机。

激活函数有无限多种。事实上，在过去几年里，先进的激活函数的创造有了长足的进步，然而仍只有极少数激活函数满足需求。下面深入探讨最常见的激活函数类型。

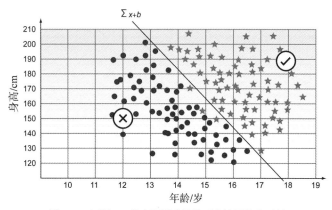

图 2-11   回顾 2.1 节中预测球员是否会被录取的示例

2.3.1 线性转移函数

线性转移函数(linear transfer function)也被称为恒等函数(identity function)，表示该函数将信号丝毫不变地传递过去，但当输出等于输入时，实际上意味着没有激活函数。因此，无论神经网络有多少层，它都仅仅计算一个线性激活函数，或者最多按比例缩放加权平均值，但它并没有把输入转换成非线性函数。

$$activation(z) = z = wx + b$$

两个线性函数的组合仍是一个线性函数，所以除非在网络中加入非线性激活函数，否则无论网络层级有多深，都无法计算任何有趣的函数，因为这种情况下网络根本没有学习！

为了探究原因，可以计算激活函数 $z(x) = w \cdot x + b$ 的导数。当 $w = 4$，$b = 0$ 时，$z(x) = 4x$，函数图像见图 2-12，其导数 $z'(x) = 4$ 的图像则如图 2-13 所示。

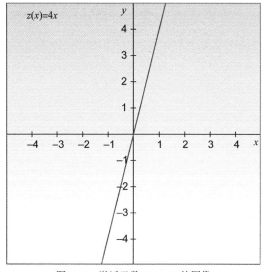

图 2-12   激活函数 $z(x) = 4x$ 的图像

线性函数的导数是常数：它不依赖于输入值 x。这意味着每一次后向传播的梯度都是相同的。这是一个严重的问题，因为梯度相同说明网络并没有真正改善误差。本章讨论后向传播时将更清楚地讲述这一点。

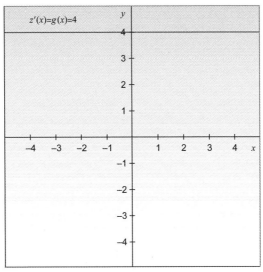

图 2-13 函数 $z(x)=4x$ 的导数 $z'(x)=4$ 的图像

2.3.2 Heaviside 阶跃函数(二元分类器)

Heaviside 阶跃函数产生二元输出。它基本的决策思路是：如果 $x>0$，激活神经元，输出 $y=1$；如果 $x<0$，不激活神经元，输出 $y=0$。它常用于真或假、垃圾邮件或非垃圾邮件、通过或者不通过等二元分类问题，如图 2-14 所示。

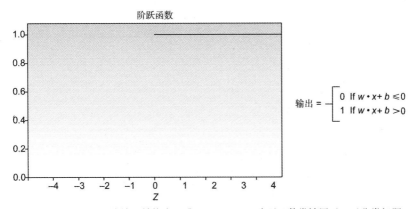

图 2-14 由于可将输入转换为 0 或 1，Heaviside 阶跃函数常被用于二元分类问题

2.3.3 sigmoid/logistic 函数

sigmoid/logistic 是最常见的激活函数之一，常用于二元分类器中，以预测两个类别中每个

类别的概率。sigmoid 将所有的值压缩为介于 0 和 1 之间的概率,从而减少(但不删除)数据中的极端值或异常值。sigmoid/logistic 函数可将无穷大的连续变量(从 $-\infty$ 到 $+\infty$)转变为介于 0 和 1 之间的简单概率,因为它被绘制成图形时会产生一条 S 形曲线,所以也被称为 S 形曲线。阶跃函数生成离散的结果(通过或不通过),而 sigmoid 生成通过和不通过的概率,如图 2-15 所示。

$$\sigma(z) = \frac{1}{1 + e^{-z}}$$

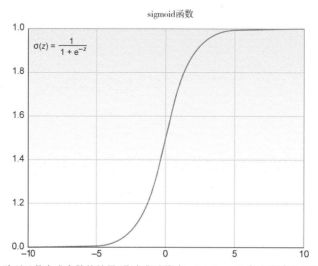

图 2-15   阶跃函数生成离散的结果(通过或不通过),而 sigmoid 生成通过和不通过的概率

Python 中执行 sigmoid 函数的代码如下:

```
import numpy as np          ←———————— 导入 numpy
def sigmoid(x):
    return 1 / (1 + np.exp(-x))    ←———— sigmoid 激活函数
```

即时线性代数(可选)

为了理解 sigmoid 的作用及如何驱动 sigmoid 函数方程,需要深入研究 sigmoid 函数的数学原理。假设现在要根据患者的年龄这一特征来预测患者是否患有糖尿病。先绘制所有患者的数据并得到下图中的线性模型:

$$z = \beta_0 + \beta_1\, \text{age}$$

在此场景中,概率应该介于 0 和 1 之间。值得注意的是,当患者年龄在 25 岁以下时,预测的概率为负数;而当患者年龄在 43 岁以上时,概率高于 1(100%),这个例子清晰地说明了为何线性函数在大多数情况下不起作用。如何解决这个问题并让预测的概率介于 0 和 1 之间呢?

首先要消除所有的负概率值。指数函数是行之有效的解决方法,因为任何数的指数都是正数。将其应用于线性方程并计算概率(p):

$$p=\exp(z)=\exp(\beta_0 + \beta_1\, age)$$

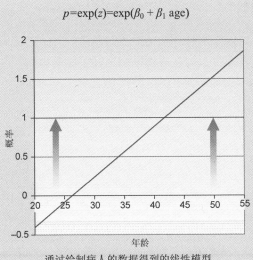

通过绘制病人的数据得到的线性模型

　　该方程保证了输出概率总是大于 0，但如何处理大于 1 的概率？答案是比例法，任何给定的数除以一个比它大的数都会得出一个小于 1 的值。将该方法应用于上述方程：将方程加上 1 或者一个很小的值(暂且称之为 ε)并以此作为分母，分子则是方程本身：

$$p = \frac{\exp(z)}{\exp(z) + \varepsilon}$$

　　分子分母同时约去 $\exp(z)$，方程变为：

$$p = \frac{1}{1+\exp(-z)}$$

　　将该方程绘制出来即可得到一条 S 形曲线。曲线上的概率值不会超出 0～1 的区间，并且随着病人年龄的增长，患病概率无限趋近于 1；随着病人年龄的减小，患病概率无限趋近于 0。这就是 sigmoid 函数和 logistic 回归曲线。

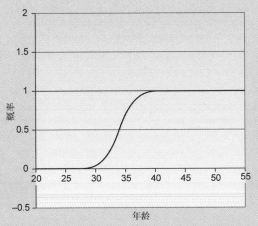

sigmoid 函数和 logistic 回归曲线。随着患者年龄增长，患病概率无限趋近于 1

2.3.4　softmax 函数

softmax 函数是 sigmoid 函数的泛化，用于在超过 2 个类别的分类中计算每个类别的概率。该函数使所有类别的概率之和等于 1。在深度学习问题中，该函数常用于从多个类别中预测属于某个类别的概率。softmax 方程如下：

$$\sigma(x_j) = \frac{e^{x_j}}{\sum_i e^{x_i}}$$

图 2-16 显示了 softmax 函数的示例：

图 2-16　softmax 函数将输入变成了介于 0 和 1 之间的概率

> 提示　softmax 是多分类问题的首选激活函数，并且在二元分类问题中也表现良好(应用于二元分类问题时相当于 sigmoid 函数)。本节结尾会讲解如何选用各激活函数。

2.3.5　双曲正切函数(tanh)

双曲正切函数(hyperbolic tangent function)是 sigmoid 的变种，不过，sigmoid 将值压缩为介于 0 和 1 之间的值，而 tanh 将值压缩为介于−1 和 1 之间的值。tanh 函数在隐藏层的表现通常比 sigmoid 要好，因为它可将数据的均值集中到 0 附近，而不是 0.5 附近，这使网络下一层的学习变得更容易。

$$\tanh(x) = \frac{\sinh(x)}{\cosh(x)} = \frac{e^x - e^{-x}}{e^x + e^{-x}}$$

sigmoid 和 tanh 函数共有的缺点之一是：如果 z 值极大或极小，函数的梯度(也被称为导数或斜率)会趋近于 0(如图 2-17 所示)。这将减缓梯度下降，因此 ReLU 激活函数应运而生。

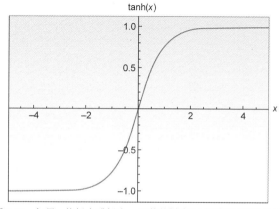

图 2-17　如果 z 值极大或极小，函数的梯度(导数/斜率)将趋近于 0

2.3.6　修正线性单元(ReLU)

ReLU(rectified linear unit,修正线性单元)激活函数只在输入>0 时激活神经元。如果输入<0,则输出恒为 0。输入>0 时，输入与输出变量呈线性关系，如图 2-18 所示，函数表达如下：

$$f(x) = \max(0, x)$$

截至本书撰写之时，因为在诸多不同场景下表现良好，ReLU 被认为是最先进的激活函数，并且它在隐藏层中的训练效果往往比 sigmoid 和 tanh 更好。

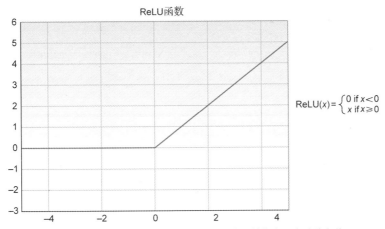

图 2-18　ReLU 函数通过将所有小于 0 的输入转换为 0 来消除负值

ReLU 的 Python 代码如下：

```
def relu(x):
    if x < 0:
        return 0
    else:
return x
```

ReLU 激活函数

2.3.7　Leaky ReLU

ReLU 激活函数的缺点之一是：当 $x<0$ 时，函数值为 0。为了解决这一问题，ReLU 的变体——Leaky ReLU 出现了。该函数引入了一个极小的斜率(0.01 左右)，这样，当 $x<0$ 时，函数值不为 0。尽管 Leaky ReLU 函数在实践中应用得不多，但它实际上常比 ReLU 表现得更好。图 2-19 是 Leaky ReLU 的图像，你能看出它的漏洞吗？

$$f(x) = \max(0.01x, x)$$

为什么是 0.01？有些人喜欢将它当作另一个超参数来调优，但这有点小题大做，因为还有比这更值得关心的参数。不过，你也可以在模型中随意尝试不同的值，如 0.1、0.01、0.002 等，并观察模型的表现。

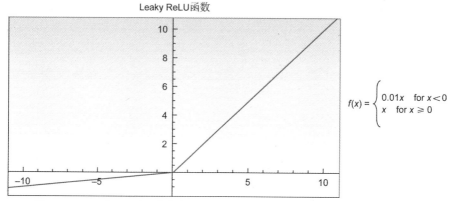

图 2-19　ReLU 在 $x<0$ 时函数值为 0，而 Leaky ReLU 引入了一个极小的斜率(0.01 左右)

Leaky ReLU 的 Python 代码如下：

```
def leaky_relu(x):        含有 0.01 斜率的 Leaky ReLU 激活函数
    if x < 0:
        return x * 0.01
    else:
return x
```

表 2-1 总结了本节讨论的各种激活函数。

表 2-1　常用激活函数汇总表

激活函数	描述	图像	方程
线性转移函数(恒等函数)	信号无变化地穿过函数并保持线性，几乎没被使用过		$f(x)=x$
阶跃函数(二元分类器)	产生二元输出(0 或 1)，主要用于二元分类中，以输出离散值		输出 $= \begin{cases} 0 & \text{if } w \cdot x + b \leqslant 0 \\ 1 & \text{if } w \cdot x + b > 0 \end{cases}$

续表

激活函数	描述	图像	方程
sigmoid/logistic	将所有值压缩为一个介于 0 和 1 之间的概率，减少了极值或异常值，通常用于二元分类问题	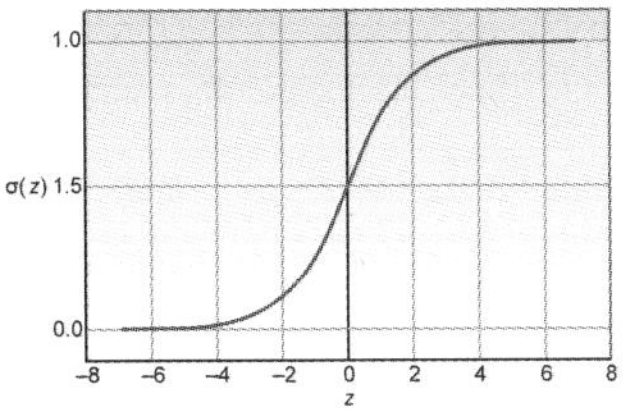	$\sigma(z)=\dfrac{1}{1+\mathrm{e}^{-z}}$
softmax	sigmoid 函数的泛化，用于在多分类中获取每个分类的概率值	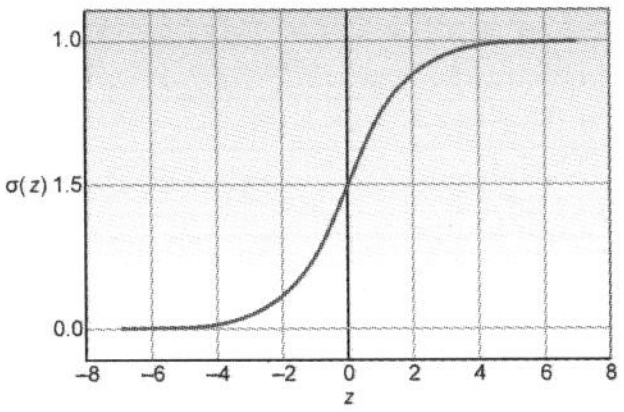	$\sigma(x_j)=\dfrac{\mathrm{e}^{x_j}}{\sum_i \mathrm{e}^{x_i}}$
tanh	将所有值压缩到 $-1 \sim 1$ 之间，其在隐藏层中的表现通常比 sigmoid 函数要好	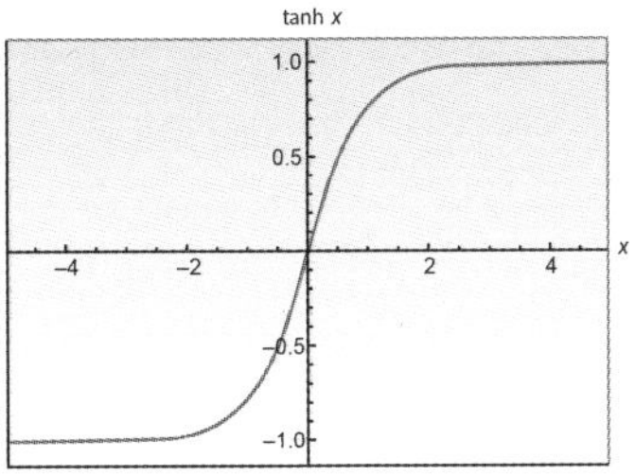	$\tanh(x)=\dfrac{\sinh(x)}{\cosh(x)}$ $=\dfrac{\mathrm{e}^x - \mathrm{e}^{-x}}{\mathrm{e}^x + \mathrm{e}^{-x}}$
ReLU	仅在输入大于 0 时激活节点。隐藏层中的首选激活函数。比 tanh 表现得更好	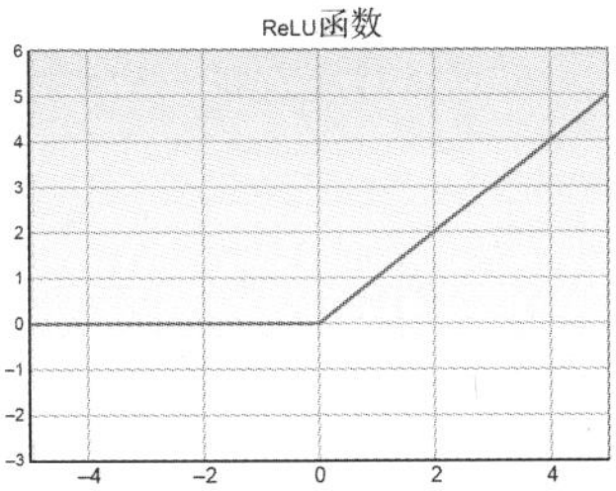	$f(x)=\max(0, x)$
Leaky ReLU	ReLU 在 x<0 时函数值为 0，而 Leaky ReLU 引入了一个极小的斜率(0.01 左右)	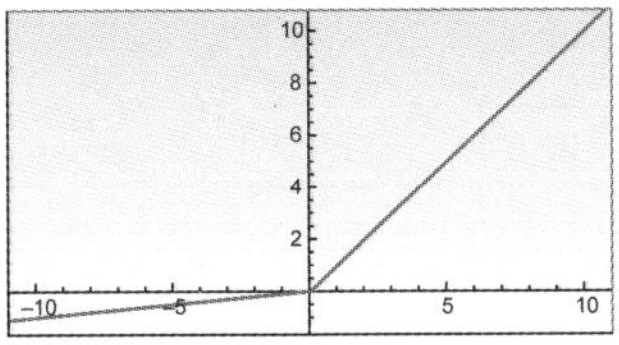	$f(x)=\max(0.01x, x)$

超参数预警

　　激活函数的数量繁多，因此激活函数的选择似乎是一项艰巨的任务。但实际上，尽管好的激活函数非常重要，但在网络架构设计中，它仍算不上一项具有挑战性的任务。可以参照一些经验法则，然后根据需要调整模型。选择激活函数时，可参考以下两点建议。

- 对于隐藏层：大多数情况下，隐藏层的首选函数是 ReLU(或 Leaky ReLU)，正如本书示例项目即将展示的那样。它逐渐成为默认选项，因为其计算速度比其他激活函数更快。更重要的是，该函数降低了梯度消失的可能性，因为它在输入极大值时不会饱和，这与 sigmoid 和 tanh 正好相反(它们在趋近于 1 时饱和)。记住，梯度就是斜率。当函数趋于平稳时，斜率消失，因此梯度也消失。这使得网络更难下降到最小误差，这种现象被称为梯度消失(vanishing gradients)/梯度爆炸(exploding gradients)，将在后续章节中讨论。
- 对于输出层：对于大多数分类问题(类别之间相互排斥)，softmax 激活函数是一个较好的选择。在二元分类问题中，也可使用 sigmoid 函数。回归问题可以不使用激活函数，因为加权和节点本身会产生连续的输出，例如，根据同一社区其他房屋的价格预测房价的场景。

2.4　前馈过程

截至目前，我们已经讨论了感知机的层叠、感知机与边/权重的连接、加权和函数的执行，以及激活函数的应用等，接下来要实现完整的前向传播(forward-pass)计算以生成预测值。计算线性组合和应用激活函数的过程被称为前馈(feedforward)。前面的章节数次简要讨论了前馈，下面深入了解一下这个过程。

术语“前馈”用来表示信息的前向流动方向，代表信息从输入层通过隐藏层，再流向输出层。这个过程通过执行两个连续函数(加权和与激活函数)来实现。简而言之，前向传播就是通过不同层中的计算来做出预测。

下面以图 2-20 所示的简单三层神经网络为例，探索它的各个组件。

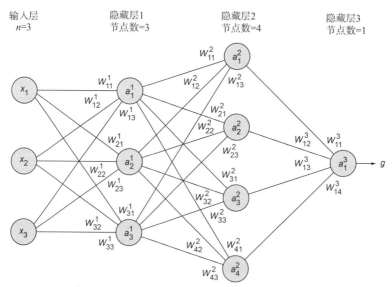

图 2-20　三层神经网络示例

网络层级：该神经网络包含 1 个输入层(含 3 个输入特征)和 3 个隐藏层，每个隐藏层分别有 3、4、1 个神经元。

权重和偏置(w、b)：为节点之间的边分配随机权重，记作 W_{ab}^n，其中 n 指层数，ab 指第 n 层的第 a 个神经元连接到第 $n-1$ 层的第 b 个神经元的权重边。例如，W_{23}^2 指第 2 层的第 2 个神经元节点与第 1 层的第 3 个神经元节点的权重(a_2^2 到 a_3^1)。

注意 你可能在其他的 DL 文献中见过关于 $W_{ab}^{(n)}$ 的不同符号表示。只要整个网络遵循同一种约定，这种不同的表示就是没问题的。

偏置的处理方法与权重类似，都是初始化时随机赋值并在训练网络的过程中学习新的值。因此，简单起见，从现在开始书中将用与权重相同的符号 w 来表示偏置。在其他 DL 文献中，权重和偏置亦都被简单表示为 w。

激活函数($\sigma(x)$)：本例中将 sigmoid 函数 $\sigma(x)$ 用作激活函数。

节点值(a)：计算加权和，应用激活函数并将值赋给节点 a_m^n，其中，n 为层数，m 为某层中节点的索引。例如，a_2^3 表示第 3 层中的第 2 个节点。

2.4.1 前馈计算

第一层所有前馈计算的公式如下：

$$a_1^{(1)} = \sigma\left(w_{11}^{(1)}x_1 + w_{12}^{(1)}x_2 + w_{13}^{(1)}x_3\right)$$
$$a_2^{(1)} = \sigma\left(w_{21}^{(1)}x_1 + w_{22}^{(1)}x_2 + w_{23}^{(1)}x_3\right)$$
$$a_3^{(1)} = \sigma\left(w_{31}^{(1)}x_1 + w_{32}^{(1)}x_2 + w_{33}^{(1)}x_3\right)$$

第二层以同样的方式计算 $a_1^{(2)}$、$a_2^{(2)}$、$a_3^{(2)}$ 和 $a_4^{(2)}$。

第三层的输出为：

$$\hat{y} = a_1^{(3)} = \left(w_{11}^{(3)}a_1^{(2)} + w_{12}^{(3)}a_2^{(2)} + w_{13}^{(3)}a_3^{(2)} + w_{14}^{(3)}a_4^{(2)}\right)$$

现在你应该明白了，刚刚你计算了一个两层神经网络的前馈。下面审视一下，对于如此小的一个网络，需要计算多少方程。当有一个更复杂的网络(输入层和隐藏层均有数百个节点)时，情况如何呢？若使用矩阵计算，则可以大幅提升计算速度，特别是使用 NumPy 这样的工具时，只用一行代码就可以实现这一点。

图 2-21 展示了矩阵计算过程，这里只是将输入和权重堆叠并相乘。该矩阵适合从右到左阅读。

(1) 用一个向量(行，列)表示所有输入，本例中，(3, 1)是一个 3 行 1 列的向量。

(2) 将输入向量与第 1 层中的权重值矩阵($W^{(1)}$)相乘并对结果应用 sigmoid 激活函数。

(3) 对于第 2 层，将上一步中的结果乘以 $\sigma \cdot W^{(2)}$，再以此类推，在下一层乘以 $\sigma \cdot W^{(3)}$。

(4) 如果有第 4 层，将第(3)步中的结果乘以 $\sigma \cdot W^{(4)}$，循环往复，直至得到最终预测值 $\hat{y}$。

下面是这个公式的简要表示：

$$\hat{y} = \sigma \cdot W^{(3)} \cdot \sigma \cdot W^{(2)} \cdot \sigma \cdot W^{(1)} \cdot (x)$$

$$\hat{y} = \sigma \begin{bmatrix} w_{11}^3 & w_{12}^3 & w_{13}^3 & w_{14}^3 \end{bmatrix} \cdot \sigma \begin{bmatrix} w_{11}^2 & w_{12}^2 & w_{13}^2 \\ w_{21}^2 & w_{22}^2 & w_{23}^2 \\ w_{31}^2 & w_{32}^2 & w_{33}^2 \\ w_{41}^2 & w_{42}^2 & w_{43}^2 \end{bmatrix} \cdot \sigma \begin{bmatrix} w_{11}^1 & w_{12}^1 & w_{13}^1 \\ w_{21}^1 & w_{22}^1 & w_{23}^1 \\ w_{31}^1 & w_{32}^1 & w_{33}^1 \end{bmatrix} \begin{bmatrix} x_1 \\ x_2 \\ x_3 \end{bmatrix} \cdot$$

$W^{(3)}$ ⎵ 隐藏层3　　$W^{(2)}$ ⎵ 隐藏层2　　$W^{(1)}$ ⎵ 隐藏层1　输入向量

图 2-21　从右到左阅读, 将输入堆叠在一个向量中, 将输入向量与第 1 层的权重值矩阵相乘, 应用 sigmoid 函数, 并将结果相乘

2.4.2　特征学习

隐藏层节点(a_i)是在每层之后学习到的新特征。例如, 图 2-20 中有 3 个输入(x_1、x_2 和 x_3)。通过第一层的前向传播后, 网络学习其中的模式并将这些特征转化为 3 个含有不同值($a_1^{(1)}$、$a_2^{(1)}$、$a_3^{(1)}$)的新特征。然后在下一层中, 网络识别模式中的模式并产生新的特征($a_1^{(2)}$、$a_2^{(2)}$、$a_3^{(2)}$和$a_4^{(2)}$等)。这些创建于每一个隐藏层的特征不能被完全解释, 也不可见, 更不可控制, 因此被称为隐藏层(hidden layers)。它是神经网络的魔法之一。作为 DL 工程师, 我们要做的就是: 查看最终的预测输出, 并不断调整一些参数, 直到对网络的表现满意为止。

下面看一个简单的示例。图 2-22 中有一个小的神经网络, 它根据房间数量、面积和所在街区三个特征来估算房价。原始特征值分别为 3、2000 和 1, 在经过第一层($a_1^{(1)}$、$a_2^{(1)}$、$a_3^{(1)}$、$a_4^{(1)}$)的前馈计算之后, 原始特征值变成了新的特征值; 经过再次转换之后, 特征值变成了输出值($\hat{y}$)。在训练过程中, 将预测输出值与实际价格进行对比以计算误差, 并重复训练过程直到误差降为最小。

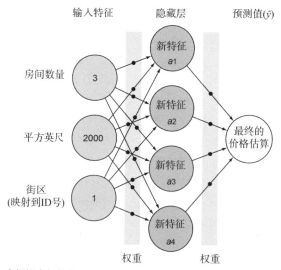

图 2-22　一个根据房间数量、面积和所在街区三个特征来估算房价的简单神经网络

回顾一下图 2-10(这里重复引用并将其标为图 2-23)的 TensorFlow playground 来直观地了解特征学习的过程: 第一层学习线和边之类的基本特征, 第二层开始学习角这类更复杂的特征, 这个过程一直持续, 直到网络的最后一层学习到更复杂的特征, 如与数据集匹配的圆圈和螺旋等。

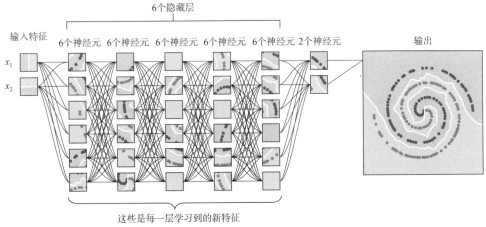

图 2-23　TensorFlow playground 中深度神经网络的特征学习示例

这就是神经网络学习新特征的方式: 通过隐藏层来学习。首先识别数据中的模式, 然后在模式中识别模式, 接着是模式中的模式的模式, 以此类推。随着网络层次加深, 网络对数据的了解逐步增加。

向量(vector)和矩阵(matrix)知识回顾

如果你已经理解了前面在讨论前馈时谈及的矩阵计算, 则可跳过以下内容; 反之, 如果你有尚不清楚的地方, 则请仔细阅读这一部分。

前馈计算的本质是矩阵相乘。许多优秀的 DL 库只需一行代码就可以完成矩阵计算, 尽管这可以让你免于手动计算, 但理解矩阵计算的底层逻辑对于调试网络十分有益, 这个过程琐碎而有趣。下面快速复习一下矩阵计算。

从矩阵的基本定义开始:

- 标量(scalar)是单个数字。
- 向量(vector)是一组数字。
- 矩阵(matrix)是一个 2D 数组。
- 张量(tensor)是一个 n 维数组, $n>2$。

$$\begin{array}{cccc} \text{标量} & \text{向量} & \text{矩阵} & \text{张量} \\ 1 & \begin{bmatrix} 1 \\ 2 \end{bmatrix} & \begin{bmatrix} 1 & 2 \\ 3 & 4 \end{bmatrix} & \begin{bmatrix} 1 & 2 \\ 1 & 7 \end{bmatrix}\begin{bmatrix} 3 & 2 \\ 5 & 4 \end{bmatrix} \end{array}$$

矩阵维数: 标量是单个数字, 向量是一组数字, 矩阵是 2D 数组, 张量是 n 维数组

本书将遵循大多数数学文献中使用的惯例。

- 标量以小写和斜体书写，如 n。
- 向量以小写、斜体和粗体书写，如 $\boldsymbol{x}$。
- 矩阵以大写、斜体和粗体书写，如 $\boldsymbol{X}$。
- 矩阵的维数写成(行×列)。

下面复习乘法。

- 标量乘法：简单地将标量数乘以矩阵中的所有数。注意，标量乘法不会改变矩阵的维数。

$$2 \cdot \begin{bmatrix} 10 & 6 \\ 4 & 3 \end{bmatrix} = \begin{bmatrix} 2 \cdot 10 & 2 \cdot 6 \\ 2 \cdot 4 & 2 \cdot 3 \end{bmatrix}$$

- 矩阵乘法：当两个矩阵相乘时，例如，(row$_1$×column$_1$) ×(row$_2$×column$_2$)，要求 column$_1$ 和 row$_2$ 必须相等，乘积的维数变为(row$_1$×column$_2$)。例如，$x=3×13+4×8+2×6=83$，以同样的方法计算出 $y=63$，$z=37$。

$$\begin{bmatrix} 3 & 4 & 2 \end{bmatrix} \cdot \begin{bmatrix} 13 & 9 & 7 \\ 8 & 7 & 4 \\ 6 & 4 & 0 \end{bmatrix} = \begin{bmatrix} x & y & z \end{bmatrix}$$

相同

$$1 \times 3 \qquad 3 \times 3 \qquad\qquad 1 \times 3$$

乘积的维数

现在你已经知道了矩阵乘法的规则，请拿出一张纸，就前面的神经网络示例来计算矩阵的维数。为方便起见，下图再次展示矩阵方程。

$$\hat{y} = \sigma \begin{bmatrix} W_{11}^3 & W_{12}^3 & W_{13}^3 & W_{14}^3 \end{bmatrix} \cdot \sigma \begin{bmatrix} W_{11}^2 & W_{12}^2 & W_{13}^2 \\ W_{21}^2 & W_{22}^2 & W_{23}^2 \\ W_{31}^2 & W_{32}^2 & W_{33}^2 \\ W_{41}^2 & W_{42}^2 & W_{43}^2 \end{bmatrix} \cdot \sigma \begin{bmatrix} W_{11}^1 & W_{12}^1 & W_{13}^1 \\ W_{21}^1 & W_{22}^1 & W_{23}^1 \\ W_{31}^1 & W_{32}^1 & W_{33}^1 \end{bmatrix} \begin{bmatrix} x_1 \\ x_2 \\ x_3 \end{bmatrix}$$

$W^{(3)}$ $W^{(2)}$ $W^{(1)}$

隐藏层3   隐藏层2   隐藏层1   输入向量

该矩阵方程来自前面的正文。用它来计算矩阵维数

关于矩阵的转置：通过转置，可以将行向量转换为列向量，反之亦然。形状(m×n)转置后会变为(n×m)。用上标 $\boldsymbol{A}^{\mathrm{T}}$ 来表达转置矩阵。

$$A = \begin{bmatrix} 2 \\ 8 \end{bmatrix} \quad \Rightarrow A^T = [2\ 8]$$

$$A = \begin{bmatrix} 1 & 2 & 3 \\ 4 & 5 & 6 \\ 7 & 8 & 9 \end{bmatrix} \quad \Rightarrow A^T = \begin{bmatrix} 1 & 4 & 7 \\ 2 & 5 & 8 \\ 3 & 6 & 9 \end{bmatrix}$$

$$A = \begin{bmatrix} 0 & 1 \\ 2 & 4 \\ 1 & -1 \end{bmatrix} \quad \Rightarrow A^T = \begin{bmatrix} 0 & 2 & 1 \\ 1 & 4 & -1 \end{bmatrix}$$

2.5　误差函数

到目前为止，你已经学习了如何在神经网络中实现前向传播，以及由加权求和与激活操作组成的预测。接下来的内容将涉及如何评估网络的预测结果，以及如何衡量预测值与真值(标签)之间的差距。对于这两个问题而言，关键在于误差的测量。

误差函数(error function)的选择是神经网络设计的另一个重要方面。误差函数也可被称为成本函数(cost function)或损失函数(loss function)，这些术语在 DL 文献中可以互换使用。

2.5.1　误差函数的定义

误差函数是对神经网络预测值相对于真值(标签)的"错误程度"的度量。它量化了预测值与真值之间的距离。例如，如果损失值很高，说明模型表现不好。损失越小，意味着模型效果越好。损失越大，模型就越需要训练以提高其准确性。

2.5.2　误差函数的意义

误差计算的本质是优化问题，所有机器学习工程师都喜欢这个问题(数学家也是)。优化的重点是定义一个误差函数并试图优化其参数以获得最小误差。下一节将详细介绍优化。就现在而言，一般情况下，针对一个优化问题，如果可以定义该问题的误差函数，就很有可能通过运行优化算法来解决该问题，使误差最小化。

优化问题的终极目标是找到使误差函数尽可能小的最优变量(权重)。因为如果不确定与目标的距离，就无法明确下一个迭代的改进目标。误差最小化的过程被称为误差函数优化(error function optimization)。下一节会讲到误差优化的几种方法，现在只需要确定误差函数与真值之间的差距，或模型与理想性能之间的距离。

2.5.3　误差为正的必要性

考虑以下场景：有两个数据需要通过网络进行预测。假设第一个返回的误差是 10，第二个返回的误差是−10，那么误差的平均值为 0。这个结果充满误导性，因为"error=0"意味着网络产生了完美的预测，而事实上，它两次都有 10 的误差。这肯定不能满足需求，所以必须保证每个预测的误差都是正数，这样，当取平均值时，误差不会相互抵消。想象一下，一名弓箭手瞄准了一个目标,却差了 1 英寸。人们其实并不关心他偏向了哪个方向,只关心每一枪离目标的实际距离。

图 2-24 展示了两种不同模型随时间变化的损失函数。可以看出,模型 1 在减少误差方面做得更好,模型 2 在前 6 轮训练中表现得更好但后期却停滞不前。

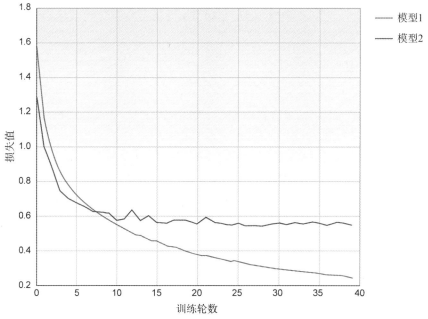

图 2-24　两个独立模型的损失函数随时间推移的可视化效果

不同的损失函数对相同的预测会产生不同的误差,因而对模型的性能有较大的影响。本书不会对损失函数进行彻底深入的讨论,相反,下面将重点讨论两个最常用的损失函数:均方误差(及其变种,通常用于回归问题)和交叉熵(用于分类问题)。

2.5.4　均方误差损失函数

均方误差(mean squared error,MSE)常用于输出须为实数的回归问题(如房价预测)中。均方误差并非将预测值与真值(标签)进行直接比较($\hat{y}_i - y_i$),而是将上述差值进行平方并取均值(基于数据集总数的均值),如下面的方程所示:

$$E(W, b) = \frac{1}{N} \sum_{i=1}^{N} (\hat{y}_i - y_i)^2$$

MSE 有几个优点:平方可以确保误差总是正数,较大的误差比较小的误差更容易被发现,并且有利于数学计算,这在 AI 中始终是一个加分项。由于上述原因,MSE 是损失函数的佳选之一,其公式中的符号释义如表 2-2 所示。

表 2-2　回归问题中符号的含义

符号	释义
$E(W, b)$	损失函数，在其他文献中也被标记为 $J(W, b)$
W	权重值矩阵。在一些文献中，权重值用符号 $\boldsymbol{\theta}$ 表示
b	偏置向量
N	训练样本的数量
$\hat{y}_i$	预测输出，在一些 DL 文献中也被表示为 $h_{w,b}(X)$
y_i	真值(标签)
$(\hat{y}_i - y_i)$	通常被称为残差

均方误差是误差值的平方，因此它对异常值相当敏感。对于某些问题而言，这个特性并无影响。事实上，在某些情况下，对异常值的敏感性可能是有益的。比如，在预测股票价格时，需要考虑异常值，你理应对异常值保持敏感。但在其他情况下，你可能并不希望建立一个被异常值扭曲的模型，比如预测房价时，中位数比平均值更有价值。MSE 的变种——一种名为平均绝对误差(mean absolute error，MAE)的损失函数就是为此而开发的，它对整个数据集的绝对误差(而不是误差的平方)进行平均：

$$E(W, b) = \frac{1}{N} \sum_{i=1}^{N} |\hat{y}_i - y_i|$$

2.5.5　交叉熵损失函数

交叉熵常用于分类问题，因为它量化了两个概率分布之间的差异。例如，假设对于一个特定的训练集，需要从狗、猫、鱼这三个可能的类别中区分出狗的图像，该训练集的真实分布如下：

```
猫的概率        狗的概率        鱼的概率
0.0            1.0            0.0
```

该真实分布可以被解释为，训练集中 A 类的概率为 0，B 类的概率为 100%，C 类的概率为 0。现在，假设机器学习算法做出了如下预测：

```
猫的概率        狗的概率        鱼的概率
0.2            0.3            0.5
```

如何判断预测分布与真实分布的距离？交叉熵损失函数可以派上用场。交叉熵函数的方程表示如下：

$$E(\boldsymbol{W}, \boldsymbol{b}) = -\sum_{i=1}^{m} \hat{y}_i \log(p_i)$$

其中 y 为目标概率，p 为预测概率，m 为类别的数量(此处为猫、狗、鱼 3 类)，因此损失值为 1.2，它代表预测分布与真实分布的"错误程度"或"距离"：

```
E = - (0.0 * log(0.2) + 1.0 * log(0.3) + 0.0 * log(0.5)) = 1.2
```

再计算一次，看看当网络做出更好的预测时损失值是如何变化的。继续刚才的例子，上一次，网络预测这张图像属于狗的概率为 30%，这与目标概率相差很大。在随后的迭代中，该网络学习了一些模式并取得了更好的预测结果(50%)：

猫的概率　　　　狗的概率　　　　鱼的概率
　0.3　　　　　　　0.5　　　　　　　0.2

重新计算损失值：

```
E = - (0.0*log(0.3) + 1.0*log(0.5) + 0.0*log(0.2)) = 0.69
```

可以看到，当网络做出更好的预测(图像属于狗的概率从 30%上升到 50%)时，损失从 1.2 下降到 0.69。理想情况下，当网络对狗的预测概率达到 100%时，交叉熵损失降为 0(可随意尝试计算一下)。

使用以下公式计算训练集所有数据(数量为 n)的交叉熵误差：

$$E(W, b) = -\sum_{j=1}^{n}\sum_{i=1}^{m} \hat{y}_{ij} \log(p_{ij})$$

注意　　对计算原理的了解能让你在设计神经网络时拥有更好的直觉。在 DL 项目中，这些计算通常不必手工进行，而是使用 TensorFlow、PyTorch 和 Keras 等库，误差函数通常被用作参数。

2.5.6　关于误差和权重的补充说明

如前所述，为了使神经网络能够学习，需要尽可能减小误差(0 为理想值)。误差越小，模型预测值的准确率越高。以下面的感知机为例来理解权重和误差之间的关系，从而了解如何使误差最小化：

假设它只有一个输入 $x = 0.3$，其标签(目标真值)$y = 0.8$。按如下方式计算该感知机的预测输出($\hat{y}$)：

$$\hat{y}_i = w \cdot x = w \cdot 0.3$$

在最简单的情况下，误差是通过比较预测值 $\hat{y}$ 和真值 y 来计算的：

$$\text{error} = |\hat{y} - y|$$
$$= |(w \cdot x) - y|$$
$$= |w \cdot 0.3 - 0.8|$$

仔细观察上述误差函数，会发现输入 x 和目标真值 y 为固定值，不会随数据的变化而改变。

方程中唯一可以改变的两个变量是误差和权重。欲使误差最小化，需要改变权重参数。权重就像一个旋钮，促使网络上下调整，直到获取最小误差。这就是网络学习之道：调整权重值。关于权重的误差函数绘制结果如图 2-25 所示。

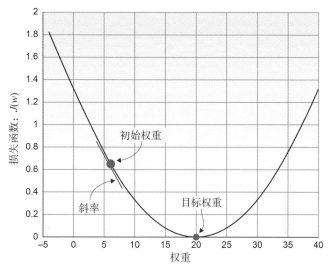

图 2-25　网络通过调整权重进行学习，误差函数与权重的关系如此图所示

如前所述，初始化网络时使用随机权重值。权重位于这条曲线上的某点处，训练的任务是让该点沿着曲线下降到最佳值(误差最小)。神经网络寻找目标权重的过程是通过优化算法(optimization algorithm)在迭代中调整权重值来实现的。

2.6　优化算法

训练神经网络时需要为网络准备充足的“示例”(训练数据集)；网络通过前馈计算进行预测，并将预测值与真值(标签)进行比较以计算误差，最后调整权重值，直至得到最小误差(意味着得到最大准确率)。接下来主要讲述如何建立算法以寻找最优权重值。

2.6.1　优化的定义

优化是每一个机器学习工程师(以及数学家)都非常关心的话题。优化是一种将问题框定为让某个值最大化或最小化的方法。计算误差函数的做法巧妙地将神经网络转变成一个优化问题：目标是使误差最小化。

假设你想优化你的通勤问题，那么首先需要定义优化指标(即误差函数或损失函数)，比如优化通勤成本、通勤时间或者通勤距离，然后根据特定的损失函数，通过改变一些参数实现值的最小化。更改参数以使某个值最小化或最大化的过程被称为优化(optimization)。

如果你将损失函数定义为成本，也许你会选择较长的通勤时间，比如 2 小时或者干脆步行

5 小时来最小化成本；而如果你想优化通勤时间，也许你会花 50 美元打车，将通勤时间缩短到
20 分钟。总之，根据定义的损失函数更改参数以获得想要的结果。

提示　　在神经网络中，优化误差函数意味着更新权重和偏置，直至找到最优权重(optimal
weight)，即产生最小误差的最佳权重值。

在最简单的神经网络中，一个感知机只有一个输入及一个权重。我们可以轻易绘制出这个
需要被最小化的、关于权重的误差函数(如图 2-26 中的 2D 曲线所示，此图在前面出现过)。

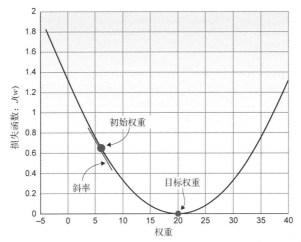

图 2-26　对于单个感知机，其权重值的误差函数是一条 2D 曲线

如果上述感知机有 2 个权重值，那么将 2 个权重的所有可能值绘制出来后，会得到如图 2-27
所示的 3D 误差平面。

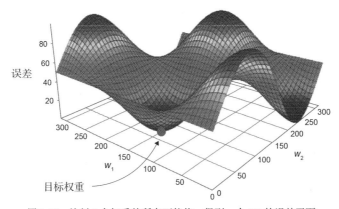

图 2-27　绘制 2 个权重的所有可能值，得到一个 3D 的误差平面

如果超过2个权重呢？神经网络通常有成百上千个权重值(网络中的每条边都有自己的权重值)。人类最多只能理解 3 个维度，当有 10 个权重时，误差的可视化已经变得不可能，更不用说成百上千个权重了。因此，从现在开始，将使用 2D 或 3D 平面来研究误差。为了优化模型，采用的策略是搜索整个空间，以找到实现误差最小化的最佳权重值。

请思考下列问题：为什么需要优化算法？难道不能通过大量权重值的暴力计算来求得最小误差吗？

假设采用一种暴力方法，随意尝试不同的(比如 1000 个)可能权重，并找到使误差最小的那个最优权重。这个方法奏效吗？理论上讲，当神经网络中只有极少的输入和一两个神经元时，该方法是可行的，但它并不具有可扩展性。

下面看一个示例，假定有一个简单的神经网络：内含 4 个输入和 1 个隐藏层，隐藏层中有 5 个神经元节点。假设要用该网络预测房价，如图 2-28 所示。

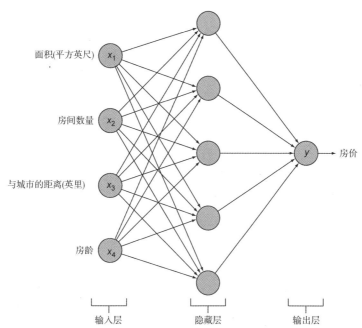

图 2-28　基于 4 个特征(输入)和 1 个包含 5 个神经元的隐藏层来预测房价，从输入层到隐藏层将有 20 条边(权重值)，从隐藏层到输出层有 5 个权重值

如你所见，从输入层到隐藏层有 20 个权重值，加上从隐藏层到输出层的 5 个权重值，共有 25 个权重变量需要调整参数以获得最优值。将上述暴力方法应用于该神经网络，假设每个权重尝试 1000 个不同的值，总共有 10^{75} 个组合：

$$1000 \times 1000 \times 1000 \times \cdots \times 1000 = 1000^{25} = 10^{75}$$

假设你手上有世界上最快的超级计算机——神威太湖之光，其运行速度为 93×10^{15} 次浮点计算每秒。最理想的情况下，这台超级计算机需要：

$$\frac{10^{75}}{93\times10^{15}}秒 = 1.08\times10^{58}秒 = 3.42\times10^{50}年$$

这是一个恐怖的数字：它比宇宙存在的时间还要长！谁会有那么长的时间等待网络训练完成呢？要知道，这只是一个非常简单的神经网络(使用智能优化算法来训练通常只需要几分钟)。在现实世界中，工程师们构建的网络更复杂，通常有数千个输入和数十个隐藏层，训练时长为数小时(或数天，有时是数周)。所以必须想出另一种方法来找到最优解。

至此你应该有理由相信，通过暴力方法寻找最优解的做法是不可行的。现在，是时候引入最流行的神经网络优化算法——梯度下降(gradient descent)了。该算法分 3 种不同形式：批梯度下降(batch gradient descent，BGD)、随机梯度下降(stochastic gradient descent，SGD)和小批梯度下降(mini-batch gradient descent，MB-GD)。

2.6.2　批梯度下降

梯度的一般定义为：一个描述在任意给定点与曲线相切的直线的斜率或变化率的函数(如图 2-29 所示)。它只不过是一个用来表示曲线的斜率或陡度的花哨术语。

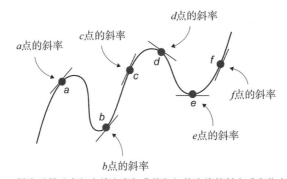

图 2-29　梯度是描述在任意给定点与曲线相切的直线的斜率或变化率的函数

梯度下降仅意味着迭代更新权重值以降低误差曲线的斜率，直至达到误差最小的点。回顾一下之前介绍的关于权重的误差函数。在初始权重点计算误差函数的导数，得到下一步的斜率(方向)。不断重复该过程，沿着曲线向下走，直至达到误差最小的点，如图 2-30 所示。

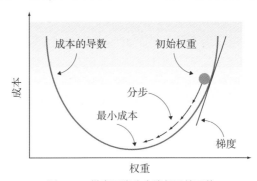

图 2-30　梯度下降分步降低误差函数

1. 梯度下降的工作原理

图 2-31 直观地展示了梯度下降的工作原理，其中，3D 曲面代表误差函数，A 点为随机初始权重。梯度下降的目标是将这个误差从山顶降到产生最小误差值的 w_1 和 w_2 点，方法是沿曲线逐步向下走，直至到达最小误差点。为了降低误差，在走每一步之前需要先确认两件事情。

- 下降的方向(梯度)
- 下降的步长(学习率)

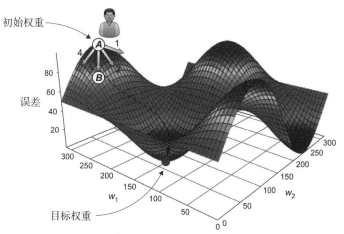

图 2-31　随机初始权重在 A 点。将误差从山顶降到产生最小误差值的 w_1 和 w_2 点

(1) 方向(梯度)

假设你站在误差山的山顶 A 点。为了到达山脚，需要确定最快下降的方向(有最陡的斜率)。那么，斜率是什么？它是曲线的导数。所以，你需要在山顶观察周围所有的方向，找出会导致最快下降的方向(例如有 1、2、3、4 这 4 个方向)。假设选定方向 3，于是沿方向 3 走到 B 点。在 B 点重复上述过程(计算前馈和误差)，再次找到最快下降的方向并往下走，如此循环往复，直至到达山脚。

这个过程被称为梯度下降(gradient descent)。通过计算误差相对于权重的导数 $\left(\dfrac{\mathrm{d}E}{\mathrm{d}w}\right)$ 得到向下的方式，接下来还需要确定一件事情——步长。梯度只决定方向，那么下降的步伐应该多大呢？是一步走 1 英尺，还是一步跳 100 英尺？

(2) 步长(学习率)

学习率(learning rate)表示从误差山下降一步时跨越的长度，通常用希腊字母 α 表示。它是训练神经网络时最重要的超参数之一(稍后会更详细地阐述)。大的学习率意味着网络学习得更快(因为它用较大的步伐下山)，较小的学习率意味着较慢的学习速度。

这听起来似乎轻而易举：选一个大的学习率在几分钟内完成网络训练即可，何必等上几个小时？但梯度下降远不是探囊取物这般简单，请看下面的例子。

在图 2-32 中，当从 A 点开始沿着箭头的方向迈出一大步时，你跳到了 B 点，而不是走向山脚。然后在 B 点再走一大步到 C 点，以此类推，误差会一直震荡下去，而无法下降。后续章节会进一步讨论如何调整学习率以及如何确定误差是否震荡。现在你只需要谨记，使用极小的学习率，网络最终将下降到山脚并得到最小误差，但是会花费更长的时间(几周或几个月)；若使用过大的学习率，则会导致网络震荡而无法训练。通常将学习率的初始值设为 0.1 或 0.01，然后根据网络表现进行调整。

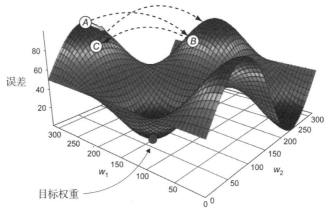

图 2.32　过大的学习率将导致网络震荡而无法下降

(3) 融合方向和步长

将方向(导数)乘以步长(学习率)，得到每一步权重的变化：

$$\Delta w_i = -\alpha \frac{\mathrm{d}E}{\mathrm{d}w_i}$$

导数计算的是向上的斜率，因此加负号，表示反向，可将下山过程表示为：

$$w_{\text{下一步}} = w_{\text{当前}} + \Delta w$$

微积分复习：计算偏导数

导数是关于变化的研究，它衡量的是曲线上某一特定点的陡度。

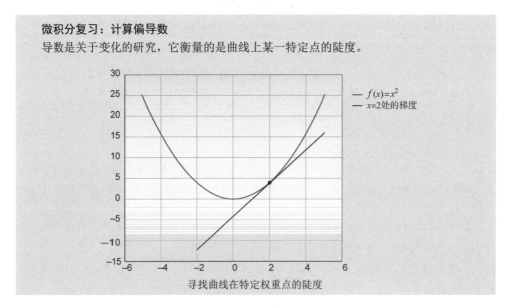

寻找曲线在特定权重点的陡度

看起来数学已经给了我们想要的答案：在上述误差图中寻找曲线在特定权重点的陡度。感谢数学！

斜率和变化率也是导数的术语。若将误差函数记为 $E(x)$，则可将误差函数相对于权重的导数记为：

$$\frac{\mathrm{d}}{\mathrm{d}w}E(x) \text{或} \frac{\mathrm{d}E(x)}{\mathrm{d}w}$$

该公式显示了权重变化时总误差的变化。幸运的是，数学家们创造了一些计算导数的法则。本书不是数学专业书籍，因此不会讨论如何证明这些法则，相反，这里将直接应用数学法则进行梯度计算。下面列出了基本的导数法则。

常数法则：$\dfrac{\mathrm{d}}{\mathrm{d}x}(c) = 0$ 　　　　　减法法则：$\dfrac{\mathrm{d}}{\mathrm{d}x}[f(x) - g(x)] = f'(x) - g'(x)$

数乘法则：$\dfrac{\mathrm{d}}{\mathrm{d}x}[cf(x)] = cf'(x)$ 　　乘积法则：$\dfrac{\mathrm{d}}{\mathrm{d}x}[f(x)g(x)] = f(x)g'(x) + g(x)f'(x)$

幂法则：$\dfrac{\mathrm{d}}{\mathrm{d}x}(x^n) = nx^{n-1}$ 　　　商法则：$\dfrac{\mathrm{d}}{\mathrm{d}x}\left[\dfrac{f(x)}{g(x)}\right] = \dfrac{g(x)f'(x) - f(x)g'(x)}{\left[g(x)\right]^2}$

加法法则：$\dfrac{\mathrm{d}}{\mathrm{d}x}[f(x) + g(x)] = f'(x) + g'(x)$ 　　链式法则：$\dfrac{\mathrm{d}}{\mathrm{d}x}f(g(x)) = f'(g(x))g'(x)$

学以致用，求下列函数的导数：

$$f(x) = 10x^5 + 4x^7 + 12x$$

应用幂法则、常数法则、加法法则计算导数 $f'(x)$，得：

$$f'(x) = 50x^4 + 28x^6 + 12$$

可用图像将 $f'(x)$ 表示为：

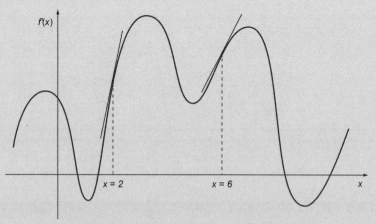

对简单函数应用导数法则，计算 $f'(x)$，可得到任一点的斜率

计算 $f'(x)$，可得到任意一点的斜率，$f'(2)$ 给出了 $x=2$ 处的切线斜率，$f'(6)$ 给出了 $x=6$

处的另一条直线的斜率。

下面再看一个例子，用幂法则求 sigmoid 函数的导数。

$$\frac{d}{dx}\sigma(x) = \frac{d}{dx}\left[\frac{1}{1+e^{-x}}\right]$$

$$= \frac{d}{dx}(1+e^{-x})^{-1} \quad \longleftarrow \quad \text{幂法则}$$

$$= -(1+e^{-x})^{-2}(-e^{-x})$$

$$= \frac{e^{-x}}{(1+e^{-x})^2}$$

$$= \frac{1}{1+e^{-x}} \cdot \frac{e^{-x}}{1+e^{-x}}$$

$$= \sigma(x) \cdot (1-\sigma(x))$$

sigmoid 激活函数的求导代码如下：

```
def sigmoid(x):
    return 1/(1+np.exp(-x))

def sigmoid_derivative(x):
    return sigmoid(x) * (1 - sigmoid(x))
```

不过，你不需要记住求导法则，也不需要自己计算函数的导数。感谢神奇的 DL 社区提供的优秀算法库，只需要一行代码就可以计算这些函数，但是，运算背后的原理是非常值得了解的。

2. 批梯度下降的缺陷

批梯度下降是一个求解最小误差的强大算法，但它有两个主要缺陷。

首先，并不是所有的成本函数都像上图"碗"型的函数那样简单，其中可能会有洞、山脊和各种各样不规则的地形，使你难以达到最小误差点。考虑图 2-33 中的曲线，误差函数稍显复杂并有多处起伏。

起始点在权重值初始化时随机选择。假设梯度下降算法的起始点如图 2-33 所示，该误差会从右边的小山开始下降，并且的确会达到一个"最小值"，但这个最小值被称为局部最小值(local minima)，它是算法随机开始的局部山区的最小值，并不是该误差函数可能达到的最小误差值——全局最小值(global minima)。

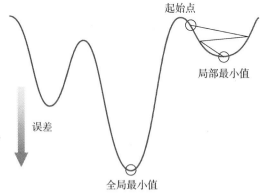

图 2-33 用复杂的曲线表示复杂的误差函数，其中有许多局部最小值，神经网络的目标是达到全局最小值

其次，批梯度下降法使用整个训练集来计算每一步的梯度。回顾一下损失函数的计算公式：

$$L(W, b) = \frac{1}{N} \sum_{i=1}^{N} (\hat{y}_i - y_i)^2$$

它意味着，如果训练集(N)有 1 亿条记录，那么算法每走一步都需要对 1 亿条记录进行求和，这在计算上是非常昂贵和缓慢的。这也是它被称为批梯度下降的原因——它在一个批处理中使用了全部训练集。

解决上述两个问题的可能途径之一是随机梯度下降(SGD)，详见下一节。

2.6.3　随机梯度下降

SGD 算法原理听起来非常直观。算法随机选择若干数据点并一次进行一个点的梯度下降，如图2-34 所示。这种方法提供了许多不同的权重起始点并沿着山脉计算它们的局部最小值，然后，所有局部最小值中的最小值就是全局最小值。

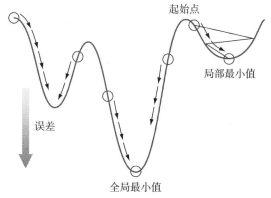

图 2-34　随机梯度下降算法随机选择曲线上的若干数据点并计算所有点的局部最小值

术语 stochastic(随机)是 random(随机、任意)的同义词。随机梯度下降很可能是机器学习(尤其是深度学习)领域最常用的优化算法。批梯度下降(BGD)每一步都在整个训练集上测量误差和梯度并向最小值迈进，SGD 则每一步随机选择数据集中的一个实例并计算该实例的梯度。表 2-3 对比了批梯度下降(BGD)和随机梯度下降(SGD)，有助于你理解两个算法之间的区别。

表 2-3　BGD 与 SGD

BGD	SGD
1. 选择所有数据	1. 对训练样本随机洗牌
2. 计算梯度	2. 选择一个数据实例
3. 更新权重并下降一步	3. 计算梯度
4. 重复 n 次训练(迭代)	4. 更新权重并下降一步
	5. 选择另一个数据实例
	6. 重复 n 次训练(训练迭代)

续表

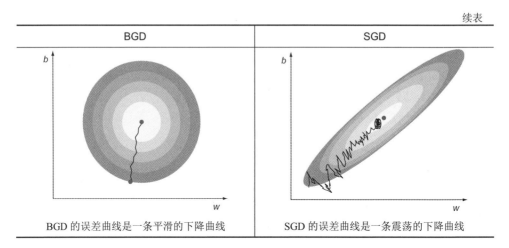

BGD	SGD
BGD 的误差曲线是一条平滑的下降曲线	SGD 的误差曲线是一条震荡的下降曲线

　　在 BGD 中，计算整个训练数据的梯度后下降一步，所以你可以看到误差的下降路径是平滑的，几乎是一条直线。相反，由于 SGD 的随机性，在 2D 空间中可视化误差曲面后会发现通往全局最小值的路径是曲折的。这是因为在 SGD 中，每个迭代都试图更好地拟合单个训练实例。这使它变得更快，但不能保证每一步都在曲线上向下走。它接近全局最小值但一直在附近徘徊，永远不会到达终点。在实践中，这并不是一个大问题，因为对于大多数实际应用来说，非常接近全局最小值即可。SGD 几乎总是比 BGD 表现得更快、更好。

2.6.4　小批梯度下降

　　小批梯度下降法(mini-batch gradient descent，MB-GD)是 BGD 和 SGD 的折中方法。MB-GD 并非从一个样本(SGD)或所有样本(BGD)计算梯度，而是将训练样本分成小批(mini-batches)并从中计算梯度，常见的小批大小为 k=256。MB-GD 比 BGD 更少迭代，因为权重值的更新更频繁，同时，因为 MB-GD 允许向量操作，所以其计算性能要优于 SGD。

2.6.5　梯度下降总结

　　下面总结了关于梯度下降的主要内容。
- 三种类型：批梯度、随机梯度和小批梯度。
- 三者遵循相同的概念。
  - 找到最陡斜率的方向：求误差相对于权重的导数 $\dfrac{\mathrm{d}E}{\mathrm{d}w_i}$。
  - 设置学习率(步长)。算法将计算斜率，但请将学习率设置为超参数，并通过反复试验调整其值。
  - 学习率从 0.01 开始，然后下降到 0.001、0.0001、0.000 01。设置的学习率越低，你就越有可能下降到最小误差(如果训练时间足够长)。时间有限，0.01 是一个合理的初始值，可从此值开始往下调整。

- BGD 在计算所有训练数据的梯度后更新权重值，当数据量巨大时需要非常昂贵的计算资源，扩展性不够好。
- SGD 在计算训练数据集中的单个实例的梯度后更新权重值。SGD 比 BGD 更快并且通常非常接近全局最小值。
- MB-GD 是 BGD 和 SGD 的折中方法，既非使用全部数据集，也非使用单个数据实例。相反，它对训练数据进行分组(称为小批)，计算一组的梯度并更新权重，然后重复上述过程，直到计算完所有的训练数据。大多数情况下，MB-GD 是较好的选择。
  - 批大小(batch_size)是一个可调的超参数，第 4 章的超参数调优部分将再次提到。典型的 batch_size 值为 32、64、128、256。
  - 勿混淆 batch_size 和 epoch(训练轮数)的概念。当训练集中的所有数据都被训练了一次时，意味着完成了一个 epoch。batch 指要计算梯度的那组训练样本的数量。例如，如果训练数据集中有 1000 个样本，设置 batch_size=256，则 epoch 1 = batch1(256 个样本)+ batch2(256 个样本)+ batch3(256 个样本)+ batch4(232 个样本)。

最后要提及的是，过去几年中出现了梯度下降算法的诸多变体。这是一个非常活跃的研究领域，其中一些颇受欢迎的增强形式有：

- Nesterov 加速梯度
- RMSprop 优化器
- Adam 优化器
- Adagrad 优化器

现在不必担心这些优化器，第 4 章将更详细地讲述优化器的优化技巧。对于以上诸多内容，请务必记住下面几点：

- 梯度下降的工作原理(斜率和步长)。
- BGD、SGD、MB-GD 之间的区别。
- 对于 GD，主要调整的超参数是学习率和 batch_size。

如果你对上述内容已经了然于心，那么恭请你进入下一节。不必担心超参数调优，本书接下来的章节以及几乎所有的练习项目都会详细地介绍网络调优。

2.7 后向传播

后向传播是神经网络得以学习的核心。截至目前，本章已经讲解了训练神经网络的三个典型步骤。

- 前馈：得到加权和的线性组合，并应用激活函数以得到预测值 $\hat{y}$。

$$\hat{y} = \sigma \cdot W^{(3)} \cdot \sigma \cdot W^{(2)} \cdot \sigma \cdot W^{(1)} \cdot (x)$$

- 将预测值与标签进行比较，计算误差或损失函数：

$$E(W, b) = \frac{1}{N} \sum_{i=1}^{N} |\hat{y}_i - y_i|$$

- 使用一种梯度下降优化算法来计算 Δw，优化误差函数：

$$\Delta w_i = -\alpha \frac{\mathrm{d}E}{\mathrm{d}w_i}$$

然后，在网络中后向传播 Δw 来更新权重值：

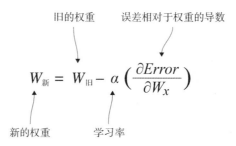

本节详细研究最后一步：后向传播。

2.7.1　后向传播的定义

后向传播，或称后向传递(或反向传播)，意味着将误差相对于每个特定权重的导数 $\dfrac{\mathrm{d}E}{\mathrm{d}w_i}$ 从最后一层(输出层)传回第一层(输入层)以调整权重。将 Δw 从预测节点 $\hat{y}$ 后向传播，穿过隐藏层，再传回输入层，从而更新权重：

$$\left(w_{\text{下一步}} = w_{\text{当前}} + \Delta w \right)$$

这意味着把误差从误差山下降了一步，然后重复训练这 3 个步骤，更新权重并将误差再降低一步，直至得到最小误差。

当只有一个权重时，后向传播描述起来可能更清晰。只是通过将 Δw 加到旧的权重上以调整权重值：$w_{\text{新}} = w - \alpha \dfrac{\mathrm{d}E}{\mathrm{d}w_i}$。但对于拥有多个权重变量的多层感知机网络，情况更复杂一些。为了更清晰地理解这一点，请思考图 2-35 中的场景。

如何计算总误差相对于 w_{13} 的导数的变化？请注意 $\dfrac{\mathrm{d}E}{\mathrm{d}w_{13}}$ 可被解读为：参数 w_{13} 改变时总误差会随之改变多少。

显而易见，通过在误差函数上应用导数法则，可以计算出 $\dfrac{\mathrm{d}E}{\mathrm{d}w_{21}}$，因为 w_{21} 直接与误差函数相连，但若要计算总误差相对于所有传回输入层的权重的导数，还需要引入微积分法则，即链式法则。

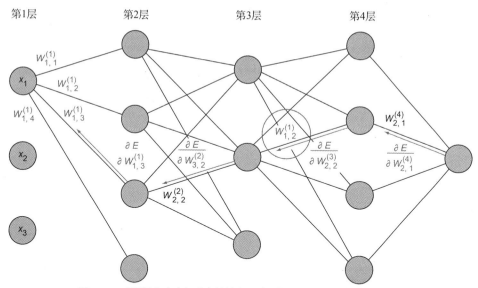

图 2-35 对于拥有多个权重变量的多层感知机网络，后向传播变得复杂

微积分复习：导数中的链式法则

前面章节介绍过几种常用的导数法则，链式法则是最重要的法则之一，下面深入探讨它在后向传播中的工作机制。

链式法则：$\dfrac{\mathrm{d}}{\mathrm{d}x} f(g(x)) = f'(g(x))g'(x)$

链式法则是一个计算函数导数的公式，不过这个函数比较特殊，函数内部还含有函数，因此它也被称为由外向内法则，即：

$$\frac{\mathrm{d}}{\mathrm{d}x} f(g(x)) = \frac{\mathrm{d}}{\mathrm{d}x}外部函数 \times \frac{\mathrm{d}}{\mathrm{d}x}内部函数$$

$$= \frac{\mathrm{d}}{\mathrm{d}x} f(g(x)) \times \frac{\mathrm{d}}{\mathrm{d}x} g(x)$$

链式法则的含义为：复合函数的导数等于两个函数的导数的乘积。这对于后向传播的实现意义非凡，因为前馈就是将系列函数组合起来的过程，而后向传播则是对系列中的每一个函数求导的过程。

在后向传播中实行链式法则即将一串偏导数相乘，以得到返回输入端的所有误差的影响。务必记住，目标是将误差一直后向传播到输入层。

因此，在下面的例子中，若要计算总误差对输入 x 的影响，只需要将上游梯度乘以局部梯度，直到获得目标值：

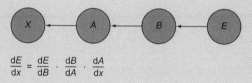

$$\frac{\mathrm{d}E}{\mathrm{d}x} = \frac{\mathrm{d}E}{\mathrm{d}B} \cdot \frac{\mathrm{d}B}{\mathrm{d}A} \cdot \frac{\mathrm{d}A}{\mathrm{d}x}$$

图 2-36 展示了后向传播如何使用链式法则在网络中后向流动梯度。下面用链式法则计算误差相对于第 1 层(输入层)第 3 个权重 $w_{1,3}^{(1)}$ 的导数。这里(1)指第 1 层，$w_{1,3}$ 表示 1 号节点和 3 号权重:

$$\frac{\mathrm{d}E}{\mathrm{d}w_{1,3}^{(1)}} = \frac{\mathrm{d}E}{\mathrm{d}w_{2,1}^{(4)}} \times \frac{\mathrm{d}w_{2,1}^{(4)}}{\mathrm{d}w_{2,2}^{(3)}} \times \frac{\mathrm{d}w_{2,2}^{(3)}}{\mathrm{d}w_{3,2}^{(2)}} \times \frac{\mathrm{d}w_{3,2}^{(2)}}{\mathrm{d}w_{1,3}^{(1)}}$$

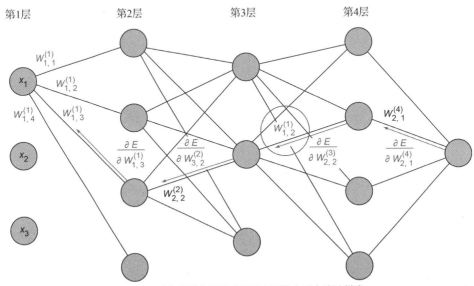

图 2-36　后向传播使用链式法则在网络中后向流动梯度

上述方程表面看起来非常复杂，实则简便易行，只需要将从输出节点到输入节点的边的偏导数相乘。所有的符号使公式看起来深奥难懂，但一旦你学会了如何阅读 $w_{1,3}^{(1)}$，后向传递方程就不难理解了:

后向传播到边 $w_{1,3}^{(1)}$ 的误差=误差对 4 号边的影响×误差对 3 号边的影响×误差对 2 号边的影响×误差对 1 号边的影响。

此即神经网络用来更新权重值以拟合问题的后向传播技术。

2.7.2　后向传播总结

- 后向传播是神经元的学习方法。
- 后向传播反复调整网络中连接的权重值，以使成本函数最小。成本函数(也叫误差函数)是指实际输出向量和期望输出向量之间的差值。
- 权重调整的结果是，隐藏层代表的是重要特征，而不是输入层的特征。
- 对于每一层而言，目标是找到一组权重，以确保每个输入向量产生的输出向量与期望的输出向量相同(或者接近)。预测值和期望值之间的差值被称为误差函数。
- 后向传播从网络的末端开始，反向传递误差，递归调用链式法则以计算梯度，直至算到输入层，然后更新权重值，如图 2-37 所示。

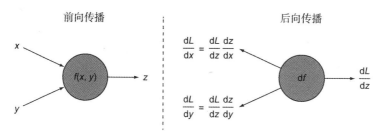

图 2-37　前向传播计算输出预测(左)，后向传播由后向前传递误差的导数以更新其权重值(右)

● 重申一下，典型的神经网络的目标是，通过选择最佳权重参数来最小化成本函数或损失函数，最终发现一个与数据最为拟合的模型。

2.8　本章小结

● 感知机对于线性可分的数据集表现良好。

● 非线性可分的数据集需要一个包含多个神经元的更复杂的神经网络来支持。将神经元层层堆叠起来就能形成一个多层感知机。

● 神经网络通过重复 3 个主要步骤进行学习：前馈、计算误差、优化权重。

● 参数是网络在训练过程中更新的变量，比如权重和偏置。这些参数在训练过程中由模型自动调整。

● 超参数是可以调优的变量，比如层数、激活函数、损失函数、优化器、早停、学习率等。应在训练模型之前调整超参数。

第 *3* 章

卷积神经网络

本章主要内容:
- 使用 MLP 对图像进行分类
- 使用 CNN 架构对图像进行分类
- 理解彩色图像的卷积操作

如前所述,人工神经网络(ANN)也被称为多层感知机(MLP),它基本上是堆叠在彼此之上的一层层的神经元,具有可学习的权重和偏置。每个神经元接收一些输入(这些输入应乘以它们的权重),并通过应用激活函数变成非线性模型。本章将讨论卷积神经网络(CNN)。它被认为是 MLP 架构的演变,在图像处理方面表现更好。

下面较详细地列出了本章的主要内容。

(1) 使用 MLP 进行图像分类:首先介绍一个使用 MLP 对图像进行分类的小项目,展示常规神经网络体系架构如何处理图像;然后讨论 MLP 的缺陷,以阐明为何需要一个新的更有创意的架构来完成图像分类任务。

(2) 理解 CNN 架构:探索卷积网络如何从图像中提取特征并实现目标分类。这里会涉及 CNN 的三个关键组件——卷积层(convolutional layer)、池化层(pooling layer)和全连接层(fully connected layer),并辅以另一个小练习项目来应用 CNN 进行图像分类。

(3) 彩色图像:探讨计算机如何处理彩色图像和灰度图,以及卷积网络如何处理彩色图像。

(4) 图像分类项目:将上述知识应用到一个端到端的图像分类项目中,用 CNN 实现彩色图像的分类。

MLP 和 CNN 网络学习和优化参数的基本概念是一致的。

- 架构:MLP 和 CNN 均由多层相互堆叠的神经元组成。CNN 具有不同的结构(卷积层和全连接层)。

- 权重和偏置：在卷积层和全连接层中，MLP 和 CNN 的推理方式一致。二者的权重和偏置初始值均是随机产生的而且其值是通过网络学习的。主要区别在于，MLP 中的权重是一个向量，而 CNN 中的权重以卷积核(convolutional kernel)或滤波器(filter)的形式存在。
- 超参数：同设计 MLP 一样，在设计 CNN 架构时也要指定误差函数、激活函数和优化器。前面章节中解释的所有超参数概念保持不变。本章会增加 CNN 独有的一些参数。
- 训练：MLP 和 CNN 的训练方式如出一辙。先执行前向传播以获得预测，再将预测值与真值进行比较以得到损失函数$(y - \hat{y})$，最后使用梯度下降法优化参数，并将误差后向传播到输入层以更新权重值，从而得到最小化的损失函数。

准备好了吗？开始探索吧！

3.1 使用 MLP 进行图像分类

先回顾一下第 2 章中讲到的 MLP 架构。神经元层层堆叠，有权重连接。MLP 架构由一个输入层、一个或多个隐藏层和一个输出层组成(如图 3-1 所示)。

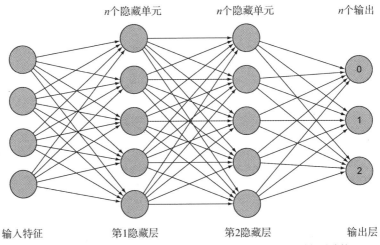

图 3-1 MLP 架构由多层堆叠的神经元组成，神经元之间通过权重连接

接下来使用 MNIST 数据集基于上述网络架构进行图像分类。分类器的目标是对从 0 到 9(共 10 类)的数字图像进行分类。下面看看 MLP 架构的 3 个主要组件——输入层、隐藏层和输出层的处理过程。

3.1.1 输入层

处理 2D 图像时，需要先将图像处理成网络能够"理解"的形式。先来了解计算机如何感知图像。如图 3-2 所示，一张 28×28 像素的图像被计算机视为一个 28×28 的矩阵，像素值的范围是 0～255，其中，0 代表黑色，255 代表白色，这是灰度图的像素值范围。

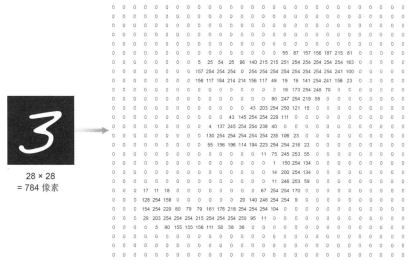

图 3-2　计算机将这张图像视为 28×28 的像素值矩阵，像素值的范围是 0～255

MLP 只将一维向量(1, n)作为输入，所以不能处理 2D 的图像矩阵(x, y)。为了将该图像送进输入层，首先需要将图像转换为一个一维向量，该向量要包含矩阵中的所有值。此过程被称为图像扁平化(image flattening)。在上面的例子中，图像的总像素数为 28×28=784。为了将它送进神经网络，需要将该 28×28 的 2D 矩阵扁平化到一个大的一维向量(1, 784)中。输入向量如下：

$$x = [row1, row2, row3, \cdots, row28]$$

因此，本示例中的输入层共有 784 个节点：$x_1, x_2, \cdots, x_{784}$。

输入向量可视化

为了形象地说明输入向量的扁平化，以一个更小的 2D 矩阵(4, 4)为例。

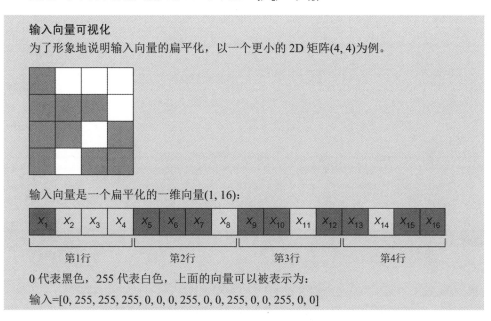

输入向量是一个扁平化的一维向量(1, 16)：

x_1	x_2	x_3	x_4	x_5	x_6	x_7	x_8	x_9	x_{10}	x_{11}	x_{12}	x_{13}	x_{14}	x_{15}	x_{16}

第1行　　　　　第2行　　　　　第3行　　　　　第4行

0 代表黑色，255 代表白色，上面的向量可以被表示为：

输入=[0, 255, 255, 255, 0, 0, 0, 255, 0, 0, 255, 0, 0, 255, 0, 0]

在 Keras 中进行扁平化操作的代码如下：

```
from keras.models import Sequential
from keras.layers import Flatten

model = Sequential()
model.add( Flatten(input_shape = (28,28) ))
```

先导入 Keras 库

导入名为 Flatten 的层，
将图像矩阵转为向量

加载 Flatten 层，也
可称之为输入层

定义模型

Keras 中的 Flatten 层实现了将 2D 图像矩阵转为一维向量的图像扁平化过程。注意，必须为 Flatten 层提供一个参数值，该参数值指明输入图像的形状。这样，图像就可以被送进神经网络。

接下来讨论隐藏层。

3.1.2　隐藏层

如前所述，神经网络可以有一个或多个隐藏层(理论上想要多少层都可以)。每个隐藏层含有一个或多个神经元(同样，想要多少个神经元都可以)。神经网络工程师的主要工作就是设计这些层。本示例中假定网络含两个隐藏层，每个隐藏层有 512 个节点，每个隐藏层的激活函数为 ReLU。

激活函数的选择

第 2 章详细讨论过不同类型的激活函数。DL 工程师在构建网络时面临很多选择，为待解决的问题选择合适的激活函数就是诸多选择任务之一。遗憾的是，并没有普适的选择原则。在大多数情况下，ReLU 函数在隐藏层中表现最好；而对于大多数分类问题(类别之间相互排斥)，softmax 通常是输出层的极佳选择。softmax 函数会给出输入图像属于各类别的概率。

使用 Keras 添加两个全连接层(也被称为密集层)的代码如下：

```
from keras.layers import Dense

model.add(Dense(512, activation = 'relu'))
model.add(Dense(512, activation = 'relu'))
```

导入密集层

添加两个密集层，每层
有 512 个节点

3.1.3　输出层

输出层非常简单。在分类问题中，输出层的节点数应该等于需要检测的分类数。在本示例中，输出的是 10 个数字(0 至 9)，所以添加一个含 10 个节点的密集层：

```
model.add(Dense(10, activation = 'softmax'))
```

3.1.4　组合

把输入层、隐藏层和输出层组合在一起，可得到如图 3-3 所示的网络。

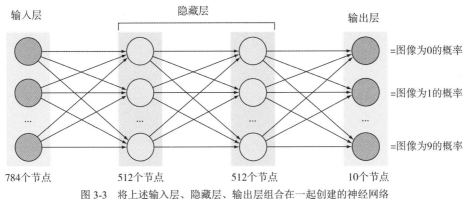

图 3-3 将上述输入层、隐藏层、输出层组合在一起创建的神经网络

Keras 中的代码如下：

```
from keras.models import Sequential
from keras.layers import Flatten, Dense

model = Sequential()

model.add( Flatten(input_shape = (28,28) ))

model.add(Dense(512, activation = 'relu'))
model.add(Dense(512, activation = 'relu'))

model.add(Dense(10, activation = 'softmax'))
model.summary()
```

添加 Flatten 层

导入 Keras 库

导入名为 Flatten 的层，将图像矩阵转为向量

定义神经网络架构

添加两个含有 512 节点的隐藏层，将 ReLU 用作隐藏层的激活函数

添加一个含有 10 个节点的密集层(作为输出层)。对于多分类问题的输出层，建议使用 softmax 激活函数

打印模型结构摘要

运行这段代码后，可以看到打印的模型摘要，如图 3-4 所示。Flatten 层的输出是一个具有784 节点的向量(如前所述，28×28 的图像中有 784 个像素)。按设计，每个隐藏层有 512 个节点，输出层(dense_3)产生 10 个节点。

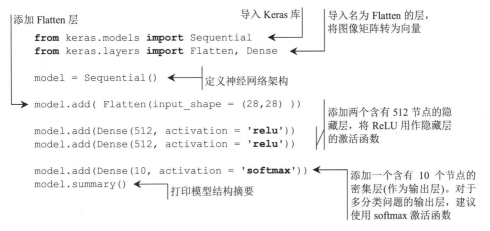

图 3-4 模型摘要

"Param #"一列代表了每一层产生的权重参数的数量。这些权重参数都将在训练过程中得到调整和学习。每层参数数量的计算方法如下。

(1) Flatten 层输出的参数为 0,因为该层的作用仅仅是将图像扁平化以将图像送进网络。此时还没有添加权重。

(2) 第 1 层输出参数数量= 784(输入层的节点数)×512(第 1 个隐藏层的节点数)+ 512(偏置数量)= 401 920。

(3) 第2层输出参数数量= 512(第1个隐藏层的节点数)×512(第2个隐藏层的节点数)+ 512(偏置数量)= 262 656。

(4) 第 3 层输出参数数量=512(第 2 个隐藏层的节点数)×10(输出层的节点数)+10(偏置数量)=5130。

(5) 神经网络的总参数数量 = 401 920 + 262 656 + 5 130 = 669 706。

这意味着,这个小小的网络需要学习和调整 669 706 个参数(权重和偏置)并优化误差函数。一个简单的网络就产生如此巨量的参数,如果添加更多层和节点,或者使用更大的图像,参数的数量就会达到失控的程度。这是接下来要讨论的 MLP 的两个主要缺点之一。

> **MLP 与 CNN**
>
> 在 MNIST 数据集上训练上述 MLP 会得到非常好的结果(接近 96%的准确率,而 CNN 的准确率为 99%),但在结果方面,MLP 与 CNN 通常不具有可比性。原因在于,MNIST 数据集具有特殊性。它非常干净,且经过了完美的预处理。例如,所有的图像都有相同的大小(28×28 像素),待分类目标都位于图像网格的中心。此外,MNIST 数据集只包含灰度图像。如果图像是彩色的,或者数字倾斜或不居中,这个任务对于 MLP 而言就困难得多。
>
> 如果使用 CIFAR-10 这种稍微复杂一点的数据集来尝试上述 MLP 架构(本章结尾处有这个练习项目),网络性能会非常差(准确率为 30%~40%)。对于更复杂的数据集,其性能更差。在现实世界混乱的图像数据中,CNN 完胜 MLP。

3.1.5 MLP 处理图像的缺点

在进入本章主题 CNN 之前,先讨论一下卷积神经网络致力于解决的、MLP 中的两个主要问题。

(1) 空间特征缺失

若将 2D 图像扁平化为一维向量,会导致图像的空间特征丢失。如前所述,在将图像输入 MLP 的隐藏层之前,必须将图像矩阵平铺为一维向量。这意味着图像中包含的 2D 信息全部被抛弃。将输入视为没有特殊结构的简单数字向量的做法可能对一维的信号很有用,但在 2D 图像中,这种做法将导致信息丢失,因为网络在寻找模式时无法将像素相互关联。MLP 无法知道这些像素最初在空间上的排列和关联。而 CNN 不需要进行图像的扁平化处理。将原始的图像矩阵直接输入 CNN 网络中,CNN 就会理解,彼此紧密相连的像素之间的相关度比相距较远的像素之间的相关度更高。

下面将问题简化一下,以理解空间特征在图像中的重要性。假设神经网络的任务是识别正方形，像素值 1 代表白色，0 为黑色，那么，如果在黑色背景上绘制一个白色正方形，其矩阵将如图 3-5 所示。

既然 MLP 将一维向量作为输入，上述 2D 图像必须被扁平化为一维向量，图 3-5 中的输入向量将如下所示：

输入向量= [1, 1, 0, 0, 1, 1, 0, 0, 0, 0, 0, 0, 0, 0, 0, 0]

只有当输入节点 x_1、x_2、x_5 和 x_6 被激活时，训练完成的网络才能识别正方形，但当正方形位于图像的不同位置时(如图 3-6 所示)，网络表现会如何呢？

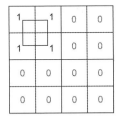

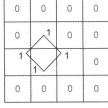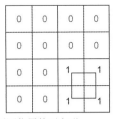

图 3-5　正方形的矩阵表达，像素值 1 代表白色，0 代表黑色

图 3-6　图像中不同位置的正方形

MLP 将无法识别这些正方形，因为网络没有将其形状作为一个特征来学习。相反，它学习了输入节点的激活模式，当满足上述模式的节点被激活时，网络才能识别正方形。如果想要 MLP 学习正方形，则需要大量分布在图像不同位置的正方形。对于复杂问题来说，这个方案不具有可扩展性。

下面来看空间特征学习的另一个例子：假设神经网络需要识别一只猫，理想情况下，不管猫出现在图片的什么位置，网络都能学习猫的所有形状特征(耳朵、鼻子、眼睛等)。这只有当网络将图像视为一组彼此相连的像素时才能实现。

图 3-7 显示了 CNN 如何通过各层识别特征。稍后将详细阐释 CNN 的工作机制。

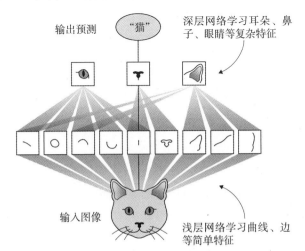

图 3-7　CNN 通过不同的层学习图像特征

(2) 全连接层

MLP 由相互之间完全连接的密集层组成。全连接是指某一层的每个节点都与上一层和下一层的所有节点相连。这种场景下，每个神经元都有来自前一层的参数(权重)来训练每个神经元。这对 MNIST 数据集来说不算大问题，因为该数据集的图像尺寸很小(28×28)。但当尝试处理较大的图像时，情况就不容乐观。例如，有一张尺寸为 1000×1000 的图像，它将为第一个隐藏层的每个节点产生 100 万个参数。如果第一个隐藏层有 1000 个神经元，那么，即便是这样一个小网络，也会产生 10 亿个参数。你可以想象仅在第一层之后优化 10 亿个参数的计算复杂度。当网络层数增加到数十或数百层时，这个数字还会急剧上升，网络将很快失控并无法扩展。

相反，CNN 采用局部连接层(locally connected layers)，如图 3-8 所示：后一层节点只连接到前一层的部分节点。局部连接层使用的参数要比全连接层使用的少得多。

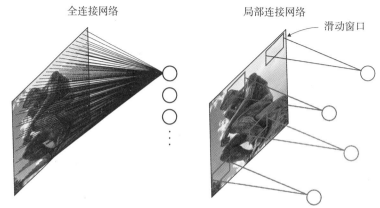

图 3-8　全连接网络，所有神经元都连接到图像的所有像素(左)；局部连接网络，每个神经元只连接到一个像素子集，这些子集被称为滑动窗口(右)

上述 MLP 的缺点意味着什么

将 2D 图像矩阵扁平化为一维向量所造成的信息损失，以及大图像的完全连接带来的计算复杂度均表明：需要一种全新的处理图像输入的方式，一种不会完全丢失 2D 信息的方式。这就是 CNN 的用武之地。CNN 接受全部图像矩阵作为输入，这非常有利于网络理解像素值中包含的模式。

3.2　CNN 架构

常规的神经网络包含多层，每一层都可以找到连续的复杂特征，这就是 CNN 的工作方式。第一层卷积学习基本特征(边和线)，下一层学习稍微复杂的特征(如圆、方形等)，再下一层发现更复杂的特征(如脸的某个部分、汽车轮子、狗的胡须等)……稍后阐释其中的原理。现在，你只需要知道 CNN 架构与神经网络遵循相同的模式：隐藏层中神经元依次堆叠；权重随机初始化并在网络训练中学习；应用激活函数，计算误差，后向传播误差以更新权重。这个过程是一致的，不同之处在于，对于特征的学习，CNN 使用卷积层代替全连接层。

3.2.1　概述

在深入探讨 CNN 架构之前，先回顾一下第 1 章中讨论过的图像分类管道，图 3-9 展示了管道的全貌。

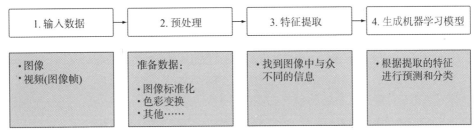

图 3-9　图像分类管道由输入数据、预处理、特征提取、生成机器学习模型四部分组成

在 DL 出现之前，需要手动从图像中提取特征，并将得到的特征向量提供给分类器(一种常规的 ML 算法，如 SVM)。借助神经网络提供的神奇功能，可将图 3-9 中第 3 步的工作交给神经网络(MLP 或 CNN)，让神经网络实现特征提取和分类(第 3 步和第 4 步)。

前面的数字分类项目演示了如何使用 MLP 学习特征并对图像进行分类。事实证明，全连接层的问题并不是分类(全连接层很擅长分类)，而是如何处理图像来学习特征。全连接层并不擅长特征提取(第 3 步)，却非常擅长分类(第 4 步)。为了扬长避短，可以用局部连接层(卷积层)来学习特征，而用全连接层完成图像分类。

CNN 架构的总体层级如图 3-10 所示。

- 输入层
- 卷积层用于提取特征
- 全连接层用于分类
- 输出预测

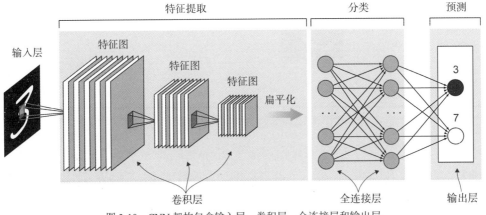

图 3-10　CNN 架构包含输入层、卷积层、全连接层和输出层

我们目前仍在讨论总体架构，稍后将深入研究每一个组件。在图 3-10 中，假设要构建一

个 CNN 以将图像分为数字 3 和 7 两类,该图对应的过程如下。

(1) 将原始图像输入卷积层。

(2) 图像在 CNN 各层中传递,以识别模式和提取特征(被称为特征图)。这一步的输出被扁平化为一个从图像中学习到的特征向量。注意,每层之后图像的尺寸都会缩小,而特征图的数量(层深)则会增加,直到特征提取的最后一层形成一长串小特征。从概念上讲,可以把这个步骤看作神经网络学习表达原始图像的更抽象特征。

(3) 将扁平化的特征向量输入全连接层,以对提取的图像特征进行分类。

(4) 神经网络触发代表正确预测图像的节点。注意,本示例旨在完成两个类别的分类(3 和 7)。因此输出层将有 2 个节点:一个代表数字 3,一个代表数字 7。

定义　神经网络的基本思想是神经元从输入中学习特征。在 CNN 中,特征图(feature map)是一个滤波器应用于前一层的输出。之所以被称为特征图,是因为它是网络在图像中找到的某种特征的映射。CNN 搜索直线、边或者对象等特征,一发现这些特征,就将其报告给特征图。每个特征图寻找的特征不同:有的寻找直线,有的寻找曲线。

3.2.2　特征提取

可以将特征提取步骤看作将大图像分解为小的特征片段,并将它们组合成向量的过程。例如,如图 3-11 所示,一个手写体数字 3 的图像(深度为 1)被分解为包含数字 3 特定特征的几个小图像。它被分为 4 个特征,因此深度变为 4。随着图像在 CNN 各层传递,它的尺寸会缩小,层级会变深,因为它包含更多小特征的图像。

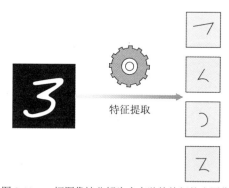

图 3-11　一幅图像被分解为含有独特特征的小图像

请注意,这只是一个有助于理解特征提取过程的形象化比喻。事实上,CNN 并不会把一张图片简单直接地拆成碎片。相反,它提取能将某个对象同其他对象区别开来的独特特征,并将它们放置于特征数组中。

3.2.3 分类

提取特征后，添加全连接层(常规 MLP)来查看特征向量。例如，全连接层处理特征的过程可能如下：第一个特征(顶部)看起来像一条边，这可能是 3、7，或者是比较丑的 2，不确定；接下来看第二个特征，它有一条曲线，因此绝对不可能是 7⋯⋯以此类推，直到 MLP 确定图像是数字 3 为止。

CNN 如何学习模式

值得注意的是，CNN 并不是只在一层中就能直接从输入图像得到特征向量。这个过程通常发生在数十或数百层，详见后续章节。特征学习过程在每一个隐藏层一步步进行，所以第一层通常学习非常基本的特征，比如线和边；第二层将这些线组合成可识别的形状、角或者圆；然后在更深的层中，网络学习更复杂的形状，如人手、眼睛、耳朵等。下面是关于 CNN 如何学习人脸的简单示例。

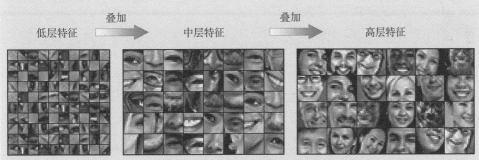

关于 CNN 如何学习人脸的简单示例

可以看到，浅层网络检测图像中的模式来学习边、线之类的低层次特征，深层网络识别模式中的模式来学习人脸之类的复杂特征，然后是模式的模式的模式，以此类推。

输入图像

+ 第 1 层网络 => 模式

+ 第 2 层网络 => 模式的模式

+ 第 3 层网络 => 模式的模式的模式

⋯⋯以此类推

后续章节讨论更先进的 CNN 架构时这个概念将派上用场。现在只需要了解，在神经网络中堆叠隐藏层并学习模式，直至找到一组有意义的特征来识别图像。

3.3 CNN 的基本组件

言归正传，下面讨论 CNN 架构的主要组件。几乎所有卷积网络中都有卷积层(CONV)、池化层(POOL)和全连接层(FC)，如图 3-12 所示。

CNN 的文本表达

下面用文本表示图 3-12 中的网络架构。

CNN 架构：输入=>卷积=>ReLU=>池化=>卷积=>ReLU=>池化=>全连接=>softmax

注意，ReLU 和 softmax 激活函数并不是真正的独立层，它们是前一层使用的激活函数。之所以将它们显示在文本表示法中，是为了提醒 CNN 设计者在卷积层中使用 ReLU 激活函数，并在全连接层中使用 softmax 激活函数。

所以，上述文本代表一个包含两个卷积层和一个全连接层的 CNN 架构。卷积层和全连接层的层数可以随意添加。卷积层用于提取特征，全连接层用于分类。

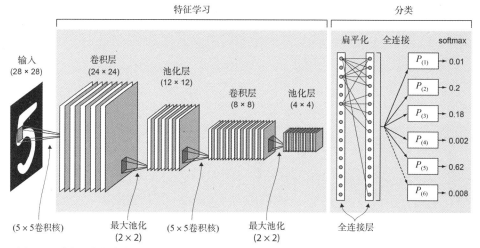

图 3-12　卷积网络的基本组成部分包括进行特征提取的卷积层和池化层，以及进行分类的全连接层

了解了卷积网络的完整架构，接下来深入理解各层以便透彻地掌握 CNN 的工作机制。在本节末尾，这些内容会被整合在一起。

3.3.1　卷积层

卷积层是卷积神经网络的核心组件。卷积层就像一个特征查找窗口，逐像素滑过图像，以提取有助于识别图像中对象的有意义的特征。

1. 卷积的定义

从数学上讲，卷积是两个函数进行运算以产生第三个修正函数的操作。在 CNN 中，第一个函数是输入图像，第二个函数是卷积滤波器。两者执行一些数学运算并产生具有新像素值的修正图像。

下面以图 3-13 为例深入探讨第一个卷积层如何处理图像。通过将卷积滤波器在输入图像上滑动，网络将图像分解成一个个小块来单独处理，并将其组合成修正图像，即特征图。

从这幅图中可以提炼出以下关于卷积滤波器的细节。

● 中间的 3×3 矩阵是卷积滤波器，也被称为卷积核。

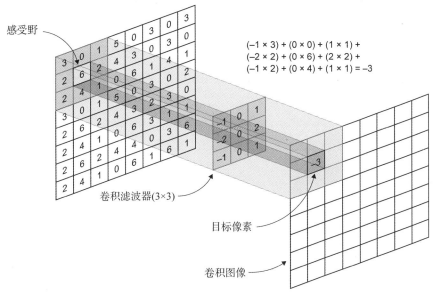

图 3-13　一个 3×3 的卷积滤波器正在滑过输入图像

- 卷积核在原始图像上逐像素滑过并进行一些数学计算来获取下一层"卷积"图像的像素值。滤波器卷积的图像区域被称为感受野(receptive field)，如图 3-14 所示。

卷积核的值从何而来？CNN 中的卷积矩阵就是权重。这意味着，它也是随机初始化的，它的值也是由网络学习的(所以你不用操心如何为它们分配数值)。

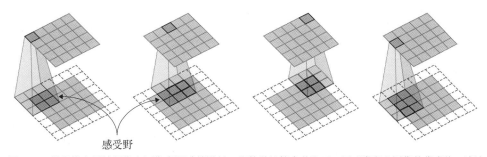

图 3-14　卷积核在原始图像上逐像素滑过并进行一些数学计算来获取下一层"卷积"图像的像素值。滤波器卷积的区域被称为感受野

2. 卷积操作

卷积操作的数学公式与前面讨论的 MLP 的公式异曲同工。下面回顾 MLP 中加权求和的过程：将各个输入乘以各自的权重，然后把所有乘积加起来，并加上偏置。

$$加权和 = x_1 \cdot w_1 + x_2 \cdot w_2 + x_3 \cdot w_3 + \cdots + x_n \cdot w_n + b$$

此处的做法与前面一致，有一点除外：在 CNN 中，神经元和权重是以矩阵形式组织的。

因此，将感受野中的每一个像素与卷积核中相对应的每一个像素相乘并将所有乘积相加，得到新图像中的中心像素值(如图 3-15 所示)。这与第 2 章中讲到的矩阵点积操作一致。

$(-1×93) + (0×139) + (1×101) + (-2×23) + (0×232) + (2×136) + (-1×135) + (0×230) + (1×18) = 117$

滤波器(或卷积核)滑过整个图像，其中的每一个像素每次都与感受野中对应位置的像素元素相乘，并将所有乘积相加，以创建具有新值的图像。该卷积的图像被称为特征图(feature map)或者激活图(activation map)。

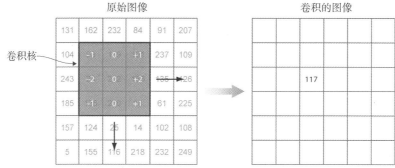

图 3-15　将感受野中每个像素乘以滤波器中相应的像素，并将所有乘积相加，得到新图像的中心像素值

应用滤波器以学习特征

勿忘初始目标：卷积旨在从图像中提取特征。其实现方式为：在图像处理过程中，使用滤波器过滤掉不需要的信息或者放大图像中的特征。这些滤波器是数字矩阵，通过与输入图像进行卷积来修改输入图像。下图是边缘检测滤波器(卷积核)。

0	-1	0
-1	4	-1
0	-1	0

当该卷积核(k)与输入图像 $F(x, y)$卷积计算时，它会创建一个放大了边缘的新卷积图像(特征图)。

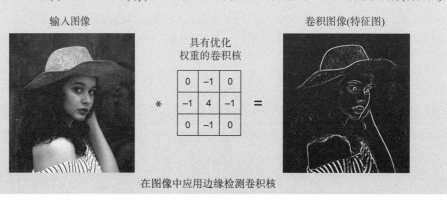

在图像中应用边缘检测卷积核

为了解释卷积的过程，将图像的某个部分放大。

输入图像

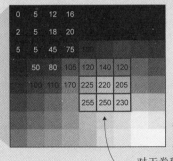

边缘检测
卷积核

卷积
0×120+(−1)×140+0×120+
(−1)×225+4×220+(−1)×205+
0×255+(−1)×250+0×230=60

对于卷积后的图像，其中间
像素的像素值为60。像素值
>0，表示检测到一条小边

上图展示了在图像的一个区域内进行卷积计算以得到新像素值的过程。通过将卷积核逐像素滑过输入图像并执行上述卷积过程，可以计算新图像的所有像素值。

这些卷积核通常被称为权重，因为它们决定了一个像素在形成新的输出图像时的重要性。类似于之前讨论的 MLP 和权重，这些权重表示特征对输出的重要性。在图像中，输入特征是像素值。

其他滤波器可用于检测不同类型的特征。例如，某些滤波器检测水平边，另一些检测垂直边，还有一些检测角等更复杂的形状。关键之处在于，这些滤波器应用于卷积层时会产生之前讨论过的特征学习行为：浅层网络先学习简单特征(如边和直线)，然后深层网络学习更复杂的特征。

至此，关于滤波器概念的讨论基本可以画上句号了。

总之，每个卷积层都包含一个或多个卷积滤波器。某个卷积层中滤波器的数量决定下一层的深度，因为每个滤波器都会产生自己的特征图(卷积图像)。Keras 中卷积层的代码如下：

```
from keras.layers import Conv2D

model.add(Conv2D(filters=16, kernel_size=2, strides='1', padding='same',
        activation='relu'))
```

可见，只需一行代码就可创建卷积层。稍后你会在完整代码中看到这行代码，现在继续讨论卷积层。从代码中可以看到，卷积层有 5 个主要参数。如第 2 章所建议的，在隐藏层中使用 ReLU 激活函数。这是一个普遍之选。下面请看剩下 4 个超参数的含义。

- filters：每层卷积滤波器的数量，代表输出的深度。
- kernel_size：卷积滤波器矩阵的大小。尺寸大小不一，可以是 2×2、3×3、5×5。
- strides：步幅。
- padding：填充。

下一节将讨论步幅和填充，本节先关注以下超参数。

注意　如第 2 章所述，超参数是配置神经网络以提高性能时用于调优的旋钮。

3. 卷积层的滤波器数量

每个卷积层都有一个或多个滤波器。为了理解这一点，先回顾第 2 章中讲到的 MLP。其每个隐藏层都有 n 个神经元(隐藏单元)堆叠在一起。图 3-16 展示了第 2 章中的 MLP 架构。

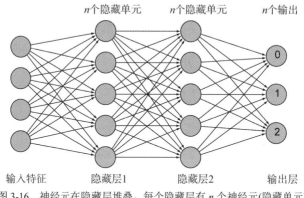

图 3-16   神经元在隐藏层堆叠，每个隐藏层有 n 个神经元(隐藏单元)

CNN 亦是如此，卷积层就是隐藏层。为了增加隐藏层中神经元的数量，可增加卷积层中的卷积核数量。每个卷积核的一个隐藏单元被认为是一个神经元。例如，如果卷积层中有一个 3×3 的卷积核，这意味着该层有 9 个隐藏单元。再加一个 3×3 的卷积核，则有 18 个隐藏单元。另外再加 1 核，则有 27 个隐藏单元，以此类推。因此，通过增加卷积层中卷积核的数量来增加隐藏单元，可使网络变得更加复杂，以便检测更复杂的模式。当向 MLP 增加神经元(隐藏单元)时，情况也是如此。图 3-17 呈现了 CNN 中的层，显示了核数的理念。

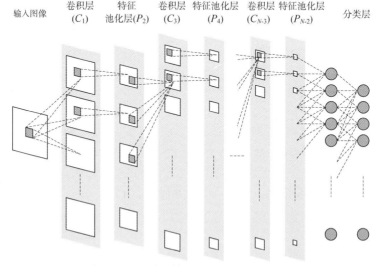

图 3-17   CNN 中层的呈现，显示了核数的理念

4. 核大小

记住，卷积滤波器也被称为卷积核。它是一个权重矩阵，在图像上滑动以提取特征。卷积核大小指的是卷积滤波器的尺寸(高×宽，如图 3-18 所示)。

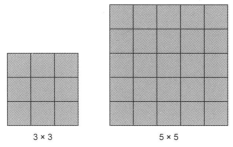

3 × 3　　　　　5 × 5

图 3-18　卷积核大小指的是卷积滤波器的尺寸

卷积核大小(kernel_size)是构建卷积层时需要设置的超参数之一。和大多数神经网络的超参数一样，没有可以适用于所有问题的单一最佳答案。一般情况下，较小的滤波器将捕捉到图像中非常精微的细节，而较大的滤波器将漏掉这些细节。

请记住，滤波器包含网络要学习的权重。所以，理论上讲，卷积核的尺寸越大，网络越深，意味着网络学习得越好。但这也将带来更高的计算复杂度，并可能导致过拟合。

卷积核通常是方形或者矩形的，尺寸最小为 2×2，最大为 5×5。理论上讲，其尺寸还可更大，但这并非首选，因为大的尺寸可能会导致图像重要细节的丢失。

> **调优**
>
> 希望你不要对超参数调优感到不知所措。深度学习是一门艺术，也是一门科学，其中有一点再怎么强调也不为过：DL 工程师的主要工作不是构建实际的算法，而是构建最优网络架构，然后设置、试验和优化超参数。当今大量的 DL 研究都集中在针对一类特定问题寻找 CNN 的最优架构和参数上。幸运的是，超参数调优并不像看起来那么困难。本书将为你使用超参数提供良好的起点，并帮助你建立一种直觉，以便评估模型，分析模型结果，从而明确需要调整(增大或减小)哪类超参数。

5. 步幅和填充

这两个超参数通常要一起考虑，因为它们共同控制卷积层的输出形状。

- 步幅(strides)：滤波器在图像上滑动的量。例如，滤波器一次滑过一个像素，则步幅=1；一次滑过 2 个像素，则步幅=2；步幅为 3 及以上的情况在实践中很少见。像素的跳跃会降低输出图像的空间容量。步幅为 1 时输出图像的高度和宽度与输入图像大致相同；步幅为 2 时输出图像的大小大致为输入图像的一半。这里说"大致"是因为它取决于填充参数的设置。

- 填充(padding)：通常被称为 0 填充(zero-padding)，因为开发人员会在图像的边缘周围加 0(见图 3-19)。填充最常用来保持输入图像的空间尺寸，从而使输入图像和输出图像的尺寸保持一致，如此即可使用卷积层而不必缩小每层的高度和宽度。这一点对于构建更深层的网络至关重要，因为如果你不这样做，高度/宽度会随着层级的增加而不断减小。

<table>
<tr><td>0</td><td>0</td><td>0</td><td>0</td><td>0</td><td>0</td><td>0</td><td>0</td></tr>
<tr><td>0</td><td>0</td><td>0</td><td>0</td><td>0</td><td>0</td><td>0</td><td>0</td></tr>
<tr><td>0</td><td>0</td><td>123</td><td>94</td><td>2</td><td>4</td><td>0</td><td>0</td></tr>
<tr><td>0</td><td>0</td><td>11</td><td>3</td><td>22</td><td>192</td><td>0</td><td>0</td></tr>
<tr><td>0</td><td>0</td><td>12</td><td>4</td><td>23</td><td>34</td><td>0</td><td>0</td></tr>
<tr><td>0</td><td>0</td><td>194</td><td>83</td><td>12</td><td>94</td><td>0</td><td>0</td></tr>
<tr><td>0</td><td>0</td><td>0</td><td>0</td><td>0</td><td>0</td><td>0</td><td>0</td></tr>
<tr><td>0</td><td>0</td><td>0</td><td>0</td><td>0</td><td>0</td><td>0</td><td>0</td></tr>
</table>

padding = 2　填充　填充

图 3-19　0 填充是指在图像的边缘周围添加 0。padding=2 指在边缘部分增加 2 层 0

> 注意　strides 和 padding 超参数的使用有 2 个目的: 保留图像所有的重要细节并将它们传递到下一层(当 strides 被设为 1 且 padding 被设为 same 时); 或者忽略图像的一些空间信息，以降低计算成本。后面会介绍如何在网络中添加池化层以缩小图像尺寸并聚焦于提取的特征。现在只需要谨记，无论是传递图像的所有细节还是忽略其中一些细节，strides 和 padding 超参数都是用来控制卷积层的行为和输出大小的。

3.3.2　池化层或下采样

如果增加卷积层，那么输出层的深度也会增加，进而导致网络需要优化(学习)的参数数量增多。增加卷积层(通常是几十个甚至上百个)的行为会产生大量的参数(权重值)，进而使网络维度提升，并使学习过程中的数学运算时间增加，同时使空间复杂度上升。这时，池化层得以大显身手。下采样(subsampling)或池化(pooling)通过减少传递到下一层的参数数量来缩小网络。池化操作通过将一个汇总统计函数(如最大值或平均值)应用于输入来调整图像大小，从而减少传递到下一层的参数数量。

池化层旨在将卷积层产生的特征图下采样到较少的参数，从而降低计算复杂度。在 CNN架构中，较为通用的做法是在每一个或两个卷积层之后添加一个池化层(见图 3-20)。

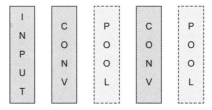

输入　=> 卷积　=> 池化　=> 卷积　=> 池化

图 3-20　池化层通常被添加在每一或两个卷积层之后

1. 最大池化与平均池化

池化有两种主要类型：最大池化和平均池化。下面先看最大池化。

与卷积核类似，最大池化核是具有一定尺寸和步幅值的滑动窗口。两者的区别是：最大池化层的窗口不包含权重或任何值，它只是滑过上一个卷积层所创建的特征图，选择其中最大像素值并将其传递到下一层，同时忽略其他值。图 3-21 展示了一个 2×2，strides=2(一次滑过 2 个像素)的池化滤波器。含有该滤波器的池化层将特征图的大小从 4×4 减小到 2×2。

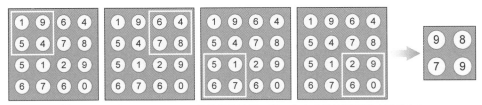

图 3-21　一个 2×2，strides=2 的池化滤波器，将一个 4×4 的特征图减小到了 2×2

将上述操作应用于卷积层的所有特征图，可以得到一个尺寸(宽×高)减小的特征图。但是网络深度保持不变，因为每个特征图都执行了上述操作。因此，如果卷积层有 3 个特征图，池化层就会有 3 个尺寸更小的特征图(如图 3-22 所示)。

全局平均池化(global average pooling)是一种更极端的降维方式。该操作并不设置窗口大小和步幅，而是计算特征图上所有像素的平均值(如图 3-23 所示)。从图 3-24 可以看出，全局平均池化层读取一个 3D 数组并将其转化成一个向量。

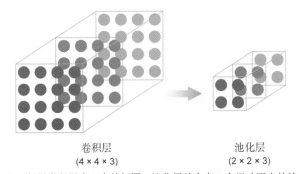

卷积层　　　　　　　　　　　池化层
(4 × 4 × 3)　　　　　　　　(2 × 2 × 3)

图 3-22　如果卷积层有 3 个特征图，池化层就会有 3 个尺寸更小的特征图

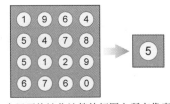

图 3-23　全局平均池化计算特征图上所有像素的平均值

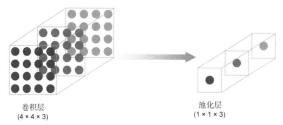

图 3-24　全局平均池化层读取一个 3D 数组并将其转化成一个向量

2. 为什么使用池化层

从上述讨论可以看出，池化层降低了卷积层的维数。降维之所以重要，是因为在复杂项目中，CNN 含有很多卷积层，每层都有几十或几百个卷积滤波器(卷积核)。卷积核包含网络学习到的参数(权重)，这很可能导致网络迅速失控，而且卷积层的维数可能会急剧增大。因此，添加池化层的做法有助于保留重要的信息并将其传递到下一层，从而实现降维。可将池化层看成图像压缩程序。它降低了图像的分辨率但保留了重要信息，如图 3-25 所示。

原图　　　　降采样图

图 3-25　池化层降低了图像的分辨率但保留了图像的重要信息

池化与步幅、填充

池化和步幅的主要目的是减少神经网络中的参数数量。参数越多，训练过程的计算成本就越高。许多人不喜欢池化操作，他们认为可以不使用池化层，而只需要调整卷积层的步幅和填充参数。例如，"Striving for Simplicity: The All Convolutional Net"[1]一文中建议，抛弃池化层，而只采用由重复卷积层组成的架构。为了降维，该文作者建议偶尔在卷积层使用大的步幅。舍弃池化层的做法也被证明有助于训练良好的生成模型，如生成对抗网络(generative adversarial networks，GAN，详见第 8 章)。看起来未来的架构可能很少使用甚至不用池化层，但就目前而言，池化层仍被广泛应用于卷积层的下采样中。

3. 卷积和池化回顾

到目前为止，神经网络使用一系列的卷积和池化层来处理图像，抽取训练数据集中特定于图像的有意义的特征。下面总结了整个过程。

(1) 原始图像被送入卷积层。卷积层是一组滑过图像以提取特征的滤波器(卷积核)。

(2) 卷积层配置参数如下。

1　Jost Tobias springberg、Alexey Dosovitskiy、Thomas Brox 和 Martin Riedmiller，"Striving for Simplicity: The All Convolutional Net"，https://arxiv.org/abs/1412.6806。

```
from keras.layers import Conv2D

model.add(Conv2D(filters=16, kernel_size=2, strides='1',
    padding='same', activation='relu'))
```

- filters：每一层中的滤波器数量(隐藏层深度)。
- kernel_size：滤波器(卷积核)大小，通常为 2、3 或 5。
- strides：滤波器滑过图像的行列数。1 或 2 通常被认为是好的初始值。
- padding：在图像边缘填充若干行和列的 0 值，以使图像尺寸保留到下一层。
- activation：强烈推荐在隐藏层使用 ReLU 激活函数。

(3) 池化层配置参数如下。

```
from keras.layers import MaxPooling2D

model.add(MaxPooling2D(pool_size=(2, 2), strides = 2))
```

通常成对增加卷积层和池化层来达到"深度神经网络"所需的深度。

神经网络架构的可视化

卷积层之后，图像通常保持其宽度和高度尺寸，但每层的深度会逐渐增加，为什么？请回顾之前提到的将图像分割成特征片段的类比，这就是原因所在。

例如，假设输入图像的尺寸是 28×28(同 MNIST 数据集)。添加一个卷积层 Conv_1(filters=4，strides=1，padding=same)，输出的大小保持不变，但深度变为4(输出尺寸为 28×28×4)。此时添加卷积层 Conv_2(filters=12，其他参数不变)，输出尺寸变成 28×28×12(深度变为 12)。

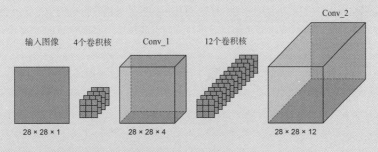

池化层之后，图像深度保持不变但高度和宽度变小。

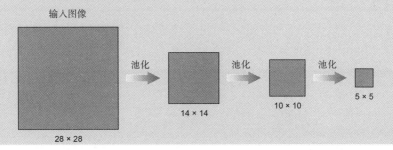

将卷积和池化层组合在一起，结果如下所示。

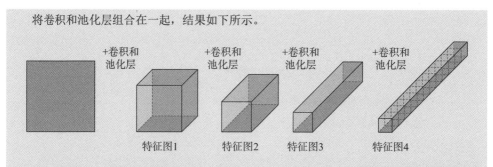

这种情况会一直持续下去，直到网络输出一个尺寸很小但包含原始图像所有特征的图像长管。

最后一组卷积和池化层的输出是一个几乎可以用于分类的特征长管(尺寸为5×5×40)。此示例用 40 表示特征长管的深度，代表有 40 个特征图。最后一步是将长管扁平化，然后送入全连接层进行分类。如前所述，扁平化后的图像尺寸为$(1, m)$，其中 $m=5×5×40=1000$ 个神经元。

3.3.3　全连接层

通过使用卷积层和池化层对图像进行特征学习，可把所有特征都提取出来并将它们放入一个长管中。接下来是时候使用这些提取的特征进行分类了。这里将采用第 2 章讨论过的常规 MLP 神经网络架构。

为什么需要全连接层

MLP 在分类问题上表现良好。在本章使用卷积层的原因是，使用 MLP 提取特征时必须对图像执行扁平化操作，再将其输入网络。因此，MLP 会失去大量有价值的信息，而卷积网络可直接处理原始图像。现在特征提取步骤已完成，在将其扁平化之后即可采用常规 MLP 对其进行分类。

第 2 章已经详细讨论了 MLP 架构，这里回顾一下有关全连接层的内容，见图 3-26。

- 输入扁平化向量：如图 3-26 所示，为了将特征长管送入 MLP 进行分类，须将其扁平化为一个一维向量$(1, n)$。例如，如果特征长管的尺寸为 5×5×40，则扁平化向量将为 $(1, 1000)$。
- 隐藏层：添加一个或多个全连接层，每层含有一个或多个神经元(与构建常规 MLP 时类似)。
- 输出层：第 2 章推荐使用 softmax 激活函数来解决涉及两个以上类别的分类问题。在本示例中，待分类的类别数为 10(0 至 9)。输出层的神经元数量与类别数量相等，因此，输出层将有 10 个节点。

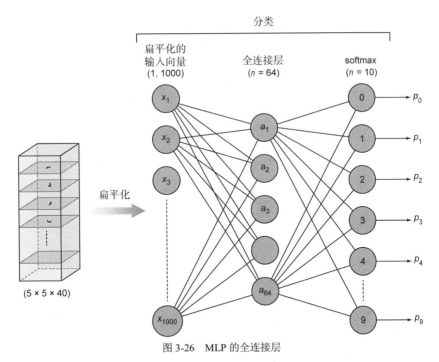

图 3-26　MLP 的全连接层

MLP 与全连接层

　　第 2 章中讲到，多层感知机(MLP)也被称为全连接层，因为前一层的所有节点均与后一层的所有节点相连。它们也被称为密集层。MLP、全连接、密集等术语可以互换使用，除了这些术语以外，有时候甚至连前馈也可用来指代常规的神经网络结构。

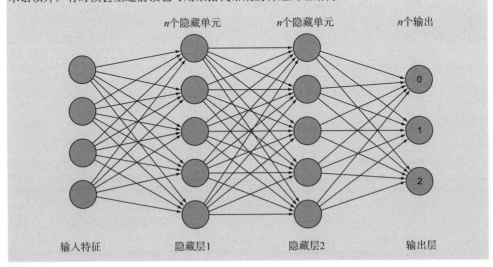

3.4　使用 CNN 进行图像分类

至此，你已经具备建立 CNN 模型的能力。不妨尝试建立一个关于图像分类的简单项目，为你在后续章节中探讨更复杂的问题奠定基础。项目中将使用 MNIST 数据集(MNIST 数据集可谓 DL 界的"Hello World")。

> **注意**　无论你使用哪个 DL 库，理念都相去无几：首先在脑中或纸上设计出 CNN 架构，然后设计隐藏层的那堆神经元并设置它们的参数。Keras 和 MXNet(以及 TensorFlow、PyTorch 和其他 DL 库)有各自的优缺点(后面将会讨论)，但理念基本类似。因此本书剩余部分将主要使用 Keras，并在适当的地方对其他库进行概述。

3.4.1　构建模型架构

下面进入项目中定义和构建 CNN 模型架构的部分。如要查看关于图像预处理、训练和评估模型的完整代码，请访问本书的 GitHub 代码仓库：https://github.com/ moelgendy/deep_learning_for_vision_systems，并打开其中的 mnist_cnn notebook，或者访问本书的网站 www.manning.com/books/deep-learning-for-vision-systems 和 www.computerVisionBook.com。现在我们只关注构建模型的代码，在本章结束时将建立一个端到端的图像分类器，并深入研究其他部分。

```
from keras.models import Sequential
from keras.layers import Conv2D, MaxPooling2D, Flatten, Dense, Dropout

model = Sequential()          ← 构建模型对象

model.add(Conv2D(32, kernel_size=(3, 3), strides=1, padding='same',
          activation='relu', input_shape=(28,28,1)))

model.add(MaxPooling2D(pool_size=(2, 2)))

model.add(Conv2D(64, (3, 3), strides=1, padding='same', activation='relu'))
model.add(MaxPooling2D(pool_size=(2, 2)))

model.add(Flatten())

model.add(Dense(64, activation='relu'))

model.add(Dense(10, activation='softmax'))

model.summary()
```

Conv_1：添加一个带 ReLU 激活函数的卷积层，depth=32(即32个卷积核)

Conv_2：将深度增加到 64

Pool_1：对图像进行下采样以选择最好的特征

Pool_2：继续执行下采样

因为维度太高，对其进行扁平化，只需要一个用于分类的输出

Dense_1：全连接层获取所有相关数据

Dense_2：输出 softmax 函数，将矩阵压缩为 10 个类别的概率

打印模型摘要

运行代码后即可看到打印出的模型摘要，如图 3-27 所示。

```
Layer (type)                    Output Shape         Param #
=================================================================
conv2d_1 (Conv2D)               (None, 28, 28, 32)    320
_____
max_pooling2d_1  (MaxPooling2   (None, 14, 14, 32)    0
_____
conv2d_2 (Conv2D)               (None, 14, 14, 64)    18496
_____
max_pooling2d_2  (MaxPooling2   (None, 7, 7, 64)      0
_____
flatten_1 (Flatten)             (None, 3136)          0
_____
dense_1 (Dense)                 (None, 64)            200768
_____
dense_2 (Dense)                 (None, 10)            650
=================================================================
Total params: 220,234
Trainable params: 220,234
Non-trainable params:  0
_____
```

图 3-27　打印出的模型摘要

从模型摘要中可以观察到一些通用的结果。

- 只需要在第一个卷积层传入 input_shape 参数。其他层则不必申明，因为前一层的输出就是后一层的输入，它们对模型而言是已知参数。
- 每一个卷积层和池化层的输出都是一个形状为(None, height, width, channels)的 3D 张量。height 和 width 的值表示该层图像的尺寸；channels 代表该层的深度，其值为每层的特征图数量；第一个被设置为 None 的参数，其值代表在该层处理的图像数量。Keras 将其设为 None，意味着该参数是可变的并且支持任意数量的 batch_size。
- 在 Output Shape 一列中可以看到，随着网络层级的深入，图像尺寸减小而深度增加，这一点在之前的内容中讨论过。
- 请注意需要优化的参数(权重值)总数：220 234 个。之前在 MLP 中创建了 669 706 个参数，而现在，参数总数几乎减少了 2/3。

下面逐行阅读模型摘要。

- Conv_1：输入是 28×28×1，输出是 28×28×32。因为 strides 参数被设为 1，padding 参数被设为 same，所以输入图像的尺寸并没有变化，但是深度却增加到了 32。原因是我们在该层添加了 32 个滤波器。每个滤波器产生一个特征图。
- Pool_1：这层的输入是上一层的输出(28×28×32)。池化层之后，尺寸缩小，深度保持不变。这里使用了 2×2 池化，所以输出是 14×14×32。
- Conv_2：同上所述，卷积层深度增加，尺寸不变。前一层的输入是 14×14×32。这一层的滤波器数量是 64，因此输出为 14×14×64。
- Pool_2：同样的 2×2 池化，深度保持不变而尺寸缩小。输出为 7×7×64。
- Flatten：将 7×7×64 的特征管扁平化为一个一维向量(1, 3136)。

- Dense_1：设定该全连接层含 64 个神经元，所以输出为 64。
- Dense_2：因为有 10 个分类，将输出层设为 10 个神经元。

3.4.2　参数(权重值)的数量

至此，你已经了解了如何构建模型，并逐行阅读了模型摘要以了解图像的形状在网络各层之间传递时的变化规律，但还剩一个重要的问题：解读模型摘要右侧的 Param#列。

1. 参数的定义

参数仅仅是权重的另一个名字，也是网络要学习的内容。正如第 2 章所述，网络的目标是在梯度下降和后向传播过程中更新权重值，直至找到使误差函数最小化的最佳参数值。

2. 计算参数数量

在 MLP 中，各层之间是全连接状态，因此直接将各层的神经元数量相乘，就可以计算出参数数量，但是 CNN 中的计算并没有那么直接。幸运的是，可以参考下面这个现成的公式：

参数数量=滤波器数量×卷积核大小×上一层的网络深度+滤波器数量(偏置的数量)

将公式代入上述示例中，计算 Conv_2 的参数，Conv_2 代码如下：

```
model.add(Conv2D(64, (3, 3), strides=1, padding='same', activation='relu'))
```

根据上面的分析，可知上一层网络深度为 32，则：

$\Rightarrow$ Param=64×3×3×32+64=18 496

记住，池化层不添加任何参数，因此，对于模型摘要中输出的每一个池化层，其 Param#参数值均为 0。该原则同样适用于 Flatten 层：Flatten 层也不添加额外参数(见图 3-28)。

Layer (type)	Output Shape	Param #
max_pooling2d_1 (MaxPooling2	(None, 14, 14, 32)	0
conv2d_2 (Conv2D)	(None, 14, 14, 64)	18496
max_pooling2d_2 (MaxPooling2	(None, 7, 7, 64)	0
flatten_1 (Flatten)	(None, 3136)	0

图 3-28　池化层和 Flatten 层并不添加参数，所以在模型摘要中这几层的 Param#参数值为 0

将 Param#列的所有参数值相加，得到网络需要优化的总参数数量：220 234。

3. 可训练和不可训练的参数

在模型摘要中，可以查看参数总数、可训练参数数量和不可训练参数数量。可训练参数是神经网络在训练过程中需要优化的权重，在这个例子中，所有参数都是可训练的(如图 3-29 所示)。

```
=====================================================
Total params: 220,234
Trainable params: 220,234
Non-trainable params:   0
```

———————————————————————————————————————

图 3-29　所有参数都是可训练参数且需要在训练中优化

后续章节会讨论如何使用预训练网络并将其与自己构建的网络相结合，以获得更快、更准确的结果。在这种情况下，可能需要冻结某些层，因为它们是预训练的。所以，并不是所有参数都会被训练，这有助于你在开始训练过程之前理解模型的内存和空间复杂度。稍后会详细介绍这一点。就目前而言，所有参数都是可训练参数。

3.5　添加 dropout 层以避免过拟合

到目前为止，本章已经介绍了 CNN 网络的三个主要组件：卷积层、池化层和全连接层。你会发现几乎每个 CNN 网络架构都包含这三层，但它们并非全部，你还可添加额外的层以避免过拟合。

3.5.1　过拟合定义

在机器学习中，性能表现欠佳的主要原因是过拟合(overfitting)或欠拟合(underfitting)。顾名思义，欠拟合是指模型无法拟合训练数据，通常发生于模型过于简单时，例如，使用单层感知机对非线性数据集进行分类时。

相反，过拟合意味着模型与数据拟合得过好：模型记住了训练数据本身，而非学习数据的特征。当你构建了一个非常适合训练集(训练时误差非常低)的超级神经网络，但却无法将其推广至其他从未见过的数据集样本中时，意味着发生了过拟合。过拟合发生时，网络在训练集上表现优良，但在测试集上表现糟糕(如图 3-30 所示)。

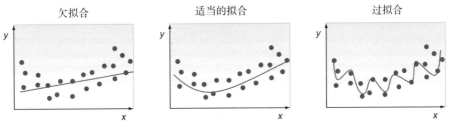

图 3-30　欠拟合(左)：模型不能很好地表达数据。适当的拟合(中)：模型很好地拟合了数据。过拟合(右)：
　　　　模型过分拟合数据，导致其在未见过的数据集上无法泛化

在机器学习中，工程师们既不想建立因过于简单而不能拟合数据的模型，也不想建立因过于复杂而出现过拟合的模型，而是希望使用其他技术构建一个适合当前问题的神经网络。为达到这个目标，下面引入随机失活(dropout)层。

3.5.2　dropout 层定义

随机失活(dropout)层是防止过拟合最常用的方法之一。dropout 会关闭网络层中一定百分比的神经元节点(如图 3-31 所示)。这个百分比被定义为一个超参数，在构建网络时可对其进行优化。所谓关闭，是指这些神经元不会被包含在特定的前向或后向传播中。抛弃网络连接的做法看起来似乎违反直觉，但在网络训练过程中，某些节点会开始主导其他节点，或最终导致大错。dropout 提供了一种平衡网络的方法，让每个节点都朝着同一个目标平等地工作。如果一个节点犯了错误，它不会主导模型的行为。你可以把 dropout 看成一种技术。它让网络变得更有回弹性。通过避免让任何一个节点变得太强或太弱，它可以让所有节点像一个团队一样工作。

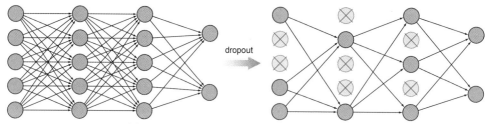

图 3-31　dropout 会关闭网络层中一定比例的神经元

3.5.3　dropout 层的重要意义

神经元在训练过程中培养了一种相互依赖的关系。这种依赖关系控制着每个神经元的个体能力，并可能最终导致训练数据的过拟合。若想真正理解 dropout 为什么有效，请仔细阅读图 3-31 中的 MLP 并思考各层节点的真正含义。第一层(最左边)是包含输入特性的输入层。第二层包含从前一层的模式中学到的特征(同时乘以权重)。下一层是从模式中学到的模式，以此类推。每个神经元代表一定的特征，当乘以一个权重时，就会转化为另一个特征。当有一些节点被随机关闭时，其他节点就被迫学习模式而不依赖于某一两个特征，因为任何特征都可能在任何点上被随机丢弃。这导致权重分散在所有特征中，进而使更多的神经元得到训练。

dropout 有助于减少学习过程中神经元之间的相互依赖。从这个意义上讲，若将 dropout 视为一种集成学习形式，会有助于理解。在集成学习中，先分别训练一系列弱分类器，然后在测试时通过平均所有集成分类器的响应来使用它们。因为每个分类器均被单独训练，所以它们学习了数据的不同方面，各自误差也不相同。将它们组合在一起，有助于形成一个不太容易过拟合的强分类器。

直觉

为了帮助你理解 dropout，下面来看一个类比：用杠铃锻炼肱二头肌。当用双臂举起杠铃时，人们会倾向于用两条手臂中较强壮的一条举起更多的重量。强壮的那条手臂因此会得到更多锻炼，形成更强健的肌肉。

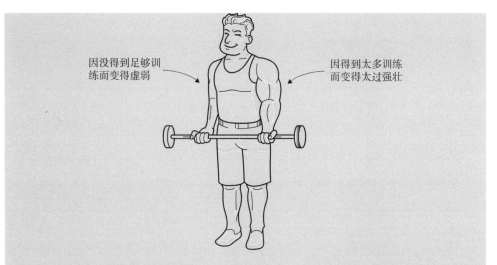

dropout 意味着更加均衡地锻炼(训练)。先绑住右臂，只训练左臂；然后绑住左臂，只训练右臂；最后双臂一起训练，循环往复。一段时间以后，你会发现你的肱二头肌都发达了。

这与训练神经网络时出现的情况类似。有时候网络的一部分权重过大，支配了整个训练，而网络的另一部分却没有得到太多训练。dropout 会随机关闭一些神经元，让其余神经元得到训练，继而在下一轮训练中丢弃另一部分神经元。这种随机关闭会在整个训练过程中持续进行。

3.5.4 dropout 层在 CNN 架构中的位置

如前所述，一个标准的 CNN 由交替的卷积层和池化层组成，并以全连接层结束。为防止过拟合，不妨在扁平化操作之后于全连接层之间引入 dropout 层，这已经变成了一种标准做法。因为众所周知，dropout 在卷积神经网络的全连接层中表现最好，而其在卷积和池化层的影响尚未被深入研究。

CNN 架构：···CONV ⇒ POOL ⇒ Flatten ⇒ DO ⇒ FC ⇒ DO ⇒ FC

在 Keras 中加入 dropout 层，代码如下：

```
# CNN and POOL layers
# ...
# ...
model.add(Flatten())          ◄──────── Flatten 层

model.add(Dropout(rate=0.3))  ◄──────── 30%舍去概率的
                                         dropout 层

model.add(Dense(64, activation='relu'))    ◄──┤ Dense_1：全连接以获取所有相关数据

model.add(Dropout(rate=0.5))  ◄──────── 50%舍去概率的 dropout 层

model.add(Dense(10, activation='softmax'))  ◄── Dense_2：softmax 函数将矩阵压
                                                缩为 10 个类别的输出概率

model.summary()  ◄──────── 打印模型摘要
```

如你所见，dropout 将 rate(比率)作为一个参数。比率表示在输入单元中要关闭的神经元的比例。例如，若将 rate 设为 0.3，则表示这一层中有 30%的神经元将在每一轮训练中被随机关闭。所以，如果某层有 10 个节点，那么其中 3 个会被随机关闭，剩下的 7 个参与训练。在下一轮，新的随机关闭行为重新进行，以此类推。由于关闭行为的随机性，某些神经元可能比其他神经元更容易被关闭，而另一些神经元可能一直不会被关闭。这种现象其实不是问题，多次试验证明，平均来说，每个神经元被关闭的概率几乎是一致的。注意，rate 参数也是构建 CNN时需要调优的一个超参数。

3.6　彩色 3D 图像的卷积

第 1 章中讲过，计算机将灰度图看作 2D 像素值矩阵(如图 3-32 所示)。对计算机而言，这幅图像看似一个 2D 像素值矩阵，其值代表每个位置上彩色光谱的强度。此处没有上下文信息，只有大量的数据。

人眼所见的图像　　　　　　　　　　　　计算机所"见"的图像

图 3-32　对计算机而言，图像就是一个 2D 像素值矩阵

另一方面，彩色图像被计算机解释为具有高度、宽度和深度的 3D 矩阵。RGB 图像(红、

绿、蓝)的深度为 3，每种颜色一个通道。例如，28×28 大小的彩色图像会被视为 28×28×3 的矩阵。可将其看作 2D 矩阵的堆栈，堆栈中有红、绿、蓝 3 个通道。每个矩阵代表当前颜色通道上的光强，它们共同组成一幅如图 3-33 所示的完整图像。

注意　简而言之，图像可以被视为一个 3D 数组：高度×宽度×深度。灰度图的深度为 1，彩色图的深度为 3。

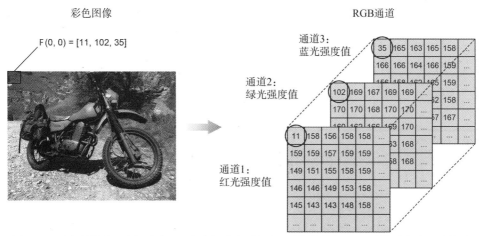

图 3-33　彩色图像由 3 个矩阵表示，每个矩阵分别代表一种颜色的光强。3 个矩阵组合成堆栈，
表达完整的彩色图像

3.6.1　彩色图像的卷积

同灰度图上的卷积操作类似，一个卷积核滑过图像并计算特征图。只不过此处卷积核本身也是 3D 的：每个颜色通道对应着其中的一个维度。如图 3-34 所示。

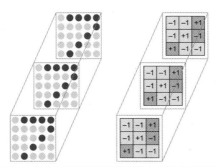

图 3-34　一个 3D 卷积核在彩色图像上滑过并计算特征图

计算卷积的方法保持不变，而计算结果是三者相加所得的值，如图 3-35 所示。

● 每一个颜色通道都有相应的卷积核。
● 卷积核从对应通道的图像上滑过。将每个相应的像素元素相乘，然后将结果相加，计算每个卷积核的卷积像素值。这个过程与之前的操作类似。

- 然后将这三个值相加，得到卷积图像或特征图中单个节点的值(别忘了加上偏置，值为1)，再根据 stride 的值移动滤波器(一个或多个像素)并执行同样的操作，直到计算出特征图中所有节点的像素值。

输入尺寸(+pad 1) (7 × 7 × 3)   卷积核(3 × 3 × 3)

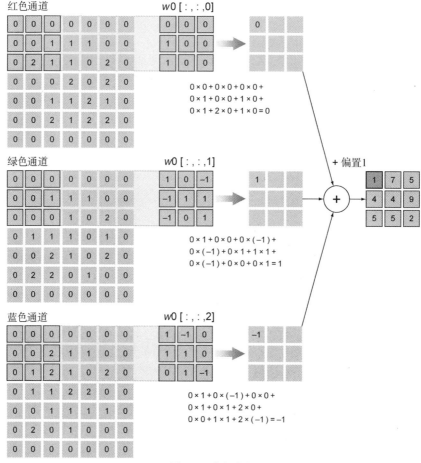

图 3-35   执行卷积

3.6.2 计算复杂度的变化

一个 3×3 的滤波器滑过一个灰度图像，总共会得到 9 个参数(权重值)。彩色图像的滤波器本身具有高、宽、深三个维度，这意味着每个滤波器都有 3×3×3=27 个参数。从中可以看出，处理彩色图像的网络复杂度显著上升，因为它必须优化更多参数。同时彩色图像会占用更大的存储空间。

彩色图像比灰度图包含更多信息，这会增加不必要的计算复杂度并占用更大的内存空间。

然而彩色图像对于特定的分类任务非常重要。作为计算机视觉工程师，你需要自己判断颜色对于任务的重要性，并且决定是否将彩色图像转为灰度图。对于许多目标来说，颜色并非识别和解译图像的必要条件，因此，使用灰度图即可。

如图 3-36 所示，对象的明暗模式(强度)可以用来定义其形状和特征。然而在其他应用中，颜色对于特定目标的定义非常重要。例如，皮肤癌检测严重依赖皮肤颜色(红斑)。一般而言，对于识别车辆、人或皮肤癌之类的 CV 应用，你可以通过自己的视觉来判断颜色在任务中的重要性。如果颜色特征有助于人类的识别，那么颜色对于算法而言可能也是重要的。

图 3-36　对象的明暗模式(强度)可以用来定义其在灰度图像中的形状和特征

请注意，图 3-35 中只添加了一个 3 通道的滤波器(卷积核)，因此只产生一个特征图。在图 3-37 展示的 CNN 中，输入图像尺寸为 7×7×3。添加两个大小为 3×3 的卷积滤波器。输出的特征图深度为 2，原因是网络中添加了两个滤波器。同灰度图类似，每个滤波器会产生自己的特征图。

CNN 架构要点总结

强烈推荐你关注已有的架构，因为前辈们已经为架构的改进做出了诸多贡献。实际上，除非你在进行科研，否则应该以类似问题的已知架构为基础，建立起自己的 CNN 架构，然后进一步调整参数以使其适应你的数据集。

第 4 章将解释如何诊断网络的性能，并讨论网络的调优策略。第 5 章将讨论最受欢迎的 CNN 架构并研究其构建历程。本章的目标是，首先建立对 CNN 构建的概念性理解，其次了解网络层级与神经元的关系。层级越多，神经元越多，网络产生的学习行为也就越多，但计算成本也会增加。因此，需要始终关注训练数据集的大小和复杂性，以避免为一个简单的任务建立过深的网络层次。

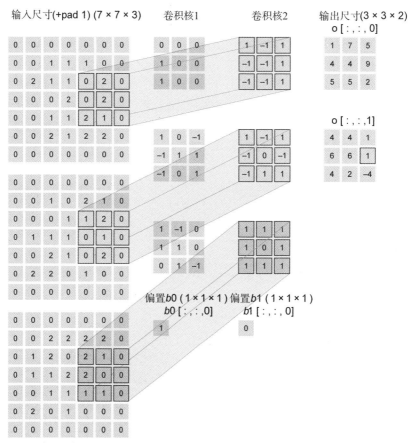

图 3-37　输入图像大小为 7×7×3，添加两个大小为 3×3 的卷积滤波器，输出的特征图深度为 2

3.7　练习项目：彩色图像分类

下面进行一个端到端的图像分类练习项目。在该项目中，训练 CNN 基于 CIFAR-10 数据集进行图像分类。CIFAR-10 是一个用于 CV 目标识别的小型数据集(系"80 Million Tiny Images dataset[1]"的子集)，含 60 000 张 32×32 大小的彩色图片，共有 10 个类别，每个类别下有 6000 张彩色图片。数据集网址为 www.cs.toronto.edu/～kriz/cifar.html。

下面在 notebook 中执行以下步骤。

第 1 步：加载数据集

第 1 步是加载训练和测试数据集。幸运的是，Keras 为开发者提供了加载 CIFAR 数据集的

---

1 Antonio Torralba、Rob Fergus 和 William T. Freeman，"80 Million Tiny Images: A Large Data Set for Non-parametric Object and Scene Recognition"，《IEEE 模式分析与机器智能汇刊》，2008 年 11 月，https://doi.org/10.1109/TPAMI.2008.128。

load_data()方法。只需要引入 keras.datasets 库，然后加载数据。

```
import keras
from keras.datasets import cifar10
(x_train, y_train), (x_test, y_test) = cifar10.load_data()

import numpy as np
import matplotlib.pyplot as plt
%matplotlib inline

fig = plt.figure(figsize=(20,5))
for i in range(36):
    ax = fig.add_subplot(3, 12, i + 1, xticks=[], yticks=[])
    ax.imshow(np.squeeze(x_train[i]))
```

加载预先编排的训练和测试数据集

第 2 步：图像预处理

基于数据集现状以及待解决的问题对数据进行清理和预处理，为将其送入学习模型做好准备。成本函数像一个碗，如果特征的取值范围差异太大，该函数可能变为一个细长的碗。图 3-38 显示了某训练集上的梯度下降，其左图中特征 1 和特征 2 的取值范围相同，而右图中特征 1 的取值范围比特征 2 小得多。

提示 当使用梯度下降时，应该确保所有特征都有相近的取值范围。否则，模型将需要更长时间才能达到收敛。

1. 图像归一化

对输入图像进行归一化处理，如下所示：

```
x_train = x_train.astype('float32')/255
x_test = x_test.astype('float32')/255
```

图像归一化处理：将像素值除以255，使像素值的取值范围由[0, 255]变为[0, 1]

做与不做特征缩放(feature scaling)时梯度下降的情况

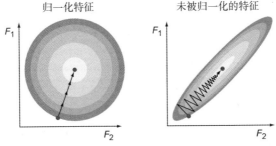

图 3-38 归一化特征在同一取值范围内，表现为一个均衡的"碗"(左图)。未被归一化的特征不在同一取值范围，表现为一个细长的"碗"(右图)。对于进行了归一化处理的数据集，其梯度下降如左图所示；对于未进行归一化处理的数据集(特征 1 的取值范围比特征 2 小得多)，其梯度下降如右图所示

2. 制作标签(one-hot 编码)

本章乃至整本书都将讨论计算机如何将图像转换为像素强度矩阵来处理输入数据(图像)，但本书一直未讨论标签问题。那么，计算机是如何理解标签的呢？数据集中的每个图像都用一个特定的标签来解释(用文本方式)该图像的分类。例如，在 CIFAR-10 这个特定的数据集中，标签被分为飞机、汽车、鸟、猫、鹿、狗、青蛙、马、船、卡车这 10 类。这些文本标签需要被转换为计算机可以处理的方式。计算机擅长处理数字，所以人们采用一种名为"one-hot 编码"(one-hot encoding，也称独热编码)的方法处理标签，one-hot 编码是将分类变量转为数字形式的过程。

假定数据集如表 3-1 所示。

表 3-1 原数据集

图像	标签
图像 1	狗
图像 2	汽车
图像 3	飞机
图像 4	卡车
图像 5	鸟

经过 one-hot 编码之后，该数据集如表 3-2 所示。

表 3-2 编码之后的数据集

图像	飞机	鸟	猫	鹿	狗	青蛙	马	船	卡车	汽车
图像 1	0	0	0	0	1	0	0	0	0	0
图像 2	0	0	0	0	0	0	0	0	0	1
图像 3	1	0	0	0	0	0	0	0	0	0
图像 4	0	0	0	0	0	0	0	0	1	0
图像 5	0	1	0	0	0	0	0	0	0	0

Keras 亦有相应方法，可用于完成 one-hot 编码：

```
from keras.utils import np_utils
                                              对标签进行 one-hot 编码
num_classes = len(np.unique(y_train))  ◄
y_train = keras.utils.to_categorical(y_train, num_classes)
y_test = keras.utils.to_categorical(y_test, num_classes)
```

3. 将数据集划分为训练集和验证集

除了将数据集分为训练集(train dataset，或 training dataset)和测试集(test dataset)之外，还应将训练集数据进一步划分为训练集和验证集(validation dataset)，如图 3-39 所示，这是一种标准的做法。

图 3-39 将数据划分为训练集、验证集和测试集

不同数据集对应着不同的使命。

- 训练集：用于训练模型的数据样本。
- 验证集：用于在模型调整超参数以拟合训练集时提供一个无偏估计样本。随着验证集的能力被合并到模型配置中，评估逐渐变为有偏估计。
- 测试集：用于对训练集的最终拟合模型提供无偏估计的数据样本。

Keras 中的代码如下：

```
(x_train, x_valid) = x_train[5000:], x_train[:5000]    将训练数据集划分为
(y_train, y_valid) = y_train[5000:], y_train[:5000]    训练集和验证集

print('x_train shape:', x_train.shape)  ←——— 打印训练集的形状

print(x_train.shape[0], 'train samples')
print(x_test.shape[0], 'test samples')              打印训练集、验证集和
print(x_valid.shape[0], 'validation samples')       测试集中图像的数量
```

标签矩阵

在上述例子中，one-hot 编码将$(1×n)$的标签向量转化为维数为$(10×n)$的标签矩阵，其中，n为样本图像的个数。因此，如果数据集中有 1000 张图片，标签向量的尺寸就是$(1×1000)$。经过 one-hot 编码后，标签矩阵尺寸为$(1000×10)$。因此下一步在定义网络架构时，应使输出的 softmax 层包含 10 个节点。每个节点表示每个类的概率。

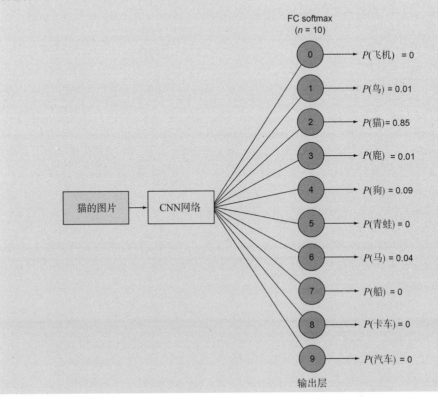

第 3 步：定义网络架构

如前所述，CNN(以及一般的神经网络)的核心构建部分是网络层。大多数 DL 项目采用一种类似于数据蒸馏(data distillation)的形式将各层简单堆叠在一起。CNN 的主要层级有卷积层、池化层、全连接层，以及激活函数。

如何确定网络架构

应该创建多少个卷积层，多少个池化层？不妨阅读一些最流行的架构(AlexNet、ResNet、Inception 等)并提取出主导设计决策的关键思想，这将让你获益匪浅。通过学习最先进的架构并在项目中亲自尝试，你将形成一种直觉，以便针对当前问题构建 CNN 架构。第 5 章将讨论这些最流行的 CNN 架构。现在，你需要知道以下几点。

- 层级越多，网络学习得越好(至少理论上如此)，但代价是计算量和内存消耗的增加，因为它增加了待优化的参数数量，同时会带来网络过拟合的风险。
- 当输入图像逐层经过网络，其深度会增加，尺寸(宽度、高度)会减小。
- 一般而言，对于小型数据集，开始时不妨添加两到三层 3×3 的卷积层，然后加一层 2×2 的池化层。逐渐增加卷积和池化层，直到图像达到合适的大小(例如，4×4 或 5×5)，然后增加若干全连接层以进行分类。
- 需要设置的超参数包括滤波器数量、卷积核大小和填充等。请记住，不必重复造轮子，相反，应查看文献以了解哪些超参数对他人有效。选择一个已经被他人验证过的架构作为起点，然后调整上述超参数以适应你的情况。下一章将致力于研究这个话题。

学习使用网络层和超参数

希望你不要在建立第一个 CNN 时就纠结于超参数的设置。要想获得构建 CNN 架构的直觉，最佳方法之一是向他人学习。DL 工程师的大部分工作将涉及架构的构建和参数的调优。本章主要目标如下：

- 了解 CNN 各层(卷积、池化、全连接、随机失活等)的工作原理及设计缘由。
- 了解每个超参数(卷积层的滤波器数量、卷积核大小、步幅、填充等)的作用。
- 最后，理解如何在 Keras 中实现任何给定的网络架构。如果你能在自己的数据集上复现这个项目，说明你已经具备了基础。

第 5 章将回顾几个最先进的架构，以探究其工作原理。

图 3-40 所示的 CNN 架构被称为 AlexNet。这是一个非常受欢迎的架构，在 2011 年的 ImageNet 大赛中获胜(更多细节见第 5 章)。AlexNet CNN 架构由 5 个卷积层、5 个池化层和 3 个全连接层组成。

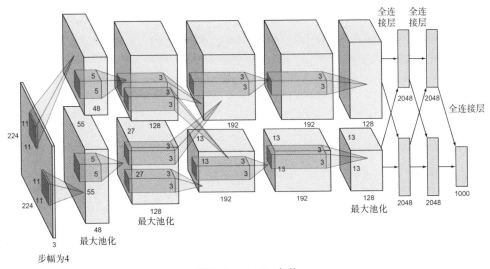

图 3-40　AlexNet 架构

在本项目的数据集上尝试一个较小的 AlexNet 版本(见图 3-41)并观察它的表现。先使用 3 个卷积层和 3 个池化层，以及 2 个全连接层(密集层)，如下所示，再根据结果添加更多层。

CNN：输入⇒卷积层 1 ⇒池化层 1 ⇒卷积层 2 ⇒池化层 2 ⇒卷积层 3 ⇒池化层 3 ⇒ dropout 层⇒全连接层⇒dropout 层⇒全连接层(softmax)

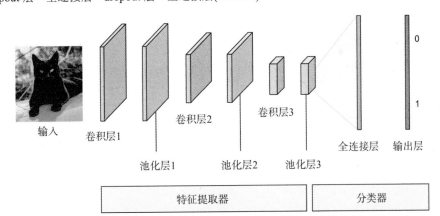

图 3-41　构建一个由 3 个卷积层和 2 个全连接层组成的小型 CNN 网络

上图中所有隐藏层都使用 ReLU 激活函数。最后一个全连接层中有 10 个节点。使用 softmax 激活函数返回一个包含 10 个类别的概率得分(总和为 1)的数组。每个得分代表当前图像属于某个类别的概率。

```python
from keras.models import Sequential
from keras.layers import Conv2D, MaxPooling2D, Flatten, Dense, Dropout

model = Sequential()
```

```
model.add(Conv2D(filters=16, kernel_size=2, padding='same',
    activation='relu', input_shape=(32, 32, 3)))
model.add(MaxPooling2D(pool_size=2))
```
第 1 个卷积层和池化层。注意，只需要在第一个卷积层中定义输入的形状

```
model.add(Conv2D(filters=32, kernel_size=2, padding='same',
    activation='relu'))
model.add(MaxPooling2D(pool_size=2))
```
第 2 个卷积层和池化层。激活函数为 ReLU

```
model.add(Conv2D(filters=64, kernel_size=2, padding='same',
    activation='relu'))
model.add(MaxPooling2D(pool_size=2))
```
第 3 个卷积层和池化层

```
model.add(Dropout(0.3))
```
舍弃概率为30%的 dropout 层，以避免过拟合

```
model.add(Flatten())
```
将最后一个特征图扁平化为一个特征向量

```
model.add(Dense(500, activation='relu'))
model.add(Dropout(0.4))
```
添加第 1 个全连接层

```
model.add(Dense(10, activation='softmax'))
```
另一个 dropout 层，舍弃概率为40%

```
model.summary()
```
打印模型摘要

输出层为含 10 个节点的全连接层，用 softmax 激活函数输出 10 个类别的概率

运行上述代码后即可查看模型架构以及特征图的尺寸在各层的变化情况，如图 3-42 所示。

```
Layer (type)                    Output Shape              Param #
=================================================================
conv2d_1  (Conv2D)              (None, 32, 32, 16)        208

max_pooling2d_1  (MaxPooling 2  (None, 16, 16, 16)        0

conv2d_2  (Conv2D)              (None, 16, 16, 32)        2080

max_pooling2d_2  (MaxPooling 2  (None, 8, 8, 32)          0

conv2d_3  (Conv2D)              (None, 8, 8, 64)          8256

max_pooling2d_3  (MaxPooling 2  (None, 4, 4, 64)          0

dropout_1  (Dropout)            (None, 4, 4, 64)          0

flatten_1  (Flatten)            (None, 1024)              0

dense_1  (Dense)                (None, 500)               512500

dropout_2  (Dropout)            (None, 500)               0

dense_2  (Dense)                (None, 10)                5010
=================================================================
Total params: 528,054
Trainable params: 528,054
Non-trainable params:  0
```

图 3-42　模型摘要

前面已经讨论过如何理解模型摘要。如上图所示，模型有 528 054 个参数(权重和偏置)需

要训练。之前也讨论过如何计算这个数据。

第 4 步：编译模型

模型训练之前的最后一个步骤是定义另外三个超参数：损失函数、优化器，以及训练和测试期间的监控指标。

- 损失函数：衡量网络在训练集上的性能。
- 优化器：用于优化网络参数(权重和偏置)以使损失最小化的机制。它通常是随机梯度下降法的一种变体，第 2 章中有说明。
- 指标：模型在训练和测试期间要评估的指标列表。代表性指标为 metrics=['accuracy']。

关于损失函数和优化器的确切目的和类型的详细信息，请参阅第 2 章。

编译模型的代码如下：

```
model.compile(loss='categorical_crossentropy', optimizer='rmsprop',
    metrics=['accuracy'])
```

第 5 步：训练模型

至此，你已准备好训练网络。在 Keras 中，通过调用网络的.fit()方法完成模型训练(就像将模型拟合到训练数据中一样)。

```
from keras.callbacks import ModelCheckpoint

checkpointer = ModelCheckpoint(filepath='model.weights.best.hdf5', verbose=1,
    save_best_only=True)

hist = model.fit(x_train, y_train, batch_size=32, epochs=100,
    validation_data=(x_valid, y_valid), callbacks=[checkpointer],
    verbose=2, shuffle=True)
```

运行这段代码以开启训练过程，详细输出如图 3-43 所示，每次显示一轮训练的信息。由于篇幅有限，本处截图只显示了 13 轮。如果你运行自己的 notebook，它会持续显示到第 100 轮。

请查看图 3-43 中的详细输出，这将有助于你分析网络的运行状况并决定要调整哪些超参数。第 4 章将对此展开详细讨论。这里提炼出了如下要点。

- loss 和 acc 代表训练集上的误差和准确率(accuracy)。val_loss 和 val_acc 代表验证集上的误差和准确率。
- 每一轮(epoch)训练之后查看 val_loss 和 val_acc 值。理想情况下，val_loss 会下降而 val_acc 会上升，这预示着网络在每一轮中都在学习。
- 从第 1 轮到第 6 轮，可以看到模型在每一轮之后都会保存权重值，因为验证集上的损失值在不断改进。因此，在每一轮训练结束时，模型都会保存目前为止被认为是最优的权重值。
- 第 7 轮中，val_loss 从 0.9445 上升到 1.1300，说明网络没有改善。所以，该轮的权重值没有被保存。如果现在开始停止训练并加载第 6 轮的权重，你会得到目前为止训练的最好成果。
- 第 8 轮也是如此，val_loss 下降，网络将当前权重值保存为最佳值；第 9 轮没有改善，以此类推。

- 如果在第 12 轮之后结束训练并加载最佳权重值，网络会加载在第 10 轮之后保存的权重值。第 10 轮的指标为 val_loss=0.9157，val_acc=0.6936。这意味着在测试集上的预期准确率为 69%。

```
Train on 45000 amples, validation 5000 samples
Epoch 1/100
Epoch 00000: val_loss improved from inf to 1.35820, saving model to model.weights.best.hdf5
46s - loss: 1.6192 - acc: 0.4140 - val_loss: 1.3582 - val_acc: 0.5166
Epoch 2/100
Epoch 00001: val_loss improved from 1.35820 to 1.22245, saving model to model.weights.best.hdf5
53s - loss: 1.2881 - acc: 0.5402 - val_loss: 1.2224 - val_acc: 0.5644
Epoch 3/100
Epoch 00002: val_loss improved from 1.22245 to 1.12096, saving model to model.weights.best.hdf5
49s - loss: 1.1630 - acc: 0.5879 - val_loss: 1.1210 - val_acc: 0.6046
Epoch 4/100
Epoch 00003: val_loss improved from 1.12096 to 1.10724, saving model to model.weights.best.hdf5
56s - loss: 1.0928 - acc: 0.6160 - val_loss: 1.1072 - val_acc: 0.6134
Epoch 5/100
Epoch 00004: val_loss improved from 1.10724 to 0.97377, saving model to model.weights.best.hdf5
52s - loss: 1.0413 - acc: 0.6382 - val_loss: 0.9738 - val_acc: 0.6596
Epoch 6/100
Epoch 00005: val_loss improved from 0.97377 to 0.95501, saving model to model.weights.best.hdf5
50s - loss: 1.0090 - acc: 0.6484 - val_loss: 0.9550 - val_acc: 0.6768
Epoch 7/100
Epoch 00006: val_loss improved from 0.95501 to 0.94448, saving model to model.weights.best.hdf5
49s - loss: 0.9967 - acc: 0.6561 - val_loss: 0.9445 - val_acc: 0.6828
Epoch 8/100
Epoch 00007: val_loss did not improve
61s - loss: 0.9934 - acc: 0.6604 - val_loss: 1.1300 - val_acc: 0.6376
Epoch 9/100
Epoch 00008: val_loss improved from 0.94448 to 0.91779, saving model to model.weights.best.hdf5
49s - loss: 0.9858 - acc: 0.6672 - val_loss: 0.9178 - val_acc: 0.6882
Epoch 10/100
Epoch 00009: val_loss did not improve
50s - loss: 0.9839 - acc: 0.6658 - val_loss: 0.9669 - val_acc: 0.6748
Epoch 11/100
Epoch 00010: val_loss improved from 0.91779 to 0.91570, saving model to model.weights.best.hdf5
49s - loss: 1.0002 - acc: 0.6624 - val_loss: 0.9157 - val_acc: 0.6936
Epoch 12/100
Epoch 00011: val_loss did not improve
54s - loss: 1.0001 - acc: 0.6659 - val_loss: 1.1442 - val_acc: 0.6646
Epoch 13/100
Epoch 00012: val_loss did not improve
56s - loss: 1.0161 - acc: 0.6633 - val_loss: 0.9702 - val_acc: 0.6788
```

图 3-43   训练过程的前 13 轮

注意这些常见的现象

- val_loss 震荡。如果 val_loss 不断震荡，可能需要降低学习率超参数。例如，如果 val_loss 从 0.8 升到 0.9，再降到 0.7，又升到 1.0，如此循环往复，这可能意味着当前的学习率太高，以至于误差不能下降。尝试降低学习率并让网络训练更长时间。

高学习率   低学习率

如果 val_loss 发生震荡，也许是因为学习率设置得过高

- val_loss 停止改进。如果 val_loss 没有下降，可能意味着模型过于简单，无法拟合数据(欠

拟合)。可通过增加隐藏层来建立一个更复杂的模型，从而帮助网络更好地拟合数据。

- 如果 loss 下降且 val_loss 停止改进，意味着网络未能减少验证集上的误差，开始出现过拟合。此时，考虑引入相关技术，以防止过拟合，如 dropout。其他一些技术也有助于避免过拟合，将在第 4 章中讨论。

第 6 步：使用最好的 VAL_ACC 加载模型

训练完成后，使用 Keras 的 load_weights()方法，把产生了最佳验证集准确率得分的权重值加载到模型中：

```
model.load_weights('model.weights.best.hdf5')
```

第 7 步：评估模型

最后一步是评估模型并计算模型准确率，此处用百分比方式表示模型正确预测图像分类任务的频率。

```
score = model.evaluate(x_test, y_test, verbose=0)
print('\n', 'Test accuracy:', score[1])
```

运行这段代码后，会得到约 70%的准确率。这个指标不算太坏，不过其实你可以做得更好。尝试改进 CNN 架构，增加卷积层和池化层以改进模型。

下一章将讨论超参数调优以提高模型性能的策略，该章结尾部分将重新讨论上述项目以应用优化策略，并将准确率提升到 90%以上。

3.8　本章小结

- 多层感知机 MLP、人工神经网络 ANN、密集层 dense、前馈 feedforward 等都是第 2 章中讨论过的常规全连接神经网络架构。

- MLP 可以很好地处理一维输入，但是在处理图像时表现不佳，主要原因有二：首先，MLP 只接受$(1×n)$的特征向量输入，在处理图像时需要将图像扁平化，这会导致空间信息的丢失；其次，MLP 由全连接层组成，当它处理更大的图像时，将产生数百万甚至数十亿参数。这会增加计算复杂度，并且在图像问题上无法扩展。

- CNN 在图像处理上表现出色，因为它们将原始图像矩阵作为输入而不需要扁平化操作。与 MLP 不同，它们由被称为卷积滤波器的局部连接层组成。

- CNN 由 3 种主要类型的层组成，其中，卷积层负责提取特征，池化层负责减少网络维数，全连接层用于分类。

- 在机器学习中，预测性能差的主要原因是过拟合或欠拟合。欠拟合指模型过于简单，无法拟合(学习)训练数据。过拟合则指模型过于复杂，以至于它记住了训练数据，且在没见过的测试数据集上无法泛化。

- 可通过添加 dropout 层来防止过拟合。dropout 层会关闭构成网络层的一定比例的神经元(节点)。

第 **4** 章

构造DL项目以及超参数调优

本章主要内容:

- 定义性能指标
- 设计基准模型(baseline model)
- 准备训练数据
- 评估模型并改进其性能

本章是本书第Ⅰ部分内容的总结,第Ⅰ部分为 DL 提供了基础。第 2 章讲述了如何构建 MLP。第 3 章探讨了在 CV 问题中非常常用的卷积神经网络架构(CNN)。作为基础部分的最后一章,本章将从头至尾地带你构建 ML 项目。你将了解如何快速有效地运行 DL 系统,分析结果并改进网络性能。

在之前的项目中你可能已有所体会,DL 是一个相当"经验主义"的过程,它依赖于运行试验和观察模型性能等步骤,而没有一个适用于所有问题的成功公式。面对问题,DL 工程师通常会有一个初始想法,将其编码成网络,然后运行试验以观察网络运行状况,再根据试验结果来完善想法。构建和优化神经网络时,你似乎会做一些看起来相当武断的决定。

- 好的架构应该从哪里开始?
- 应该加多少个隐藏层?
- 每层应该有多少个隐藏单元或滤波器?
- 应将学习率设为多少?
- 该使用什么激活函数?
- 使用更多数据,或者超参数调优,哪种方法能带来更好的结果?

下面较详细地列出了本章的主要内容。

- 定义性能指标:除了模型准确率,还有精确率、召回率、F1 得分等指标来评估网络。

- 设计基准模型：选择合适的神经网络架构来运行第一个实验。
- 准备训练数据：在现实问题中，数据通常都是杂乱无章的，不能被直接送到神经网络中，本节将介绍如何对数据进行处理以便为训练做准备。
- 评估模型并解释其性能：训练完成后，需要分析模型性能以确定模型瓶颈，并缩小改进途径的选择范围。这意味着要诊断出网络的哪些组件表现得比预期的更差，并确定性能不佳的原因是过拟合、欠拟合，还是数据的缺陷。
- 改进网络及超参数调优：最后将深入研究最重要的几个超参数，以帮助你建立关于超参数调优的直觉，并结合上一步中的诊断结果将调优策略应用到模型优化中去。

提示　通过越来越多的实验，DL 工程师和研究人员会逐渐建立起自己的直觉，以便找到最有效的改进方法。建议你亲自动手，尝试不同的架构和方法来锻炼超参数调优的技能。

准备好了吗？开始探索吧！

4.1　定义性能指标

性能指标用于评估模型是否运行良好。最简单的衡量指标是准确率(accuracy)，即模型做出正确预测的次数。例如，假设用 100 个输入样本来测试模型，它做出了 90 次正确的预测，则模型的准确率是 90%。

下面是模型准确率的计算公式：

$$准确率=正确预测的次数/样本总数$$

4.1.1　选择评价模型的最佳指标

在之前的项目中被用来评估模型的准确率指标在大多数情况下行之有效。但考虑下面一种场景：你正在为一种罕见疾病设计医学诊断测试。假设患病率是百万分之一，那么即使你不训练模型甚至根本不构建什么系统，如果你通过硬编码让输出一直是负例(因为没有病例出现)，你的模型准确率将始终能达到 99.9999%。一个系统的准确率高达 99.9999%，这听起来可能有些不可思议！但它却可能永远无法识别到患有这种疾病的患者。这说明在上述例子中，准确率指标并不足以衡量模型的好坏。我们还需要其他评估指标来衡量模型预测能力的方方面面。

4.1.2　混淆矩阵

谈到其他衡量标准，有必要先了解混淆矩阵(confusion matrix)——一个描述分类模型性能的表格。其定义本身比较易于理解，但是与之相关的名词术语乍一看可能有点让人迷惑。一旦理解了混淆矩阵，你会发现这个概念相当直接并且容易理解，详细解释如下。

模型评估的目标是从不同角度(而不仅仅是准确率)描述模型的性能。例如，假设要构建一个分类器来预测患者是否健康。预期的分类结果是正例(positive，患者生病)或负例(negative，患者健康)。对 1000 名患者运行该模型，并将预测结果输出到表 4-1 中。

表 4-1　运行模型以预测健康或生病的患者

	预测生病 (positive，正例)	预测健康 (negative，负例)
生病的患者 (positive，正例)	100 真正例 (true positive，TP)	30 假负例 (false negative，FN)
健康的患者 (negative，负例)	70 假正例 (false positive，FP)	800 真负例 (true negative，TN)

下面是基本术语的定义，它们是整数，而不是比率。

- true positive，TP：真正例，即患者生病了，而模型也预测患者生病。
- true negative，TN：真负例，即患者没有生病，而模型也预测患者没有生病。
- false positive，FP：假正例，即患者没有生病，但模型预测患者生病。一些文献也将这种情况定义为第一类错误(Type I error 或者 error of the first kind)。
- false negative，FN：假负例，即患者生病了，但模型预测患者没有生病。一些文献也将这种情况定义为第二类错误(Type II error 或者 error of the second kind)。

模型将一部分患者预测为负例(没有生病)，意味着模型认为这些患者是健康的，可以直接送回家而不必进一步治疗，被预测为正例(生病)的患者是模型认为需要进一步接受检查的。错误地将没有生病的患者诊断为阳性并让其接受更多检查，与错误地将生病患者诊断为阴性并让其冒着生命危险回家，我们更愿意犯哪种错误呢(如果犯错不可避免的话)？相比较而言，前者没那么糟糕。这个例子中，明显关注的评价指标是那些假负例(FN)。医生的目的是检查出所有的病人，即便模型意外地将一些健康的患者诊断为病人，也不要紧。这个指标被称为召回率。

4.1.3　精确率和召回率

召回率(recall)，也被称为敏感度(sensitivity)，可以反映模型将多少患病的人错误地诊断为健康的人，即模型会将多少患者错误地诊断为假负例(FN)。召回率的计算公式如下：

$$召回率 = 真正例(TP)/(真正例(TP) + 假负例(FN))$$

精确率(precision)，也被称为特异性(specificity)，是召回率的反面。它可以显示有多少健康的患者被模型错误地诊断为病人，即模型会将多少患者错误地诊断为假正例(FP)。精确率的计算公式如下：

$$精确率 = 真正例(TP)/(真正例(TP) + 假正例(FP))$$

识别适当的指标

值得注意的是，尽管在上面的例子中召回率被认为是更好的度量指标，但是不同的场景需要不同的度量指标，比如精确率。为了找出最适合当前问题的度量标准，可以这样审视一下：

这两种可能的错误预测中，哪一种更重要？是假正例(FP)还是假负例(FN)？如果答案是 FP，那么精确率是很好的度量指标；如果 FN 更重要，那么召回率更适合用来衡量模型的性能。

以垃圾邮件分类器为例，你更关心哪种错误的预测？是错误地将非垃圾邮件分类为垃圾邮件然后因此丢失重要信息，还是错误地将垃圾邮件分类为非垃圾邮件然后让它出现在收件箱？相信你会更关心前者，你不希望收件人因你的模型分类错误而丢失电子邮件。虽然模型创建者想要区分所有的垃圾邮件，但是丢失非垃圾邮件是非常糟糕的体验。因此，在本例中，精确率是一个合适的度量指标。

在某些应用中，可能需要同时关心精确率和召回率。这个指标被称为 F1 得分，稍后将解释这个概念。

4.1.4　F1 得分

许多情况下，人们希望两全其美，用一个既能表示精确率又能表示召回率的单一指标来总结分类器的性能。为此，可将精确率(p)和召回率(r)转换为单一的指标：F1 得分(F1-score)。在数学上，这被称为 p 和 r 的调和平均数(harmonic mean)：

$$F1\text{-}score = 2pr/(p + r)$$

F1 得分很好地体现了模型的整体情况，如表 4-2 所示。再次以健康诊断为例，我们一致认为这是一个高召回率模型。假如模型在 FN 上表现很好(召回率高)，但在 FP 上表现极差(精确率极低)呢？

FP 表现差意味着模型为了不遗漏任何病人，错误地将很多健康的人诊断为病人。所以，尽管召回率对诊断来说更重要，但最好同时从精确率和召回率两方面来衡量这个模型。

表 4-2　精确率、召回率与 F1 得分

	精确率	召回率	F1 得分
A 分类器	95%	90%	92.4%
B 分类器	98%	85%	91%

注意　定义模型的评价指标是一个必要步骤，因为它将指导系统的改进方法。如果没有明确定义的度量标准，就很难判断对 ML 系统的改进是否有效。

4.2　设计基准模型

选定评估标准之后即可建立一个端到端的系统来训练模型。根据待解决问题的特性设计基准模型，并使其适合你选定的网络类型和架构，该环节通常面临以下问题。

- 应该选择 MLP、CNN 还是 RNN(后面章节会讲到)？
- 是否应该使用 YOLO 或 SSD(后面章节会解释)之类的目标检测技术？

- 网络应该有多深？

- 使用哪种激活函数？

- 使用哪种优化器？

- 需要添加随机失活(dropout)或批归一化(batch normalization)等正则化层以避免过拟合吗？

如果你的问题与另一个已经被广泛研究过的问题相似，那么最好先复制已知的模型和算法来完成该任务，甚至可以使用一个在其他训练集上训练过的模型，而不必从头开始训练它。这被称为迁移学习(transfer learning，详见第 6 章)。

例如，上一章结尾部分的项目将流行的 AlexNet 架构用作基准模型。图 4-1 显示了 AlexNet 模型架构及每一层的尺寸。输入层后紧跟 5 个卷积层(CONV1 到 CONV5)，第 5 个卷积层的输出被送入 2 个全连接层(FC6 和 FC7)。输出层是一个含 softmax 激活函数的全连接层(FC8)：

INPUT ⇒ CONV1 ⇒ POOL1 ⇒ CONV2 ⇒ POOL2 ⇒ CONV3 ⇒ CONV4
⇒ CONV5⇒ POOL3 ⇒ FC6 ⇒ FC7 ⇒ SOFTMAX_8

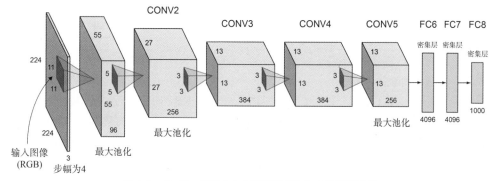

图 4-1　AlexNet 架构由 5 个卷积层和 3 个全连接层组成

仔细观察上图的 AlexNet 架构，可以发现构建模型时需要注意的所有超参数。

- 网络深度(层数)：5 个卷积层+3 个全连接层。

- 每层的深度(滤波器数量)：CONV1=96，CONV2=256，CONV3=384，CONV4=384，CONV5=256。

- 滤波器尺寸：11×11，5×5，3×3，3×3，3×3。

- 隐藏层(CONV1 到 FC7)均使用 ReLU 激活函数。

- CONV1、CONV2、CONV5 层后加最大池化层。

- FC6 和 FC7 各有 4096 个神经元。

- FC8 有 1000 个神经元节点，并使用 softmax 激活函数。

注意　第 5 章将讨论最流行的 CNN 架构及其在 Keras 中的代码实现。这些架构包括 LeNet、AlexNet、VGG、ResNet 和 Inception。它们将帮助你理解不同架构的适用场景，也许会因此启发你发明自己的 CNN 架构。

4.3 为训练准备数据

至此,你已经定义了用于评估模型的性能指标,并且构建了基准模型的架构。下一步是准备数据。根据问题和数据的不同,准备数据的过程也会有差异。本节将解释基本的数据处理技术,以帮助你了解"准备就绪的数据"所应达到的标准,以便你在训练模型之前选择合适的预处理技术。

4.3.1 划分数据集

训练 ML 模型时,将数据划分为训练集和测试集(如图 4-2 所示)。利用训练集训练模型和更新权重,并在其从未见过的测试集上评估模型。黄金准则是:绝不将测试集用于训练。这是为了避免模型的"作弊行为"。让模型在训练集上提取特征,并在模型没有见过的测试集上验证其泛化能力,可以对模型性能进行无偏评估。

图 4-2 将数据划分为训练集和测试集

1. 验证集的意义

完成每一轮训练后,需要评估模型的准确率和误差并据此调整超参数。如果使用测试集来评估,就会破坏上面提到的"黄金准则":测试集仅用于在训练完成之后评估整个模型的性能。因此,必须划分出一个额外的"验证集",以便在训练过程中评估和调整超参数(图 4-3)。模型的训练结束后,应在测试集上评估其最终性能。

图 4-3 额外划分一个名为"验证集"的数据集,以便在训练过程中评估模型,
而将测试集用于训练完成后的最终性能评估

模型训练的伪代码如下:

```
for each epoch for each training data instance
        propagate error through the network
        adjust the weights
        calculate the accuracy and error over training data
for each validation data instance
        calculate the accuracy and error over the validation data
```

正如第 3 章所述,模型在每一轮训练后会输出 train_loss、train_acc、val_loss 以及 val_acc(如图 4-4 所示)。这些数据可以帮助我们分析网络性能,判断是否发生了过拟合或者欠拟合(详见

第 4.4 节)。

```
Epoch 1/100
Epoch 00000: val_loss improved from inf to 1.35820, saving model to model.weights.best.hdf5
46s - loss: 1.6192 - acc: 0.4140 - val_loss: 1.3582 - val_acc: 0.5166
Epoch 2/100
Epoch 00001: val_loss improved from 1.35820 to 1.22245, saving model to model.weights.best.hdf5
53s - loss: 1.2881 - acc: 0.5402 - val_loss: 1.2224 - val_acc: 0.5644
```

图 4-4　每轮训练后的训练结果

2. 如何划分训练/验证/测试集

ML 项目中惯常采用的训练集/测试集比例为 80/20 或 70/30。算上验证集的话，比例为 60/20/20 或 70/15/15，但这种设置仅适用于整个数据集只有数万个样本的情况。由于现在的数据量巨大，有时候验证集和测试集总共只需要分配 1%的数据。例如，假设数据集中含 100 万个样本，对于测试集和验证集来说，1 万的样本量就很合理，因为没必要保留几十万的样本。不如将这些样本用于模型训练。

因此，简明扼要地说，如果数据集很小，惯用比例是没问题的。如果数据集很大，不妨将验证集和测试集的数量限定在一个较小的范围，这是更明智的选择。

确保数据集来自相同的分布

划分数据集的一个重要原则是，确保训练集/验证集/测试集来自相同的分布。假设你正在构建一个汽车分类器，它将被部署在手机上，用于检测汽车。请谨记，DL 网络需要大量数据。通常，根据经验，拥有的数据越多，模型就表现得越好。为了获取数据，你决定从互联网上搜索高质量、专业的汽车图片。你训练模型并对其进行调优，且在测试数据集上获得了令人满意的结果。然后你准备将模型公之于众，结果却发现它在由手机摄像头拍摄的真实照片上表现欠佳。这是因为，模型在高质量的图像上进行训练和调优并获得了良好的结果。因此，该模型在可能模糊的、低分辨率的或者具有不同特征的真实手机照片上无法泛化。

用专业术语来说，训练集和验证集由高质量图像组成，而生产图像(真实场景)是低质量图像。因此，必须将低质量的图像添加到训练和验证集上，这一点非常重要。总之，训练/验证/测试集应该来自相同的分布。

4.3.2　数据处理

在将数据输入神经网络之前，需要进行数据清洗和处理。根据数据集状态和待解决的问题，有几种预处理技术可以选择。好消息是，与传统 ML 模型不同，神经网络模型只需要极少的数据预处理。当给定大量训练数据时，它们能够从原始数据中提取和学习特征。

话虽如此，预处理步骤在改进网络性能或者其他特定条件下仍可能是必需的，如将图像转为灰度图，调整图像大小，归一化处理和数据增强。本节将介绍这些预处理概念，并且本章最后的项目将展示相关代码实现。

1. 图像灰度化

第 3 章讨论了如何用三个矩阵表示彩色图像,而灰度图只有一个矩阵。彩色图像由于参数众多而增加了计算复杂度。如果颜色对当前问题而言并不重要,就可以选择将彩色图像转为灰度图以节省算力。一个很好的判断准则是:如果人眼能在灰度图中识别出对象,那么神经网络大概率也能做到。

2. 调整图像大小

神经网络的限制之一是,输入图像需要具有相同的形状。比如,MLP 的输入层节点数量必须等于图像中的像素数量(请回忆第 3 章中如何将图像扁平化以将其提供给 MLP)。CNN 也是如此,需要在第一个卷积层中设置输入的形状。为了说明这一点,下面展示了第一个卷积层在 Keras 中的代码:

```
model.add(Conv2D(filters=16, kernel_size=2, padding='same',
    activation='relu', input_shape=(32, 32, 3)))
```

如上所示,必须在第一个卷积层中定义图像形状。例如,假定有 3 张图像,大小分别为 32×32,28×28,64×64。在将它们输入模型之前,必须将所有图像调整为相同大小。

3. 数据归一化

数据归一化是重新调整数据范围,以确保每一个输入特征(图像中的像素)具有相似的数据分布的过程。通常,原始图像由取值范围非常不同的像素组成。例如,某幅图像的像素取值范围为 0~255,而另一张图像的范围为 20~200。尽管这不是必需的,但最好将像素值归一化到 0~1 的范围,以提高网络的学习性能。

为使网络学习得更好更快,数据应该具备以下特征。

● 较小的取值:通常大多数值应该在 0~1 之间。
● 同分布:所有像素的值应该在相同的范围内。

要实现数据归一化,应从每个像素中减去平均值,然后除以标准差。这种数据分布类似于以零为中心的高斯曲线。图 4-5 用散点图方式展示了归一化过程。

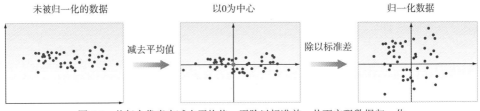

图 4-5   从每个像素中减去平均值,再除以标准差,从而实现数据归一化

提示   务必基于统一的平均值和标准差来对训练和测试数据进行归一化,因为数据应当用完全相同的方式进行转换和缩放。本章结尾的项目将展示执行情况。

在未被归一化处理的数据中，成本函数可能看起来像一个被压扁了的细长的碗。在进行了归一化处理之后，成本函数看起来更加对称。图 4-6 显示了 F_1 和 F_2 两个特征的成本函数。

做与不做特征缩放(feature scaling)的梯度下降

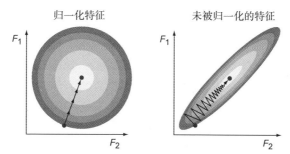

图 4-6　归一化特征帮助 GD 算法直奔最小误差并快速达到最小化(左图)；在未被归一化的特征下，
GD 沿最小误差的方向震荡，并较慢地达到最小误差(右图)

如上图所示，归一化特征下的 GD 算法直奔最小误差并快速达到最小化，而对于未被归一化的特征，该算法会朝着误差最小的方向震荡，并以一段长长的轨迹结束。它最终也会达到最小值，但却需要更长的收敛时间。

提示　为什么未被归一化的特征会引起 GD 震荡？如果不进行归一化，每个特征的空间分布范围很可能不同，导致学习率在每个维度上修正，且这些修正在每个维度上不成比例。这迫使 GD 在最小误差方向震荡，并以较长的路径达到最小误差。

4. 图像增强

稍后将详细介绍图像增强，现在只需要知道它是另一种可能会用到的数据预处理方法。

4.4　评估模型并解释其性能

在建立基准模型并对数据进行预处理之后，应进入训练模型及性能评估环节。训练结束后，你需要确定是否存在瓶颈，诊断哪些组件性能较差，并确定其原因究竟是过拟合、欠拟合，还是数据的缺陷。

关于神经网络的主要负面评价之一是其"黑盒"特点。即使网络表现良好，人们也很难理解个中缘由。人们正在努力改进神经网络的可解释性，这一领域很可能在未来几年内迅速发展。本节主要展示如何诊断神经网络并分析其行为。

4.4.1　诊断过拟合和欠拟合

运行试验并观察性能，确定是否存在性能瓶颈，并寻找改进指标。ML 性能差的主要原因是训练数据集的过拟合或欠拟合。第 3 章讨论过这两个概念，本章将带你深入了解并学会诊断这两种现象。

- 欠拟合指模型过于简单，因此无法学习训练数据，在训练集上表现很差。欠拟合的例子之一是使用单层感知机来划分图 4-7 中的 ● 和 ★。如你所见，一条直线无法准确分割数据。
- 过拟合指模型对当前问题而言过于复杂。它实际上记住了数据集，而不是从数据集中学习特征。因此它在训练集上表现很好，但是在没有见过的测试集上无法泛化。图 4-8 显示了模型的过拟合情况。它精准地划分了训练集，但是这种拟合将无法泛化。
- 训练的目的是建立一个对数据集来说"正好"的模型：不因太复杂而导致过拟合，也不因太简单而造成欠拟合。图 4-9 显示的模型看起来丢失了一个数据，但却在新数据上具有更好的泛化性。

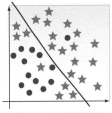

图 4-7 欠拟合示例

图 4-8 过拟合示例

图 4-9 适合该数据并且可以泛化的模型

提示 我喜欢用学生考试的例子来类比过拟合和欠拟合。欠拟合是指学生学得太差，因此考试不及格，过拟合是指学生背下了课本的全部内容并且在遇到书中的原题时能准确回答，但是当被问到书本以外的题目时，却不能触类旁通。学习的真正目的是从书本(训练数据)中学习(原理和方法)并将方法应用到书本以外的相似题目中去。

为了诊断过拟合和欠拟合，应重点观察训练误差和验证误差。

- 如果模型在训练集上表现良好但在验证集上表现得相对较差，那么可能发生了过拟合。例如，如果 train_error 为 1%而 val_error 为 10%，看起来模型已经记住了训练集而没有在验证集上泛化。这种情况下，可以考虑通过超参数调优来避免过拟合，并反复训练、测试和评估，直到模型达到可接受的性能为止。
- 如果模型在训练集上表现不佳，那么可能发生了欠拟合。例如，如果 train_error 是 14%而 val_error 是 15%，则模型可能太简单而没有学习到训练集特征。可以考虑增加更多隐藏层或者训练更长时间，或者选择不同的网络架构。

下一节将讨论不同的超参数调优技巧来避免过拟合和欠拟合现象。

使用人类性能来确定贝叶斯误差

训练的目标是实现令人满意的性能，但是如何判断性能的好坏呢？这里就需要一个现实的基准来比较训练和验证误差，以便了解网络是否仍在改进。理想情况下，0%的误差非常了不起，但它并非所有问题的目标，并且通常是不现实的。因此需要定义"贝叶斯误差"(Bayes error rate)。

贝叶斯误差代表模型理论上可能达到的最小误差。人类通常很擅长视觉任务，因此可以将人类的表现用作衡量贝叶斯误差的标准。例如，对于一个相对简单的猫狗分类任务，人类的判断非常准确，误差可能低至 0.5%。将该值与 train_error 进行比较，如果模型准确率为 95%，则该性能无法令人满意，模型可能欠拟合。但如果人类正在进行复杂工作，比如放射科医生对医学图像进行分类工作，误差可能高达 5%，那么一个准确率为 95% 的模型其实表现良好。

当然，这并非断言 DL 模型永远不能超越人类的表现，事实可能恰好相反，但为了寻找合适的基准以衡量模型性能，这未尝不是一个好方法。

注意，示例中的误差率纯粹是为了示例而随意选定的数字。

4.4.2　绘制学习曲线

除了查看训练过程中的冗长输出并比较误差数字，可采用另一种诊断过拟合和欠拟合的方法——在整个训练过程中绘制训练和验证误差，如图 4-10 所示。

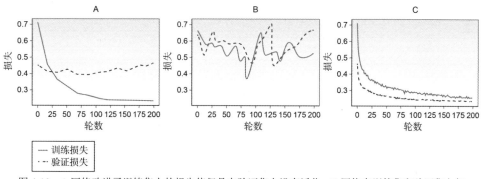

图 4-10　A 网络改进了训练集上的损失值但是在验证集上没有泛化；B 网络在训练集和验证集上都表现很差；C 网络学习了训练数据并且在验证集上泛化

从图 4-10A 可以看出，网络改进了训练集上的损失值(即网络在学习训练集)，但在验证集上没有改进。网络对验证集的学习在前几轮进行，然后可能趋于平缓或者下降，这是过拟合的一种表象。请注意，这张图显示网络正在学习训练数据。这是一个好迹象，说明不必添加更多隐藏单元，也毋庸构建更复杂的模型。问题在于，网络对数据集来说太过复杂，因为它要学习的东西太多，所以它实际上是在记忆数据而没有抽象归纳数据特征。这种情况下，下一步可能的操作是收集更多数据，或者应用相应技术以避免过拟合。

图 4-10B 表明网络在训练集和验证集上都表现得很差，网络并没有学习，这种情况下，不需要更多数据，因为网络对于已有数据来说太简单。下一步是构建一个更复杂的模型。

图 4-10C 描述了网络在训练集上学习和在验证集上泛化的良好状态，这意味着网络很可能在测试集上有较好的性能表现。

4.4.3　练习项目：构建、训练和评估网络

在探讨超参数调优之前，快速运行一个实验来了解如何划分数据，构建与训练模型，以及

实现模型结果可视化。本练习的 notebook 可在 www.manning.com/books/deep-learning-for-vision-systems
或 www.computervisionbook.com 上找到。

本练习的内容如下：

- 为实验创建小型数据集。
- 将数据集划分为 80% 的训练集和 20% 的测试集。
- 构建 MLP 神经网络。
- 训练模型。
- 评估模型。
- 结果可视化。

以下是详细步骤。

(1) 导入依赖：

```
from sklearn.datasets import make_blobs
from keras.utils import to_categorical
from keras.models import Sequential
from keras.layers import Dense
from matplotlib import pyplot
```

> scikit-learn 库生成样本数据
>
> Keras 方法将类别向量转为二进制的类别矩阵(one-hot 编码)
>
> 神经网络和各个网络层库
>
> 可视化库

(2) 使用 scikit-learn 的 make_blobs 函数创建只有两个特征和三个类别标签的小型数据集：

```
X, y = make_blobs(n_samples=1000, centers=3, n_features=2,
    cluster_std=2, random_state=2)
```

(3) 使用 Keras 的 to_categorical 方法对标签进行 one-hot 编码：

```
y = to_categorical(y)
```

(4) 将数据集划分为 80% 的训练集和 20% 的测试集。注意，为简单起见，本例中没有创建验证集：

```
n_train = 800
train_X, test_X = X[:n_train, :], X[n_train:, :]
train_y, test_y = y[:n_train], y[n_train:]
print(train_X.shape, test_X.shape)

>> (800, 2) (200, 2)
```

(5) 构建模型架构。这里用了极简的两层 MLP 网络(图 4-11 展示了模型摘要)：

```
model = Sequential()
model.add(Dense(25, input_dim=2, activation='relu'))
model.add(Dense(3, activation='softmax'))
model.compile(loss='categorical_crossentropy', optimizer='adam',
    metrics=['accuracy'])
model.summary()
```

> 因为有两个特征，所以输入维度为 2，以 ReLU 作为隐藏层激活函数
>
> 因为有三个待分类的类别，选择以 softmax 作为输出层的激活函数
>
> 交叉熵损失函数(第 2 章解释过)和 Adam 优化器(下一节解释)

```
Layer (type)                   Output Shape              Param #
=================================================================
dense_1 (Dense)                (None, 25)                75
_____
dense_2 (Dense)                (None, 3)                 78
=================================================================
Total params: 153
Trainable params: 153
Non-trainable params:   0
_____
```

图 4-11 模型摘要

(6) 训练 1000 轮:

```
history = model.fit(train_X, train_y, validation_data=(test_X, test_y),
    epochs=1000, verbose=1)
```

(7) 评估模型:

```
_, train_acc = model.evaluate(train_X, train_y)
_, test_acc = model.evaluate(test_X, test_y)
print('Train: %.3f, Test: %.3f' % (train_acc, test_acc))

>> Train: 0.825, Test: 0.819
```

(8) 绘制模型准确率学习曲线(见图 4-12):

```
pyplot.plot(history.history['accuracy'], label='train')
pyplot.plot(history.history['val_accuracy'], label='test')
pyplot.legend()
pyplot.show()
```

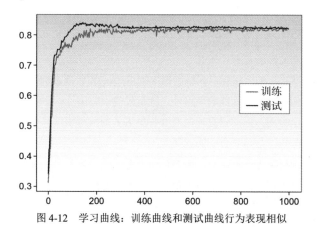

图 4-12 学习曲线:训练曲线和测试曲线行为表现相似

查看图 4-12 中的学习曲线来评估模型,如图所示,训练曲线和测试曲线拟合数据的行为十分相似,这表明网络没有过拟合(如果过拟合,则训练曲线会表现良好而测试曲线表现较差)。但网络是否欠拟合呢?有可能。对于本例这样简单的数据集,82%的准确率可以被视为性能不佳。为提升模型性能，可以尝试构建一个更复杂的网络并使用其他欠拟合技术进行试验。

4.5　网络改进和超参数调优

运行训练试验并诊断出过拟合或欠拟合之后，需要决定是将时间花在调优网络、清理和处理数据上，还是花在收集更多数据上。最糟糕的情况就是在一个方向上花费了几个月时间，结果却发现它对网络性能提升毫无帮助。因此，在讨论超参数调优之前必须先回答一个问题：应该收集更多数据吗？

4.5.1　收集更多数据与超参数调优

众所周知，深度学习依赖于大数据。考虑到这一点，ML 新手们在需要调优性能时通常会先尝试把更多数据扔进算法。但收集和标记更多数据并不总是一个可行的选择，而且可能会非常昂贵(取决于你的问题)。另外，它也许根本就没那么有效。

注意　虽然人们正致力于使数据标注过程自动化，但截至本书撰写之时，大多数标注工作仍是手动完成的。在 CV 问题中，尤其如此。手动指的是，一个真实的人类需要看每一张图片，并一个一个地给它们贴上标签。这被称为人机回圈(human in the loop)。还有一个复杂的层面，例如，如果要通过标记肺部 X 光图像来检测某个肿瘤，需要合格的医生来判断图像，这比雇人给猫狗分类要贵得多。因此，收集更多数据在某些情况下可能是提升准确率和模型鲁棒性的有效方法，但并不总是一个可行之策。

在其他场景中，收集更多数据比改进学习算法要好得多。因此，如果你能快速、有效地确定收集更多数据和调优模型两种方法哪个更有效，那就再好不过了。

下面展示了我自己做决策的过程。

- 确定训练集上的性能是否可接受。

- 可视化并观察以下两个指标：训练准确率(train_acc)和验证准确率(val_acc)。

- 如果网络在训练集上的性能表现不佳，这是欠拟合的信号。学习算法连已经收集的数据都尚未完全理解，因此没有理由需要收集更多数据。相反，不妨尝试调整超参数或者清理训练数据，这是更合适的选择。

- 如果模型在训练集上的性能表现可以接受但是在测试集上的表现不好，则网络处于过拟合状态。这种情况下，收集更多数据的方法会更有效。

提示　评估模型性能的目标是对整体问题进行分类。如果它是数据问题，请花更多时间处理和收集数据；如果它是学习算法问题，请调整算法。

4.5.2　参数与超参数

请勿混淆参数(parameter)和超参数(hyperparameter)的概念。超参数是需要 DL 工程师设置和调整的变量，而参数是不需要工程师直接操作的变量，在训练过程中学习和更新。在神经网络中，参数是指在后向传播中自动优化以产生最小误差的权重值和偏置。相比之下，超参数是网络无法学习的变量，需由 DL 工程师在训练模型之前设置，然后根据情况进行调整。这些超参数定义了网络结构，并决定了如何训练网络。超参数包括学习率(learning rate)、批大小(batch size)、训练轮数(epoch)、隐藏层数量，以及下一节中会讨论到的其他内容。

调节旋钮

可以把超参数看作一个封闭的盒子(神经网络)上的旋钮。DL 工程师的工作是设置和调整旋钮以获得最佳性能。

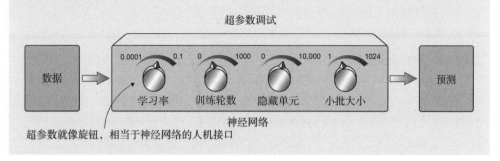

4.5.3　神经网络超参数

深度学习算法有很多超参数，它们控制着模型的不同行为。某些超参数影响着算法运行的时间和内存消耗，另一些则影响着模型的预测能力。

超参数调优面临的挑战在于，没有一个适用于所有场景的万能数字，这与第 1 章中提到的"没有免费的午餐"定理有关。超参数的取值与手头的数据和任务息息相关。在对超参数进行选择和调优之前，应先理解每个超参数的工作原理。本节将帮助你建立关于超参数调优的直觉，并针对一些最有效的超参数提供表现良好的初始值。

通常将神经网络超参数分为三个主要类别。

- 网络架构
  - 隐藏层数量(网络深度)
  - 每层神经元的数量(网络宽度)
  - 激活函数类型
- 学习和优化
  - 学习率和衰减策略
  - 小批大小
  - 优化算法

- 训练轮数及早停(early stopping)标准
- 正则化技术，避免过拟合
  - L2 正则化
  - dropout 层
  - 数据增强

除了正则化技术，上述所有超参数的概念均在第 2、3 章中介绍过。稍后将简单阐述这些概念，并重点介绍调整每个"旋钮"时引起的变化，以及超参数调优的选择依据。

4.5.4 网络架构

先看能定义网络架构的超参数：

- 隐藏层数量(代表网络深度)
- 每层神经元数量(也被称为隐藏单元，代表网络宽度)
- 激活函数

1. 神经网络的深度和宽度

无论是设计 MLP、CNN，还是其他神经网络，都需要确定网络中隐藏层的数量(深度)和每层中的神经元数量(宽度)。隐藏层和隐藏单元的数量描述了网络的学习能力，目标是使这些数量足够大以便网络学习数据特征。过小的网络可能欠拟合，过大的网络则可能过拟合。要了解多少是"足够大"，可以先选定一个初始值，观察网络性能，然后视情况调整。

数据集越复杂，模型需要的学习能力就越强。请观察图 4-13 所示的 3 个数据集。如果网络学习能力过强(隐藏单元数量太多)，模型可能会"记住"数据集并出现过拟合，此时可尝试减少隐藏单元数。

非常简单的数据集   中等复杂的数据集   复杂数据集

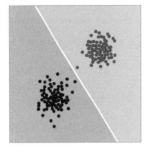 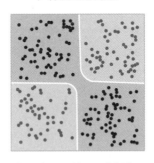 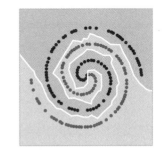

可用单层感知机来划分   可添加一些神经元来划分   需要许多神经元来区分数据

图 4-13   数据集越复杂，模型需要的学习能力就越强

通常，当验证集上的误差不再改善时，应考虑增加隐藏神经元。过少的隐藏单元可能导致欠拟合，但如果网络含有更多的隐藏单元并接受适当的正则化处理(如 dropout 或者其他技术)，这通常是无害的，但是训练更深的网络时需要付出更高的计算成本。

尝试使用 TensorFlow playground(https://playground.tensorflow.org)来建立和强化直觉。试验不同的架构，在观察网络行为的同时试着增加隐藏层和隐藏单元。

2. 激活函数类型

激活函数(详见第 2 章)在神经元中引入了非线性。如果没有激活函数，神经元之间只能相互传递线性组合(加权和)而无法解决任何非线性问题。这是一个非常活跃的研究领域，每隔几周就会有新的激活函数出现，而且有许多可用的选择。不过截至本书撰写之时，ReLU 及其变体(如 Leaky ReLU)在隐藏层中表现得最好。在输出层，工程师们则普遍使用 softmax 函数解决分类问题(该层神经元数量等于待分类问题中的类别数量)。

网络层及其参数

在考虑隐藏层和每层隐藏单元的数量时，最好同时考虑参数数量对计算复杂度的影响。神经元越多，需要优化的参数就越多(第 3 章介绍了如何打印模型摘要以查看要训练的参数总数)。应基于训练过程的硬件设置(计算能力和内存)决定是否需要减少参数数量。如果你决定这么做，减少参数时可参考以下建议：

- 若降低网络深度和宽度(减少隐藏层和隐藏单元的数量)，将减少训练参数的数量，进而降低网络复杂度。
- 若增加池化层，或调整卷积层的步幅和填充参数以缩小特征图的尺寸，也将减少参数的数量。

以上只是简单的示例，旨在帮助你了解如何看待实际项目中训练参数的数量，以及如何做出权衡。复杂网络导致大量的训练参数，进而造成对算力和内存的高需求。

建立基准模型的架构的最佳方式是从那些解决特定问题的流行架构中吸取经验并以此为起点，评估性能，调优参数，重复上述过程。在第 3 章的图像分类项目中，我们受 AlexNet 启发而设计 CNN 网络。下一节将会探索一些更流行的 CNN 架构，如 LeNet、AlexNet、VGG、ResNet和 Inception。

4.6　学习和优化

前述内容着眼于神经网络的构建，下面进入网络学习和优化专题，着重讨论决定网络如何学习和优化参数以达到最小误差的超参数。

4.6.1　学习率及其衰减策略

学习率是最重要的超参数，请务必保证它永远可调。如果时间只允许调整一个超参数，那么值得调整的一定是学习率这个超参数。

——Yoshua Bengio[1]

---

1 译者注：Yoshua Bengio 是现代人工智能领域全球公认的领先专家之一，以其在深度学习方面的开创性工作而闻名，与另两位举世闻名的先驱 Geoffrey Hinton 和 Yann LeCun 一起获得了 2018 年 AM 图灵奖，即"计算机领域的诺贝尔奖"。

第 2 章已大致讨论过学习率(lr)。现在请回顾一下 GD 的原理。GD 优化器搜索权重的最优值以产生尽可能小的误差。在设计优化器时需要定义误差下降的步长，这个步长就是学习率。它代表优化器在误差曲线上下降的速度。如果绘制只有一个权重的成本函数，能够得到如图 4-14 所示的一条超简化的 U 型曲线，其中权重值在曲线上的某点上随机初始化。

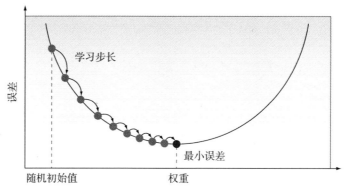

图 4-14　绘制只有一个权重的成本函数，得到超简化的 U 型曲线

GD 计算梯度以找到减小误差(导数)的方向。在图 4-14 中，下降方向为右侧。GD 在每次迭代(每轮训练)之后开始逐步下降。现在假设我们能对学习率做出一个奇迹般正确的选择，那么只需一步就能找到最佳权重值并使误差达到最小化。这个奇迹般的"一步"被称为理想 lr 值，如图 4-15 所示。当然，上述场景只是用来举例说明的，实际情况下几乎不可能发生。

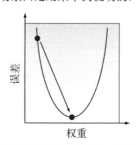

图 4-15　如果能奇迹般地对学习率做出正确选择，那么只需一步即可找到最佳权重值并使误差达到最小化

如果学习率比理想 lr 值小，则模型可以继续学习，在误差曲线上采取更小的步长，直至找到最佳权重值(见图 4-16)。较小的学习率意味着模型最终一定会收敛，但是需要更长时间。

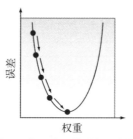

图 4-16　学习率小于理想 lr 值：模型在误差曲线上小步幅下降

如果学习率比理想 lr 值大，优化器会在第一步就大幅跨越最佳权重值，然后在下一步大幅跨越回来(如图 4-17 所示)。这可能会产生比初始值更小的误差，并在某一个合理值收敛，但并非希望达到的最小误差。

图 4-17　学习率大于理想 lr 值：优化器大幅跨过最佳权重值

如果学习率远远大于理想 lr 值(超过 2 倍)，优化器则不仅会跨过理想权重值，还会离最小误差越来越远(如图 4-18 所示)。这种现象被称为发散(divergence)。

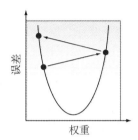

图 4-18　学习率远远大于理想 lr 值：优化器离最小误差越来越远

学习率过高与过低

学习率的设置需要权衡优化器的速度与性能。过低的学习率需要很长时间才能收敛。理论上讲，如果学习率过低，则必须持续运行无限时间，算法才能保证最终收敛；另一方面，过高的学习率可能会让模型更快达到一个较低的误差值(因为其在误差曲线上向下走的步伐更大)，但更有可能使算法发生震荡并偏离最小值。因此，理想情况下，我们希望选择刚刚好(最优)的 lr 值：它能迅速达到最小值，而又不会导致发散。

若将训练轮数(epoch)和损失值(loss)绘制成图，会发现以下情况。

- 较低的学习率：loss 不断减小，但达到收敛的时间较长。
- 较高的学习率：刚开始时表现较好，但是仍远未达到最优值。
- 过高的学习率：刚开始 loss 可能下降，但随着权重离最优值越来越远，loss 开始上升。
- 恰当的学习率：loss 持续降低，直至达到最小值。

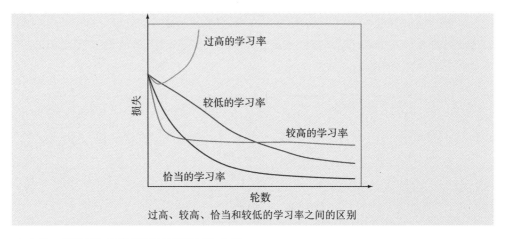

过高、较高、恰当和较低的学习率之间的区别

4.6.2   找到最佳学习率的系统性方法

最佳学习率依赖于损失的拓扑结构，而这反过来又依赖于模型架构和数据集。无论使用 Keras、TensorFlow、PyTorch，还是任何其他 DL 库，都可将优化器的默认学习率用作初始值，以获得不错的结果。每种类型的优化器都有自己的默认值，请阅读你所使用的 DL 库的文档以查明其默认值。如果模型训练效果不好，你可以使用常用的值来调整 lr 变量(常用值包括 0.1、0.01、0.001、0.0001、0.000 01 和 0.000 001)，通过寻找最佳学习率来改进网络性能或加快训练速度。

调试的方法是在训练输出信息中查看验证损失值。

- 如果 val_loss 在每一步之后都下降，这是一个好的迹象。继续训练，直到它停止改进。
- 如果训练已经停止但 val_loss 还在降低，可能是因为学习率太小而没有完成收敛，这种情况下有两种措施：
  - 以同样的学习率进行训练，但需要更多训练轮数，以便让优化器有更长时间收敛。
  - 将 lr 值增大一点点并重新训练。
- 如果 val_loss 开始上升或者上下震荡，说明学习率过大，需要降低学习率。

4.6.3   学习率衰减和自适应学习

为当前问题找到合适学习率的过程是迭代性的。从某个静态的 lr 值开始，等待训练完成，进行评估，然后调整。另一种调整学习率的方法是设置学习率衰减：一种在训练过程中改变学习率的方法。它通常比静态值表现得更好，并且大大减少了获得最佳结果所需的时间。

目前为止，显然，当尝试较低的学习率时，更有可能达到一个较低的误差，但是训练会花费更长时间。在某些情况下，若训练时间过长，算法就会变得不可行。不妨在学习率中执行一个衰减速率。衰减速率让网络在整个训练过程中自动降低 lr。例如，可以在每一(n)轮训练后将 lr 降低一个常数值(x)。如此，即可在开始时采用一个较高的 lr 值以较快的速度向下接近最小值，然后在每一(n)轮之后逐渐降低学习率以免跳过理想学习率。

实现这一策略的方法之一是线性降低学习率，即线性衰减(linear decay)。例如，可以每隔 5

轮将学习率降低一半，如图 4-19 所示。

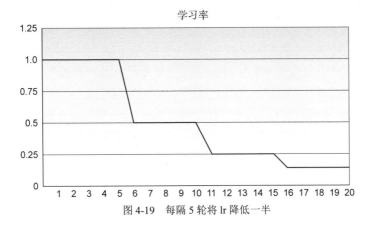

图 4-19 每隔 5 轮将 lr 降低一半

另一种方法是按指数降低 lr，即指数衰减(exponential decay)。例如，每隔 8 轮将 lr 值乘以 0.1(见图 4-20)。显然，网络的收敛速度要比线性衰减慢得多，但最终将达到收敛。

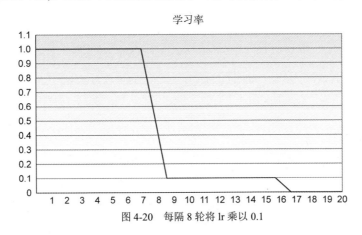

图 4-20 每隔 8 轮将 lr 乘以 0.1

一些聪明的学习算法具有自适应学习率(adaptive learning rate)。这些算法采用启发式方法，在训练停止时自动更新 lr。更新不仅意味着在需要时减小 lr，也意味着在改进太慢(lr 太小)时增大 lr。自适应学习率通常比其他学习率设置策略更有效。Adam 和 Adagrad 就是自适应学习优化器的例子。稍后会详细介绍自适应优化器。

4.6.4 小批大小

小批大小(mini-batch size)是需要在优化器算法中设置和调整的另一个超参数。batch_size 超参数对训练速度和资源需求影响很大。

为了理解 mini-batch，请回顾第 2 章中解释过的三种 GD 类型：批梯度下降、随机梯度下降和小批梯度下降。

- 批梯度下降(batch gradient descent，BGD)：一次性将整个训练集送入网络，应用前馈过程，计算误差，计算梯度，并后向传播以更新权重值。优化器在见到全部训练数据产生的误差之后计算梯度，并在每轮(epoch)训练之后更新权重值一次。因此在这种情况下，小批大小等于整个训练数据集的大小。BGD 的主要优点是：具有相对较低的噪声且以更大的步长向最小值迈进(如图 4-21 所示)。其主要缺点是：每一轮都需要花费很长时间来处理整个数据集，尤其是在大数据上训练时。BGD 也需要巨大的内存空间来训练大型数据集，而很多时候内存空间可能不足。如果数据集较小，BGD 也许是个不错的选择。

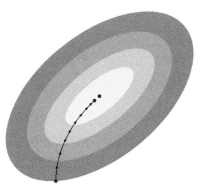

图 4-21　BGD 在达到最小误差的路径上具有低噪声

- 随机梯度下降(stochastic gradient descent，SGD)：也被称为在线学习(online learning)。每次向网络提供训练数据的一个实例，并使用这个实例完成前向传播、误差计算、梯度计算和后向传播，并更新权重值(如图 4-22 所示)。在 SGD 中，权重值在每一个实例后更新(不同于每一轮都处理整个数据集的 BGD)。SGD 前往全局最小值的路径具有非常多的噪声并且产生震荡，这是因为它在每一个实例之后都会走出一步，而有些时候走出的方向是错误的。通过使用非常小的学习率，可降低该噪声，因此，平均来说，它会走向一个好的方向且通常比 BGD 表现得更好。SGD 可以快速取得进展并且通常会达到与全局最小值非常接近的水平。它的主要缺点是，因为它每次只为一个实例计算 GD，你会失去训练计算中由矩阵乘法带来的速度增益。

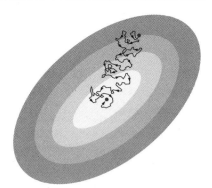

图 4-22　SGD 前往最小误差的路径具有非常多的噪声并且产生震荡

综合对比 BGD 和 SGD，一种极端情况是，如果将 mini-batch size 设置为 1(相当于 SGD)，优化器会在计算每一个训练数据实例的梯度后在误差曲线上向下移一步，并最终达到收敛，但会失去矩阵计算的速度优势。另一种极端情况是，如果将 mini-batch size 设置为整个数据集的大小，则实际上等同于使用 BGD。在处理大型数据集时，需要花费很长时间向最小误差迈进一步。在两个极端之间，出现了小批梯度下降。

- 小批梯度下降(mini-batch gradient descent，MB-GD)：介于 BGD 和 SGD 之间的折中算法。不同于一次计算一个样本(SGD)或一次计算所有训练样本(BGD)，MB-GD 将训练样本分成小批来计算梯度。其优势是，可以利用矩阵乘法进行更快的训练并取得进展，而不必等待整个训练集完成训练。

小批大小选择指南

首先，如果数据集很小(少于 2000)，则推荐使用 BGD。这样可以很快训练整个数据集。

对于大型数据集，可以使用 mini-batch size。典型的小批大小初始值为 64 或 128。基于此进行上下调整，可将其设为 32、64、128、256、512、1024，并且可以按需继续加倍，但请确保 mini-batch size 的值与 GPU/CPU 的内存相匹配。大于或等于 1024 的 mini-batch size 在理论上是可行的但实际中很少使用。更大的 mini-batch size 可以更好地利用矩阵的计算能力，但也需要更多内存及计算资源。下图展示了神经网络训练过程中 batch size、计算资源和训练轮数之间的关系。

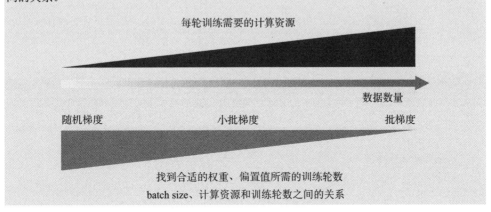

batch size、计算资源和训练轮数之间的关系

4.7　优化算法

在 DL 的历史上，许多研究人员提出过优化算法，并声称这些算法可以较好地解决某些问题，但后来证明，其中大多数算法都不能被有效地扩展到广泛的神经网络中。随着时间的推移，DL 社区开始认同 GD 算法及其变体的表现。到目前为止，我们已经讨论过 BGD、SGD 和 MB-GD。

众所周知，选择合适学习率的过程是非常有挑战性的，因为过小的学习率会导致令人痛苦的缓慢收敛，而过大的学习率会阻碍收敛，并使损失函数在最小值附近波动甚至发散。为了进一步优化 GD，需要更多的创造性方案。

注意　大多数 DL 框架的文档都会详细解释优化器类型。本节将解释两个最流行的、基于梯度下降的优化器——Momentum 和 Adam 的概念。它们成绩斐然，并且已被证明在广泛的 DL 架构中表现突出。这有助于读者夯实基础以深入研究其他优化算法。有关优化算法的更多内容，请阅读 Sebastian Ruder 的"An overview of gradient descent optimization algorithms"一文(https://arxiv.org/pdf/1609.04747.pdf)。

4.7.1　动量梯度下降

如前所述，SGD 会在走向最小误差的垂直方向震荡(如图 4-23 所示)。这些震荡使收敛变得更加缓慢并使你难以采用更大的学习率，且可能导致算法发散。

垂直方向上不必要的震荡

在水平方向上沿最小值前进

最小误差目标值

图 4-23　SGD 在走向最小误差的垂直方向震荡

为了减少震荡，人们发明了一种名为动量(momentum)的技术，使 GD 沿着想要的方向前进，并减弱不相关方向上的震荡。换句话说，它使学习在垂直方向的震荡减慢，同时使其在水平方向的进展加快，帮助优化器更快地达到目标最小值。

该项技术与经典物理学中的动量概念相似：当雪球从山上滚下来时，它积累了动量，越滚越快。同理，此处的动量术语在梯度指向的方向增加动量而在梯度改变的方向减少更新，进而导致更快的收敛和更少的震荡。

动量的数学原理

动量的数学原理简单明了：在更新权重的方程中增加速度项。

$$W_{新} = W_{旧} - \alpha \frac{dE}{dW_i} \quad \longleftarrow \quad \text{原始的更新规则}$$

$$W_{新} = W_{旧} - \text{学习率} \times \text{梯度} + \text{速度} \quad \longleftarrow \quad \text{增加速度项之后的新规则}$$

这里的速度项等于之前梯度的加权平均值。

4.7.2　Adam

Adam 代表自适应矩估计(adaptive moment estimation)。Adam 保留了历史梯度的指数衰减平均，相当于动量。动量可以被看作一个自斜坡上滚下的球，而 Adam 就像一个有摩擦力的重球，摩擦力用于减小和控制动量。Adam 的性能通常优于其他优化器，因为它训练神经网络的速度比之前介绍的技术要快得多。

如此，又出现了一个需要调整的超参数。好消息是，主流的 DL 框架的默认值通常都表现不错，可能根本就不需要调整。不过，学习率除外，它不是 Adam 特有的超参数：

```
keras.optimizers.Adam(lr=0.001, beta_1=0.9, beta_2=0.999, epsilon=None,
    decay=0.0)
```

Adam 的作者建议使用以下默认参数：

- 学习率需要调整。
- 对于动量 β1，常见的选择是 0.9。
- 对于 RMSprop 术语 β2，常见的选择是 0.999。
- 将 ε(epsilon)设为 10^{-8}。

4.7.3 训练轮数和早停标准

当模型运行了一个完整的周期并一次看到了整个训练数据集，即意味着完成了一次训练迭代(iteration)或一轮(epoch)。epoch 超参数的设置旨在定义网络持续训练的次数/轮数。训练次数越多，模型学习的特征就越多。要诊断网络的训练轮数是否足够，请关注训练和验证集上的误差值。

直观的思考方式是，只要误差在减小，训练就继续进行。事实是这样吗？请看图4-24 中网络训练的详细输出。

Epoch 1, Training Error: 5.4353, Validation Error: 5.6394

Epoch 2, Training Error: 5.1364, Validation Error: 5.2216

Epoch 3, Training Error: 4.7343, Validation Error: 4.8337

图 4-24　前 3 轮的详细输出，训练集和验证集上的误差都在改进

如上图所示，训练集和验证集上的误差都在改进。这意味着网络仍在学习，没理由在这一轮停止训练。网络显然仍在朝最小误差方向前进，再多训练几轮，看看输出(见图 4-25)。

Epoch 6, Training Error: 3.7312, Validation Error: 3.8324

Epoch 7, Training Error: 3.5324, Validation Error: 3.7215

Epoch 8, Training Error: 3.4343, Validation Error: 3.8337

图 4-25　训练集上的误差仍在改进，但是验证集上的误差从第 8 轮起开始震荡

如上图所示，训练集上的误差还在改进，这意味着网络在训练集上还在学习。然而查看第 8 和第 9 轮，可见验证集误差开始震荡和上升。训练集上的误差在改进而验证集上的误差停止改进，意味着网络开始出现过拟合，不能在验证集上泛化。

将训练误差和验证误差绘制成图 4-26，可以看出，训练开始时训练误差和验证误差都在改进，随后验证误差开始增加，此时网络倾向于过拟合。这种情况需要一种技术，以便在过拟合

出现之前停止训练，这种技术被称为早停(early stopping)。

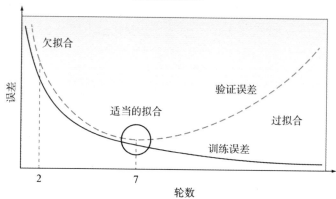

图 4-26　train_error 在改进而 val_error 停止改进，意味着网络开始出现过拟合

4.7.4　早停

早停是一种被广泛使用的算法，其目的是在过拟合发生之前在正确的时间点停止网络训练。它的原理简单直接：监视验证集误差并在误差开始上升时停止网络训练。Keras 中的早停函数如下：

```
EarlyStopping(monitor='val_loss', min_delta=0, patience=20)
```

EarlyStopping 函数接收以下参数。

- monitor：训练期间的监控指标。ML 工程师通常比较关注 val_loss，因为它代表了对模型性能的内部测试。如果网络在验证集上表现良好，那么它在测试数据和生产数据上也很可能会表现得不错。

- min_delta：符合改进条件的最小变化。该变量没有标准值。若要确定 min_delta 的值，请运行几个 epoch 并查看验证集上误差和准确率的变化，并根据变化率定义 min_delta。经验证，默认值 0 在多数情况下表现良好。

- patience：该变量告诉算法，在误差没有改进时应该等待多少 epoch 再停止训练。例如，若将 patience 设为 1，则训练将在误差开始上升时就停止。不过，该变量值的设置应该适当灵活一些，因为误差轻微震荡并继续改进的例子也十分常见。可以将算法设置为当误差在过去 10 轮或 20 轮训练中都没有改进时停止训练。

提示　早停的好处是让人不必太为 epoch 超参数费心。可以对 epoch 设置较高的起点，并让早停算法在误差停止改进时结束训练。

4.8　正则化技术

如果你观察到网络在训练数据上发生过拟合，则网络可能太复杂，需要进行简化。此时建议首先尝试正则化技术。本节将讨论三种常见的正则化技术：L2、dropout 和数据增强。

4.8.1　L2 正则化

L2 正则化的基本思想是通过增加一个正则项来抑制误差函数。这反过来减小了隐藏单元的权重值，使它们变小或非常接近于 0，从而达到简化模型的目的。

下面介绍正则化的工作原理。首先，通过增加正则项来更新误差函数：

$$误差函数_新 = 误差函数_旧 + 正则项$$

注意，这里误差函数可以使用第 2 章中讲到的任何一种，如 MSE 或交叉熵。正则项展开后如下：

$$L2正则项 = \frac{\lambda}{2m} \times \sum \|w\|^2$$

其中，λ 是正则化参数，m 是实例数，w 是权重值。更新之后的误差函数如下：

$$误差函数_新 = 误差函数_旧 + \frac{\lambda}{2m} \times \sum \|w\|^2$$

为什么 L2 正则化能减少过拟合？这涉及后向传播中的权重值更新机制。如第 2 章所述，优化器计算误差的导数，将结果乘以学习率，然后从原来的权重值中减去上述值。权重值更新的后向传播方程如下：

$$\underset{\text{新权重值}}{\underset{\uparrow}{W_新}} = \underset{\text{旧权重值}}{\underset{\downarrow}{W_旧}} - \underset{\text{学习率}}{\underset{\uparrow}{\alpha}} \left(\underset{\text{误差相对于权重值的导数}}{\underset{\downarrow}{\frac{\partial Error}{\partial W_x}}} \right)$$

既然误差函数中多了一个正则项，新的误差就变得比旧的误差更大。这意味着其导数（$\partial Error/\partial Wx$）也变大，进而导致 $W_新$ 变小。L2 正则化也被称为权重衰减(weight decay)，因为它迫使权重值向 0 衰减(但不会等于 0)。

> **权重值减小使神经网络变得更简单**
>
> 理由如下：如果正则项足够大，乘以学习率之后与 $W_旧$ 相等，这会导致 $W_新$=0。这相当于抵消了该神经元的作用，产生了一个神经元更少的、更简单的神经网络。
>
> 在实践中，L2 正则化不会使权重值等于 0，而只是让它们变小以减小其影响。较大的正则

化参数 λ 会使权重值变得可以被忽略。当权重值可以被忽略时，模型将无法从这些隐藏单元中学习。此时网络变得更简单，从而减少过拟合。

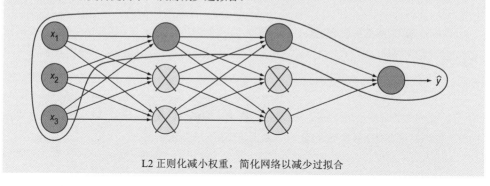

L2 正则化减小权重，简化网络以减少过拟合

Keras 中的 L2 正则化的代码如下：

```
model.add(Dense(units=16, kernel_regularizer=regularizers.l2(λ),
    activation='relu'))
```

当向网络添加一个隐藏层时，添加 kernel_regularization 参数以使用 L2 正则化器

λ 是一个可以调整的超参数。DL 库的默认值通常表现得不错。如果仍然观察到过拟合现象，则增大 λ 的值以降低模型复杂度。

4.8.2　dropout 层

dropout 是另一种正则化技术，在简化神经网络和避免过拟合方面非常有效。第 3 章详细讨论过 dropout，其算法相当简单：在每一轮训练迭代中，每个神经元都有一定的概率(p)被临时关闭。这意味着它在后续的训练中仍可能会活动。虽然故意在某些神经元上暂停学习的做法很违反直觉，但这项技术的效果相当惊人。概率 p 是一个被称为舍弃率(dropout rate)的超参数，其典型的取值范围为 0.3～0.5。先将其设为 0.3，观察网络，如果有过拟合迹象，则增大该值。

提示　假设每天早上和团队成员一起掷硬币以决定谁来完成一项特定的关键任务。经过几次迭代之后，团队所有成员都将学会如何完成该项任务，而不是依赖于单个成员。团队将变得更有弹性。其原理其实和 dropout 类似。

L2 正则化和 dropout 都通过降低神经元的有效性来降低网络复杂度。区别在于，dropout 在每轮训练中完全取消了某些神经元的影响，而 L2 正则化只是减小了权重值以减弱神经元的影响，两者最终都会使网络变得更加健壮和有弹性，并减少过拟合。建议你在网络中使用这两种正则化技术。

4.8.3　数据增强

避免过拟合的方法之一是获得更多数据，但这并不总是一个可行的选择。因此，为了扩充

训练数据，可以使用一些转换方法生成相同图像的新实例。数据增强是一种"廉价"的方法，可以为算法提供更多训练数据，从而减少过拟合。

用于提供多样化训练数据的图像增强技术有多种，包括翻转、旋转、缩放、变焦、对比度变换等，以及其他很多可以应用于数据集的转换技术。图 4-27 展示了在数字 6 图片上应用的转换技术。

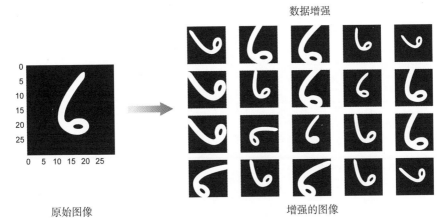

数据增强

原始图像　　　　　　　　　　　　　　　增强的图像

图 4-27　多种图像增强技术应用到数字 6 图像上

图 4-27 中创建了 20 种新的图像供网络学习。这类合成图像的主要优势在于创造了更多的数据(20×)来训练算法。原因在于，如果一张图像是数字 6，那么即便垂直、水平地翻转或者旋转图片，它仍然是数字 6。这使模型在检测任何形式和形状的数字 6 时都更加鲁棒。

数据增强之所以被视为一种正则化技术，是因为它使网络可以看见对象的不同变体，从而在特征学习中减小对象原始形式的依赖，并让网络在测试新数据时更有弹性。

Keras 中数据增强的代码如下：

从 Keras 中导入 ImageDataGenerator 类

```
from keras.preprocessing.image import ImageDataGenerator

datagen = ImageDataGenerator(horizontal_flip=True, vertical_flip=True)

datagen.fit(training_set)
```

计算训练集上的数据增强

生成一批新图像数据。ImageDataGenerator 将转换类型作为参数。这里将水平和垂直翻转设置为 True。请参阅 Keras 文档(或你所使用的 DL 库)以获取更多转换参数

4.9　批归一化

本章先前介绍过对数据进行归一化以加快网络学习速度的技术，数据归一化技术主要在将数据送进输入层之前对训练集进行预处理。如果输入层可以从归一化中获益，那为何不对隐藏单元中提取的特征做同样的处理呢？提取的特征总在变化着，且对训练速度和网络弹性的影响更显著(见图4-28)。对网络任意层进行归一化处理的过程被称为批归一化(batch normalization，

BN)。

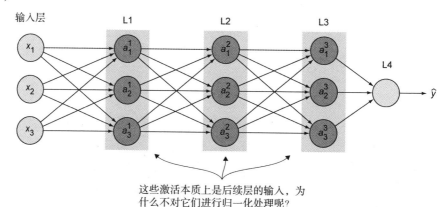

这些激活本质上是后续层的输入，为
什么不对它们进行归一化处理呢?

图 4-28　批归一化操作对隐藏单元中提取的特征进行归一化处理

4.9.1　协变量偏移问题

在定义协变量之前，先以示例说明批归一化所解决的问题。假设你正在构建一个猫分类器，并且只在白猫的图像上训练算法。因此，当你用不同颜色的猫的图片测试分类器时，它的表现不会很好。原因在于，你的模型是基于特定分布(白猫)的数据集训练而成的。当测试集中的数据分布发生变化时，模型会变得很 "困惑"，如图 4-29 所示。

协变量偏移

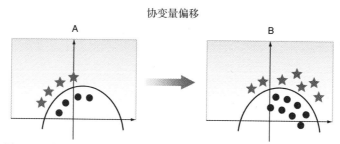

图 4-29　图 A 是只有白猫的训练集，图 B 是有各种颜色的猫的测试集，圆圈代表猫的图片，
五角星代表非猫的图片

我们不能期待在图 A 的数据集上训练的模型能够很好地处理图 B 中的数据集分布。数据分布的变化被称为协变量偏移(covariate shift)。

定义　如果一个模型正在学习将数据集 X 映射到标签 y 上，那么若 X 的分布发生了变化，则意味着出现了协变量偏移。当这种情况发生时，需要重新训练学习算法。

4.9.2　神经网络中的协变量偏移

下面以图 4-30 中简单的 4 层 MLP 为例说明神经网络中的协变量偏移。先从第 3 层(L3)的视角来看这个网络。它的输入是第 2 层(L2)的激活值(a_1^2、a_2^2、a_3^2 和 a_4^2)，这些值是从上一层中提取的特征。L3 层尝试将这些输入映射到 $\hat{y}$，以使它尽可能接近标签 y。在这个过程中，网络正在调整前一层的参数值。随着参数(w, b)在 L1 层发生改变，L2 层的激活值也随之改变。因此在第 3 隐藏层 L3 看来，L2 的数据值一直在变化，这意味着 MLP 正在遭遇协变量偏移问题。批归一化减少了隐藏层中数据值的变化程度，使这些值变得更加稳定，进而使神经网络的后续层有更加坚实的立足之地。

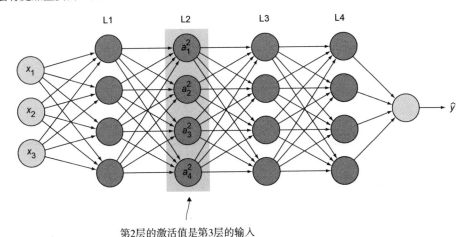

第2层的激活值是第3层的输入

图 4-30　一个简单的 4 层 MLP。L1 层的特征输入 L2 层，第 2、3、4 层以此类推

注意　务请意识到以下这点：批归一化并不取消或减少隐藏单元的值的变化，而是确保变化的分布保持不变。即使隐藏单元的确切值发生了变化，均值和方差也不会改变。

4.9.3　批归一化的工作原理

Sergey Ioffe 和 Christian Szegedy 于 2015 年在他们的论文"Batch Normalization: Accelerating Deep Network Training by Reducing Internal Covariate Shift"(https://arxiv.org/abs/1502.03167)中提出了减少协变量偏移的 BN 技术。BN 在神经网络的每一层激活函数之前添加以下操作：

- 使输入以 0 为中心。
- 对以 0 为中心的输入进行归一化处理。
- 对上述结果进行缩放和位移。

上述操作可让模型了解每一层输入的最佳范围和均值。

批归一化的数学原理

(1) 为使输入以 0 为中心，算法需要计算输入的均值和标准差(当前输入大多采用 mini-batch，因此有了术语"批归一化")：

$$\mu_B \leftarrow \frac{1}{m}\sum_{i=1}^{m} X_i \quad \longleftarrow \quad \text{小批处理的均值}$$

$$\sigma_B^2 \leftarrow \frac{1}{m}\sum_{i=1}^{m}(X_i - \mu_B)^2 \quad \longleftarrow \quad \text{小批处理的方差}$$

其中，m 为小批处理的实例数，μ_B 为均值，σ_B 为标准差。

(2) 对输入进行归一化处理：

$$\hat{X}_i \leftarrow \frac{X_i - \mu_B}{\sqrt{\sigma_B^2 + \varepsilon}}$$

其中 $\hat{X}$ 是以 0 为中心的归一化的输入。注意，这里加入了一个取值很小的变量 ε(典型的值是 10^{-5})来避免除数为 0 的情况(在某些估计中，σ_B 可能为 0)。

(3) 对上述结果进行缩放和位移：用变量 γ 乘以归一化的输出以实现缩放，并增加一个 β 的位移量。

$$y_i \leftarrow \gamma\hat{X}_i + \beta$$

其中，y_i 是 BN 操作的输出，且已经过缩放和位移。

注意，BN 给网络引入了 γ 和 β 这两个可学习的新参数，因此优化算法像更新权重和偏置一样更新 γ 和 β 参数。这意味着在实践中，你也许会发现训练在刚开始时相当缓慢，因为 GD 正在为每一层寻找最佳的缩放和位移参数。一旦找到合适的值，训练就会加速。

4.9.4　批归一化在 Keras 中的实现

虽然你确实需要了解批归一化的工作原理，以便更好地理解代码的运行，不过在网络中使用 BN 时，不必自己实现所有这些细节。在任何 DL 框架中，BN 操作的实现通常都只需一行代码。在 Keras 中添加批归一化操作的方法是，在隐藏层之后增加 BN 层，以便在将结果输入下一层之前对其进行归一化处理。

下面的代码片段展示了在构建神经网络时添加 BN 层的过程：

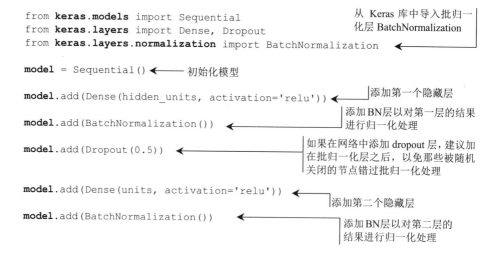

```
from keras.models import Sequential
from keras.layers import Dense, Dropout                    从 Keras 库中导入批归一
from keras.layers.normalization import BatchNormalization  化层 BatchNormalization

model = Sequential()  ←── 初始化模型

model.add(Dense(hidden_units, activation='relu'))  ←── 添加第一个隐藏层

                                                       添加BN层以对第一层的结果
model.add(BatchNormalization())  ←──                   进行归一化处理

                                                       如果在网络中添加 dropout 层，建议加
model.add(Dropout(0.5))  ←──                           在批归一化层之后，以免那些被随机
                                                       关闭的节点错过批归一化处理

model.add(Dense(units, activation='relu'))  ←──

                                                       添加第二个隐藏层
model.add(BatchNormalization())  ←──
                                                       添加BN层以对第二层的
                                                       结果进行归一化处理
```

```
model.add(Dense(2, activation='softmax'))
```
输出层

4.9.5　批归一化回顾

希望你能从这次讨论中意识到，BN 不仅将归一化过程应用于输入层，还会将其应用于神经网络中的隐藏层。这削弱了前后层网络之间学习过程的耦合性，允许每一层网络更加独立地学习。

从网络中后续一层的角度看，较前的层不会过多地来回波动，因为经过限定设置，它们应具有相同的均值和方差，这使后面网络层的学习变得更容易。实现这一点的方法是，确保隐藏单元具有标准化分布(均值和方差)，而该分布由学习算法在训练期间设置的两个显式参数 γ 和 β 控制。

4.10　练习项目：实现高准确率的图像分类

本练习将重温第 3 章中的 CIFAR-10 分类项目，并应用本章中的一些改进技术，将准确率从 $\approx 65\%$ 提升到 $\approx 90\%$。示例源码和 notebook 可从以下地址下载：www.manning.com/books/deep-learning-for-vision-systems 或者 www.computervisionbook.com。

请按以下步骤完成项目练习。

(1) 导入依赖。

(2) 准备训练数据。

- 从 Keras 库中下载数据。
- 将其划分为训练集、验证集和测试集。
- 对数据进行归一化处理。
- 对标签进行 one-hot 编码。

(3) 构建网络模型。除第 3 章中讲到的常规的卷积和池化层，还要向网络中添加以下层：

- 更深的网络以提升学习能力。
- dropout 层。
- 卷积层的 L2 正则化。
- 批归一化层。

(4) 训练模型。

(5) 评估模型。

(6) 绘制学习曲线。

实现过程如下。

步骤 1：导入依赖

Keras 中导入依赖的代码如下：

```
import keras
from keras.datasets import cifar10
from keras.preprocessing.image import ImageDataGenerator
from keras.models import Sequential
from keras.utils import np_utils
from keras.layers import Dense, Activation, Flatten, Dropout, BatchNormalization,
    Conv2D, MaxPooling2D
from keras.callbacks import ModelCheckpoint
from keras import regularizers, optimizers

import numpy as np

from matplotlib import pyplot
```

← 导入 Keras 库，下载数据集，预处理图像和网络组件

← 导入 NumPy，用于数学运算

← 导入 matplotlib 以实现结果可视化

步骤 2：准备训练数据

Keras 提供了一些可下载和试验的数据集。这些数据集通常经过预处理，基本可以直接当作神经网络的输入。本次练习使用的是 CIFAR-10 数据集，其中包含 50 000 张 32×32 大小的彩色训练图像和超过 10 个类别的标注，以及 10 000 张测试图像。查看 Keras 文档以了解更多的数据集，如 CIFAR-100、MNIST、Fashion-MNIST 等。

Keras 提供的 CIFAR-10 数据集已被划分为训练集和测试集。加载数据并将训练集重新划分为含 45 000 张图像的训练集和含 5000 张图像的验证集：

```
(x_train, y_train), (x_test, y_test) = cifar10.load_data()
x_train = x_train.astype('float32')
x_test = x_test.astype('float32')

(x_train, x_valid) = x_train[5000:], x_train[:5000]
(y_train, y_valid) = y_train[5000:], y_train[:5000]
```

下载并划分数据

将训练集划分为训练集与验证集

打印 x_train、x_valid 和 x_test 的形状：

```
print('x_train =', x_train.shape)
print('x_valid =', x_valid.shape)
print('x_test =', x_test.shape)

>> x_train = (45000, 32, 32, 3)
>> x_valid = (5000, 32, 32, 3)
>> x_test = (1000, 32, 32, 3)
```

形状数组的格式含义为：(实例数量、宽度、高度、通道数)。

1. 数据归一化处理

要对图像的像素值进行归一化处理，应将每个像素减去平均值并以所得结果除以标准差：

```
mean = np.mean(x_train,axis=(0,1,2,3))
std = np.std(x_train,axis=(0,1,2,3))
x_train = (x_train-mean)/(std+1e-7)
x_valid = (x_valid-mean)/(std+1e-7)
```

```
x_test = (x_test-mean)/(std+1e-7)
```

2. 对标签进行 one-hot 编码

使用 Keras 中的 to_categorical 函数实现训练集、验证集和测试集标签的 one-hot 编码：

```
num_classes = 10
y_train = np_utils.to_categorical(y_train,num_classes)
y_valid = np_utils.to_categorical(y_valid,num_classes)
y_test = np_utils.to_categorical(y_test,num_classes)
```

3. 数据增强

本练习将随意采用旋转、高度和宽度变换、水平翻转等数据增强技术。处理问题时，请查看网络没有进行分类或分类结果较差的图像，并尝试理解网络在这些图像上表现不佳的原因，然后提出改进假设并进行试验。例如，如果遗漏的图像是经过旋转可以得到的图像，也许你可以尝试下旋转增强操作。总之，分析、试验、评估并重复这个过程，通过纯粹的数据分析和对网络性能的理解来做出决定：

```
datagen = ImageDataGenerator(        ◄————— 数据增强
    rotation_range=15,
    width_shift_range=0.1,
    height_shift_range=0.1,
    horizontal_flip=True,
    vertical_flip=False
    )
datagen.fit(x_train) ◄————— 计算训练集上的数据增强
```

步骤 3：构建模型架构

第 3 章介绍了如何构建一个受 AlexNet 启发的、含 3 个卷积层和 2 个全连接层的模型。本练习会带你构建更深的网络层级(6 个卷积层和 1 个全连接层)以增强网络学习能力，网络配置如下：

- 之前在一个卷积层后面加一个池化层，而在新的架构中，将在每两个卷积层之后加一个池化层。这个想法受 VGGNet 的启发。VGGNet 由牛津大学视觉几何组(Visual Geometry Group，University of Oxford)开发，是一种流行的神经网络架构，详见第 5 章。
- 受 VGGNet 启发，这里将卷积层的 kernel_size 设置为 3×3，并将池化层的 pool_size 设置为 2×2。
- 每隔一个卷积层添加 dropout 层，舍弃率 p 的取值为 0.2～0.4。
- 在每个卷积层之后添加一个批归一化层，以便对下一层的输入进行归一化处理。
- 在 Keras 中，L2 正则化被添加到卷积层中。

主要代码如下：

```
┌─ L2 正则化超参数 λ              隐藏单元变量的数量。这里申明变量并在
│                               卷积层中使用它，以便更新
│   base_hidden_units = 32 ◄────┘
└► weight_decay = 1e-4
    model = Sequential() ◄───── 创建序列模型(各
                                层的线性堆叠)
```

```
# CONV1
```

注意，这里定义了 input_shape，
因为这是第一个卷积层，其他层
不必定义该参数

```
model.add(Conv2D(base_hidden_units, kernel_size= 3, padding='same',
        kernel_regularizer=regularizers.l2(weight_decay),
input_shape=x_train.shape[1:]))
model.add(Activation('relu'))
```

向卷积层添加 L2 正则化

将 ReLU 用作隐藏层激活函数

添加一个批归一化层

```
model.add(BatchNormalization())

# CONV2
model.add(Conv2D(base_hidden_units, kernel_size= 3, padding='same',
        kernel_regularizer=regularizers.l2(weight_decay)))
model.add(Activation('relu'))
model.add(BatchNormalization())
```

舍弃率为 20% 的 dropout 层

```
# POOL + Dropout
model.add(MaxPooling2D(pool_size=(2,2)))
model.add(Dropout(0.2))
```

隐藏单元数= 64

```
# CONV3
model.add(Conv2D(base_hidden_units * 2, kernel_size= 3, padding='same',
        kernel_regularizer=regularizers.l2(weight_decay)))
model.add(Activation('relu'))
model.add(BatchNormalization())

# CONV4
model.add(Conv2D(base_hidden_units * 2, kernel_size= 3, padding='same',
        kernel_regularizer=regularizers.l2(weight_decay)))
model.add(Activation('relu'))
model.add(BatchNormalization())

# POOL + Dropout
model.add(MaxPooling2D(pool_size=(2,2)))
model.add(Dropout(0.3))

# CONV5
model.add(Conv2D(base_hidden_units * 4, kernel_size= 3, padding='same',
        kernel_regularizer=regularizers.l2(weight_decay)))
model.add(Activation('relu'))
model.add(BatchNormalization())

# CONV6
model.add(Conv2D(base_hidden_units * 4, kernel_size= 3, padding='same',
        kernel_regularizer=regularizers.l2(weight_decay)))
model.add(Activation('relu'))
model.add(BatchNormalization())

# POOL + Dropout
model.add(MaxPooling2D(pool_size=(2,2)))
```

```
model.add(Dropout(0.4))
```

```
# FC7
model.add(Flatten())
model.add(Dense(10, activation='softmax'))
```

← 将特征图扁平化为一维的特征向量(详见第 3 章)

← 因为有 10 个类别标签,故输出层有 10 个隐藏单元。输出层采用 softmax 激活函数(详见第 2 章)

```
model.summary()
```
← 打印模型摘要

模型摘要如图 4-31 所示。

Layer (type)	Output Shape	Param #
conv2d_1 (Conv2D)	(None, 32, 32, 32)	896
activation_1 (Activation)	(None, 32, 32, 32)	0
batch_normalization_1 (batch	(None, 32, 32, 32)	128
conv2d_2 (Conv2D)	(None, 32, 32, 32)	9248
activation_2 (Activation)	(None, 32, 32, 32)	0
batch_normalization_2 (batch	(None, 32, 32, 32)	128
max_pooling2d_1 (MaxPooling2	(None, 16, 16, 32)	0
dropout_1 (Dropout)	(None, 16, 16, 32)	0
conv2d_3 (Conv2D)	(None, 16, 16, 64)	18496
activation_3 (Activation)	(None, 16, 16, 64)	0
batch_normalization_3 (batch	(None, 16, 16, 64)	256
conv2d_4 (Conv2D)	(None, 16, 16, 64)	36928
activation_4 (Activation)	(None, 16, 16, 64)	0
batch_normalization_4 (batch	(None, 16, 16, 64)	256
max_pooling2d_2 (MaxPooling2	(None, 8, 8, 64)	0
dropout_2 (Dropout)	(None, 8, 8, 64)	0
conv2d_5 (Conv2D)	(None, 8, 8, 128)	73856
activation_5 (Activation)	(None, 8, 8, 128)	0
batch_normalization_5 (batch	(None, 8, 8, 128)	512
conv2d_6 (Conv2D)	(None, 8, 8, 128)	147584
activation_6 (Activation)	(None, 8, 8, 128)	0
batch_normalization_6 (batch	(None, 8, 8, 128)	512
max_pooling2d_3 (MaxPooling2	(None, 4, 4, 128)	0
dropout_3 (Dropout)	(None, 4, 4, 128)	0
flatten_1 (Flatten)	(None, 2048)	0
dense_1 (Dense)	(None, 10)	20490

图 4-31　模型摘要

步骤 4：训练模型

训练模型之前先讨论一些超参数的设置策略。

- batch_size：这是本章讲过的一个小批处理超参数。batch_size 越大，算法学习得越快。可将初始值设为 64，然后将该值翻倍来加速训练。我在自己的机器上尝试了 256，然后得到了下列报错，这表明我的机器内存不足，因此我将该值降到了 128：

  ```
  Resource exhausted: OOM when allocating tensor with shape[256,128,4,4]
  ```

- epochs：开始时将其值设为 50，但是发现网络仍在改进，所以不断增加训练轮数并观察训练结果。本练习中，我最终在 125 轮之后获得了>90%的准确率。你很快会发现，如果训练时间更久一点，模型还有改进的余地。

- optimizer：本练习使用了 Adam 优化器。请阅读第 4.7 节以了解关于优化算法的更多内容。

注意　本次试验使用的是 GPU，训练约花了 3 个小时。建议你使用自己的 GPU 或任何云计算服务以获得最佳结果。如果你没有 GPU，建议你减少 epoch 数，或者做好让机器昼夜(或者几天，这取决于你的 CPU 规格)连续运行的准备。

下面请看训练代码：

Adam 优化器，学习率为 0.0001

保存最佳权重值的文件的路径，布尔型参数为 True，表示只在有改进时保存权重值

小批大小

```
batch_size = 128
epochs = 125
```

训练轮数

```
checkpointer = ModelCheckpoint(filepath='model.100epochs.hdf5', verbose=1,
                               save_best_only=True )
optimizer = keras.optimizers.adam(lr=0.0001,decay=1e-6)

model.compile(loss='categorical_crossentropy', optimizer=optimizer,
    metrics=['accuracy'])

history = model.fit_generator(datagen.flow(x_train, y_train,
    batch_size=batch_size), callbacks=[checkpointer],
    steps_per_epoch=x_train.shape[0] // batch_size, epochs=epochs,
    verbose=2, validation_data=(x_valid, y_valid))
```

交叉熵损失函数
(详见第 2 章)

允许在 GPU 上训练模型的同时在 CPU 上对图像进行实时数据增强。回调函数 checkpointer 保存模型权重值，也可增加其他回调函数，如早停函数

运行代码后即可看到每轮的详细输出。请关注 loss 和 val_loss 的值以分析网络和诊断瓶颈。图 4-32 显示了第 121～125 轮的输出。

```
Epoch 121/125
Epoch 00120: val_loss did not improve
30s - loss: 0.4471 - acc: 0.8741 - val_loss: 0.4124 - val_acc: 0.8886
Epoch 122/125
Epoch 00121: val_loss improved from 0.40342 to 0.40327, saving model to model.125epochs.hdf5
31s - loss: 0.4510 - acc: 0.8719 - val_loss: 0.4033 - val_acc: 0.8934
Epoch 123/125
Epoch 00122: val_loss improved from 0.40327 to 0.40112, saving model to model.125epochs.hdf5
30s - loss: 0.4497 - acc: 0.8735 - val_loss: 0.4031 - val_acc: 0.8959
Epoch 124/125
Epoch 00122: val_loss did not improve
30s - loss: 0.4497 - acc: 0.8725 - val_loss: 0.4162 - val_acc: 0.8894
Epoch 125/125
Epoch 00122: val_loss did not improve
30s - loss: 0.4471 - acc: 0.8734 - val_loss: 0.4025 - val_acc: 0.8959
```

图 4-32 第 121～125 轮的详细输出

第 5 步：评估模型

调用 Keras 的 evaluate 函数来评估模型并打印结果：

```
scores = model.evaluate(x_test, y_test, batch_size=128, verbose=1)
print('\nTest result: %.3f loss: %.3f' % (scores[1]*100,scores[0]))
```

```
>> Test result: 90.260 loss: 0.398
```

1. 打印学习曲线

绘制学习曲线，分析训练性能，并诊断过拟合或欠拟合，如图 4-33 所示。

```
pyplot.plot(history.history['acc'], label='train')
pyplot.plot(history.history['val_acc'], label='test')
pyplot.legend()
pyplot.show()
```

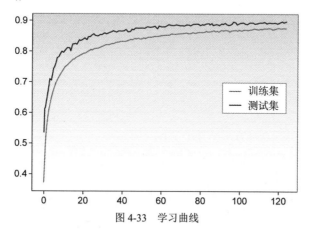

图 4-33 学习曲线

2. 进一步改进

90%的准确率已然不错，不过还可以进一步提升。不妨尝试以下建议。

- 更多训练轮数：因为网络在 123 轮之前一直在改进，所以可将学习轮数增加到 150 或 200 轮，让网络有更长的学习时间。
- 更深的网络：尝试添加更多层来提升模型的复杂度，以增强其学习能力。

- 低学习率：降低学习率 lr(应该同时增加训练时间)。
- 不同的 CNN 架构：尝试 Inception 或 ResNet 之类的架构(下一章将会详细解释)。经过 200 轮训练后，ResNet 网络可以达到 95%的准确率。
- 迁移学习：第 6 章会讲到在数据集上使用预训练网络的技术。通过该技术，能以少量的学习时间获得更好的结果。

4.11　本章小结

- 一般的经验法则是：网络越深，学习得越好。
- 截至本书撰写之时，ReLU 在隐藏层表现得最好，softmax 在输出层表现得最好。
- 随机梯度下降算法通常能找到最小误差。但如果想快速达到收敛，或者正在训练一个复杂的神经网络，不妨使用 Adam。
- 通常来讲，训练越多，模型表现得越好。
- 可将 L2 正则化和 dropout 结合起来使用以降低网络复杂度并防止过拟合。

第 II 部分　图像分类和检测

　　人工智能研究领域的快速发展使不同行业每天都在建立新的应用程序，这在几年前尚遥不可及。通过学习这些工具，你将有能力发明和创建自己的产品和应用。即使你最终不从事计算机视觉相关的工作，也可将这里的许多概念应用于深度学习算法和架构。

　　第 I 部分介绍了深度学习的基础知识，下面进入实践阶段，通过构建机器学习项目来检验学习成果。第 II 部分将介绍快速而有效地开展深度学习工作，分析结果和提升网络性能的策略，并深入探讨先进的卷积神经网络、迁移学习和目标检测。

第 5 章

先进的CNN架构

本章主要内容：
- 理解 CNN 设计模式
- 理解 LeNet、AlexNet、VGGNet、Inception 和 ResNet 网络架构

欢迎阅读本书的第 Ⅱ 部分。第 Ⅰ 部分介绍了神经网络架构的基础，并涵盖了多层感知器和卷积神经网络，其结尾章节聚焦于构建深度神经网络并调整其超参数以提高网络性能的策略。第 Ⅱ 部分将带你在此基础上开发计算机视觉(CV)系统，以解决复杂的图像分类和目标检测问题。

第 3 章和第 4 章讨论了 CNN 的主要组成部分，并介绍了如何设置隐藏层数量、学习率、优化器等超参数；还讨论了其他改进网络性能的技术，包括正则化、数据增强和随机失活等。本章会介绍如何将这些元素组合成一个卷积网络，你将学习 5 个曾经最先进、最受欢迎的模型，并了解模型设计者对于模型构建、训练和网络架构优化的思考。本章将首先介绍 1998 年开发的 LeNet 模型。它在手写体识别方面表现得相当出色。你会看到自那以后 CNN 如何一步步进化到 AlexNet 和 VGGNet 等更深层的 CNN 架构，乃至更先进和超深的 Inception 和 ResNet 网络(它们分别开发于 2014 年和 2015 年)。

本章将涵盖每个 CNN 架构的以下几方面：
- 新颖的特征——探索这些网络区别于其他网络的新颖特征，以及它们的创建者试图解决的具体问题。
- 网络架构——介绍每个网络的架构和组件，并了解它们是如何组合在一起以形成端到端网络的。
- 网络代码实现——使用 Keras 深度学习库逐步介绍网络实现，目标是让你学会如何阅读研究论文，并在需要时实现新的架构。
- 设置学习超参数——在实现网络架构之后，你需要设置在第 4 章中学习到的算法超参

数(优化器、学习速率、权重衰减等)。对于每个网络,我们都将执行相关的原创研究论文中提出的超参数,你将看到这些年来性能是如何随着网络架构而演进的。

- 网络性能——最后,你将看到每个网络在 MNIST 和 ImageNet 之类的基准数据集上的表现。相关的研究论文中提到过这些基准数据集。

本章三个主要目标如下:

- 了解先进的 CNN 架构和学习超参数。你将实现 AlexNet 和 VGGNet 这类稍简单的 CNN 网络以解决简单和略微复杂的问题。对于非常复杂的问题,你可能更倾向于使用 Inception 和 ResNet 这类更深的网络。
- 了解每个网络新颖的特征和开发它们的理由。每个后续的 CNN 架构都解决了前一个架构的某个特定的限制。学完本章的 5 个网络(及它们的研究论文)之后,你将夯实基础,以便阅读和理解新的网络。
- 了解 CNN 的演变过程及其设计者的思维过程。这将帮你建立起一种直觉:在构建自己的网络时,什么方法会有效,可能会产生什么问题。

第 3 章已经讨论了卷积层、池化层和全连接层等基本的 CNN 组件。你即将在本章中看到,近几年 CV 领域的许多研究主要在探索如何组合这些基本组件块以形成更有效的 CNN 网络。建立直觉的最佳方式之一就是审阅这些架构并从中学习(就像大多数人通过阅读别人的代码来学习编程一样)。

为了最大限度地利用这一章,务请在阅读本书的解释之前先阅读原研究论文,论文链接附在每个相应的章节中。第Ⅰ部分提供的知识完全足以支撑你开始阅读 AI 领域的先驱们撰写的研究论文。阅读和复现论文将是本书目前为止能够带给你的最有价值的技能之一。

提示 在我看来,阅读研究论文并解读其中的关键和难点,以及执行代码是每个 DL 极客和从业者应该掌握的至高无上的技能。将研究想法付诸实践时可以引发作者的思考过程,也有助于将这些想法转化到实际的工业应用中。希望通过阅读本章,你能找到自己阅读论文的节奏并在工作中贯彻论文中的成果。AI 领域的高速发展要求我们始终与最新研究进展保持同步。你在本书(或其他出版物)中学到的知识在未来三到四年(或更短时间)可能就会过时。但希望你从本书获得的核心资产是坚实的深度学习基础。它能够支撑你走进现实世界,获得阅读和实践最新研究的能力。

准备好了吗?开始学习吧!

5.1 CNN 设计模式

在深入探讨通用 CNN 架构之前,先回顾一下常用的 CNN 设计选择。乍一看,可供选择的 CNN 似乎数不胜数。在深度学习领域,每深入一步就会面临更多的超参数设计选择,因此,在起始阶段,不妨通过观察该领域的先驱们创造出来的常用模式来缩小选择范围,如此便可理解他们的动机，继承他们的成果，站在巨人的肩上起步，而不是一切从 0 开始。

- 模式 1：特征提取和分类——卷积网络通常包含特征提取和分类这两个典型部分。特征提取由一系列卷积层(Conv)组成，分类则包含一系列全连接层(FC)，如图 5-1 所示。对于卷积网络而言，尤其如此：从早期的 LeNet 和 AlexNet，到最近几年出现的 Inception和 ResNet，无一例外。

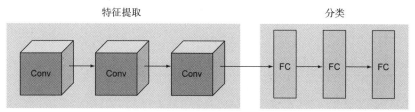

图 5-1　卷积网络通常包含特征提取和分类

- 模式 2：图像深度增加，尺寸减小——每一层的输入都是一幅图像。在每一层中对该图像应用新的卷积。这促使我们用一种更抽象的方式来思考图像。首先，可将每一张图像看成一个具有高度、宽度和深度的 3D 对象。深度对应着颜色通道，其中，灰度图深度为 1，RGB 图深度为 3。在接下来的层中，图像仍然具有深度，但不是颜色本身：它们是特征图，代表从之前的卷积层中提取出来的特征。因此，随着网络层次增加，图像的深度也会增加。在图 5-2 中，一张图像的深度为 96，代表该层的特征图个数为96。这就是你将经常看到的模式之一：图像深度增加，尺寸减小。

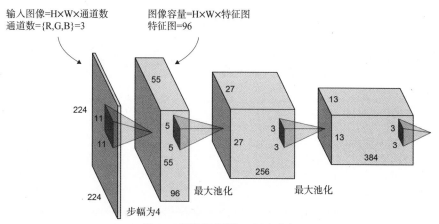

图 5-2　图像深度增加，尺寸减小

- 模式 3：全连接层——全连接层模式通常不像前两个模式那么严密，但是仍然值得了解。通常情况下，网络中的所有全连接层要么拥有一致的隐藏单元数量，要么逐层递减。在一些罕见的网络中，全连接层的隐藏单元数量逐级递增。已有研究表明，使隐藏单元数量保持不变的做法不会影响神经网络，当你设计网络架构且面临诸多选择时，这也许是一个好方法。它意味着你可以选择某个层的隐藏单元数量并将其应用到所有全连接层中。

至此，你应该对通用的 CNN 模式有了基本概念，接下来研究一些实现了这些模式的架构。得益于在 ImageNet 大赛中的出色表现，这些架构大多都名噪一时。ImageNet 是一个著名的测试基准，它包含了数百万张图像。DL 和 CV 研究人员使用 ImageNet 数据集来比较算法。稍后阐述相关内容。

注意　本章的代码片段并不是最终可执行的代码，其目的在于展示如何实现论文中定义的规范。访问本书的网站(www.manning.com/books/deep-learning-forvision-systems)或 GitHub (https://github.com/moelgendy/deep_learning for_vision systems)以获取完整的可执行代码。

本章将要讨论的第一个网络是 LeNet。

5.2　LeNet-5

1998 年，Lecun 等人推出了一种名为 LeNet-5[1]的开创性 CNN 算法。LeNet-5 架构非常简明直接，其构成组件对现在而言也并不新鲜(当然在 1998 年还是相当创新的)。第 3 章已经讨论了卷积层、池化层和全连接层。该体系架构由 3 个卷积层和 2 个全连接层这 5 个权重层组成，LeNet-5 因此得名。

定义　之所以将卷积层和全连接层称为权重层，是因为它们含有可训练的权重参数。池化层则截然不同(池化层不包含任何权重)。用权重层的数量来表达网络深度的做法是一种惯例。例如，AlexNet(稍后会讲到) 深度为 8 层，因为它包含 5 个卷积层和 3 个全连接层。此处之所以更加关注权重层，主要是因为它们反映了模型的计算复杂度。

5.2.1　LeNet 架构

LeNet-5 的架构如图 5-3 所示。

INPUT IMAGE $\Rightarrow$ C1 $\Rightarrow$ TANH $\Rightarrow$ S2 $\Rightarrow$ C3 $\Rightarrow$ TANH $\Rightarrow$ S4 $\Rightarrow$ C5 $\Rightarrow$ TANH $\Rightarrow$ FC6 $\Rightarrow$ SOFTMAX7

其中，C 代表卷积层，S 代表下采样或者池化层，FC 代表全连接层。

请注意，Yann LeCun 团队之所以将 tanh(而不是目前最先进的 ReLU)用作激活函数，是因为在 1998 年，ReLU 尚未被应用于 DL 领域，在隐藏层中将 tanh 或 sigmoid 用作激活函数的做法更为常见。毋庸赘言，在 Keras 中复现 LeNet-5 的过程如图 5-3 所示。

---

1 Y. Lecun、L. Bottou、Y. Bengio 及 P. Haffner，"Gradient-Based Learning Applied to Document Recognition"，《IEEE 论文集》86 (11): 2278～2324，http://yann.lecun.com/exdb/publis/pdf/lecun-01a.pdf。

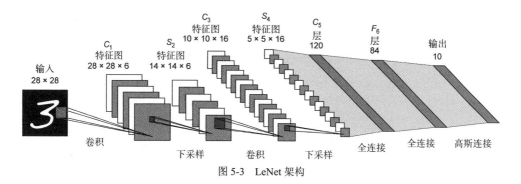

图 5-3　LeNet 架构

5.2.2　LeNet-5 在 Keras 中的实现

要在 Keras 中实现 LeNet-5，请阅读原论文并遵循第 6～8 页中的架构信息。下面列出了构建 LeNet-5 网络时应注意的要点。

- 每个卷积层中的滤波器数量：图 5-3(以及论文中的定义)显示了每个卷积层的深度(滤波器的数量)，其中，C1 为 6 层，C3 为 16 层，C5 为 120 层。
- 卷积核大小：论文中指定 kernel_size 为 5×5。
- 下采样(池化)层：在每个卷积层之后添加一个下采样(池化)层。每个隐藏单元的感受野是 2×2(例如，pool_size 为 2)。注意，LeNet-5 的创建者使用的是平均池化，计算的是所有输入的平均值，而不是之前我们在其他项目示例中用到的最大池化(最大池化返回的是输入的最大值)。如果你有兴趣，可以两者都试试，看看有何不同。这里采用与论文中相同的架构。
- 激活函数：如前所述，LeNet-5 的创建者之所以将 tanh 用作隐藏层的激活函数，是因为对称函数被认为比 sigmoid 函数收敛得更快，如图 5-4 所示。

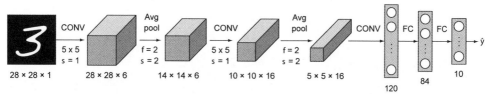

图 5-4　LeNet 架构由卷积层(5×5 卷积核)、池化层、tanh 激活函数、3 个全连接层组成，
其中，3 个全连接层的神经元数量分别为 120、84 和 10

LeNet-5 架构的代码实现如下：

```
from keras.models import Sequential          导入Keras的模型
from keras.layers import Conv2D, AveragePooling2D, Flatten, Dense   和层等组件库

model = Sequential()          ◀──    实例化一个空
                                     的序列模型

# C1 Convolutional Layer
model.add(Conv2D(filters = 6, kernel_size = 5, strides = 1, activation = 'tanh',
```

```
                    input_shape = (28,28,1), padding = 'same'))

# S2 Pooling Layer
model.add(AveragePooling2D(pool_size = 2, strides = 2, padding = 'valid'))

# C3 Convolutional Layer
model.add(Conv2D(filters = 16, kernel_size = 5, strides = 1,activation = 'tanh',
                 padding = 'valid'))

# S4 Pooling Layer
model.add(AveragePooling2D(pool_size = 2, strides = 2, padding = 'valid'))

# C5 Convolutional Layer
model.add(Conv2D(filters = 120, kernel_size = 5, strides = 1,activation = 'tanh',
                 padding = 'valid'))

model.add(Flatten())  ◄───┐  将 CNN 的输出扁平化
                          └─ 并将其送入全连接层
# FC6 Fully Connected Layer
model.add(Dense(units = 84, activation = 'tanh'))

# FC7 Output layer with softmax activation
model.add(Dense(units = 10, activation = 'softmax'))

model.summary()  ◄───┐
                     └─ 打印模型摘要(见图 5-5)
```

Layer (type)	Output Shape	Param #
conv2d_1 (Conv2D)	(None, 28, 28, 6)	156
average_pooling2d_1 (Average	(None, 14, 14, 6)	0
conv2d_2 (Conv2D)	(None, 10, 10, 16)	2416
average_pooling2d_2 (Average	(None, 5, 5, 16)	0
conv2d_3 (Conv2D)	(None, 1, 1, 120)	48120
flatten_1 (Flatten)	(None, 120)	0
dense_1 (Dense)	(None, 84)	10164
dense_2 (Dense)	(None, 10)	850

```
Total params: 61,706
Trainable params: 61,706
Non-trainable params:  0
```

图 5-5   LeNet-5 模型摘要

以今天的标准来看，LeNet-5 只能算一个小网络。现代网络中动辄有上百万的参数(本节后面有介绍)，而它仅有 61 706 个参数。

阅读本章所述论文时的注意事项

当你阅读 LeNet-5 论文时会发现，它比本章中提到的其他论文更难以阅读。本节提到的大部分内容都集中在论文的第 2 和第 3 部分。论文的最后一部分讲到图变换网络(graph transformer network)的概念，这在今天并不常用。所以如果你阅读该论文，我建议你重点看第 2 部分，该部分主要讲 LeNet-5 的架构和学习详情；然后快速翻阅第 3 部分，其中提到了很多有趣的实验结果。

建议从 AlexNet 的论文(第 5.3 节讨论)开始阅读，然后是 VGGNet(第 5.4 节讨论)，再是 LeNet。这是一个经典的阅读顺序。

5.2.3   设置学习超参数

LeCun 及其团队使用了预定的学习率衰减计划，其中，学习率在前 2 轮为 0.0005，接下来的 3 轮是 0.0002，随后的 4 轮是 0.000 05，剩下的部分是 0.000 01。在该论文中，作者训练了 20 轮。

构建一个名为 lr_schedule 的函数来执行上述预定计划。该函数以整数的训练轮数为输入参数并返回 lr 值：

```
def lr_schedule(epoch):
    if epoch <= 2:          ←────────────┐  前 2 轮学习率为 0.0005，接下来 3~5 轮
        lr = 5e-4                         │  为 0.0002，随后 6~9 轮为 0.000 05，9
    elif epoch > 2 and epoch <= 5:        │  轮以后为 0.000 01
        lr = 2e-4
    elif epoch > 5 and epoch <= 9:
        lr = 5e-5
    else:
        lr = 1e-5
    return lr
```

在下列代码中加入 lr_schedule 函数来编译模型：

```
from keras.callbacks import ModelCheckpoint, LearningRateScheduler

lr_scheduler = LearningRateScheduler(lr_schedule)
checkpoint = ModelCheckpoint(filepath='path_to_save_file/file.hdf5',
                             monitor='val_acc',
                             verbose=1,
                             save_best_only=True)
callbacks = [checkpoint, lr_reducer]

model.compile(loss='categorical_crossentropy', optimizer='sgd',
              metrics=['accuracy'])
```

如论文中所述，启动模型的 20 轮训练：

```
hist = model.fit(X_train, y_train, batch_size=32, epochs=20,
             validation_data=(X_test, y_test), callbacks=callbacks,
             verbose=2, shuffle=True)
```

参阅本书代码中包含的可下载的 notebook，可获取全部代码并运行程序。

5.2.4　LeNet 在 MNIST 数据集上的性能

若在 MNIST 数据集上训练 LeNet-5,会得到高达 99%的准确率(请查阅本书代码示例中的 notebook)。请尝试将隐藏层中的激活函数换成 ReLU 并重新试验,看看网络性能有何不同。

5.3　AlexNet

LeNet 在 MNIST 数据集上表现非凡。但事实证明,MNIST 数据集非常简单,因为它只包含灰度图(1 个通道)且只有 10 个类别,所以,基于该数据集的分类任务相对简单。AlexNet 背后的主要动机是构建一个能够学习更复杂功能的更深层网络。

AlexNet(如图 5-6 所示)是 2012 年 ILSVRC 图像分类大赛的获胜者。Krizhevsky 等人创建了该神经网络架构,并在 ImageNet 数据集[1]子集上完成其训练,该子集拥有 120 万张高分辨率图像,这些图像被划分为 1000 个不同的类别。AlexNet 是当时最先进的网络,因为它是第一个真正意义上的“深度”网络,为 CV 界在应用中使用卷积神经网络打开了新世界的大门。本章后面会解释更深层的网络,如 VGGNet 和 ResNet,但是现在有必要先回顾卷积网络的发展以及 AlexNet 的主要弊端,这些弊端是后来网络改进的主要动机。

如图 5-6 所示,AlexNet 与 LeNet 有诸多相似之处,但是 LeNet 更深(有更多隐藏层)、更大(每层有更多滤波器)。它们拥有类似的构建模块:一系列的卷积和池化层依次堆叠,然后是全连接层和一个 softmax 激活函数。已知 LeNet 约有 6.1 万个参数,而 AlexNet 约有 6000 万个参数和 65 万个神经元,因此,它具有更强大的学习能力来理解更复杂的特征。这让 AlexNet 在 2012 年的 ILSVRC 图像分类大赛中拔得头筹。

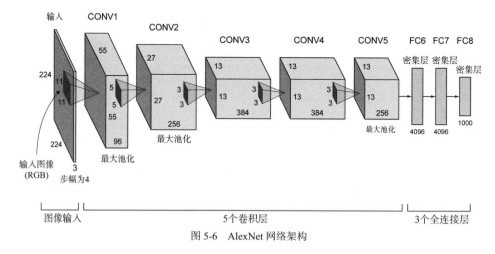

图 5-6　AlexNet 网络架构

1 Alex Krizhevsky、Ilya Sutskever 和 Geoffrey E. Hinton, "ImageNet Classification with Deep Convolutional Neural Networks", *Communications of the ACM* 60(6): 84~90, https://dl.acm.org/doi/10.1145/3065386。

ImageNet 和 ILSVRC

ImageNet(http://image-net.org/index)是一个大型视觉数据集,专为视觉对象识别软件的研究而设计,旨在根据一组定义好的单词和短语,对图片进行标记和分类,将其分为将近 22 000 个类别。这些图片源自网络,并由相关人员通过亚马逊的 Mechanical Turk 众包工具进行标注。截至本书撰写之时,ImageNet 中有超过 1400 万张图片。为了组织如此庞大的数据,ImageNet 的创建者遵循了 WordNet 层次结构。WordNet 中,每个有意义的单词/短语都被称为同义词集(synonym set,简称同义词)。在 ImageNet 中,图像根据这些同义词进行组织,目标是让每个同义词集包含 1000+图像。

ImageNet 每年都会举行一个名为 ImageNet Large Scale Visual Recognition Challenge (ILSVRC,www.image-net.org/challenges/LSVRC)的软件竞赛,竞赛内容是用软件实现目标和场景的正确分类和检测。

我们将把 ILSVRC 的挑战赛用作比较不同网络性能的基准。

5.3.1　AlexNet 网络架构

第 3 章结尾的项目练习展示过 AlexNet 架构的一个版本。其架构相当明了,如下所示:
- 含有大小为 11×11、5×5 和 3×3 的卷积核的卷积层。
- 图像下采样过程中采用最大池化。
- dropout 层防止过拟合。
- 不同于 LeNet,AlexNet 在隐藏层使用 ReLU 激活函数,并在输出层使用 softmax 激活函数。

AlexNet 由 5 个卷积层(其中一些卷积层后跟着最大池化层)和 3 个全连接层(最后一层含 1000 个节点并采用 softmax 激活函数)组成。其架构的文本表示如下:

输入图像 ⇒ CONV1 ⇒ POOL2 ⇒ CONV3 ⇒ POOL4 ⇒ CONV5 ⇒ CONV6 ⇒ CONV7 ⇒ POOL8 ⇒ FC9 ⇒ FC10 ⇒ SOFTMAX7

5.3.2　AlexNet 的新特性

在 AlexNet 之前,DL 开始在语音识别和其他一些领域获得影响力。但是 AlexNet 是一个里程碑,它成功驱使 CV 界的很多人认真研究 DL,并证明它确实在 CV 领域大有用武之地。AlexNet 提出了一些在以前的 CNN(如 LeNet)中未被使用过的新功能。前面章节已经提到过,这里简单回顾一下。

1. ReLU 激活函数

AlexNet 使用 ReLU 激活函数替代早期传统的神经网络(如 LeNet)中使用的 tanh 和 sigmoid 函数。ReLU 被用于 AlexNet 架构的隐藏层。它的训练速度更快,这是因为 sigmoid 函数的导数在饱和区变得非常小,因此应用于权重值的更新几乎消失,这种现象被称为梯度消失(vanishing gradient)。ReLU 的方程式如下(详见第 2 章):

$$f(x) = \max(0, x)$$

梯度消失问题

某些激活函数(如 sigmoid)将较大的输入空间压缩为介于 0 和 1 之间的较小输出空间(tanh 激活函数为-1 到 1),这使输入上发生的巨大变化在输出上变成了小变化,因此,导数变得很小(小到几乎消失)。

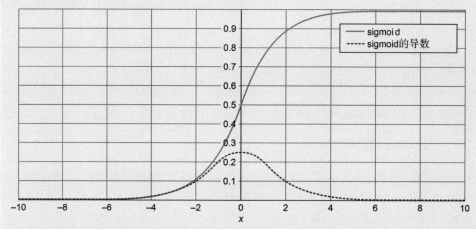

梯度消失问题:sigmoid 函数的输入发生很大变化时,输出的变化可以忽略不计

后续涉及 ResNet 架构时会进一步讨论梯度消失的问题。

2. dropout 层

如第 3 章所述,dropout 层用于防止网络过拟合。被舍弃的神经元在前向传播中无贡献,也不参与后向传播。这意味着每次输入时,神经网络都会采样到不同的网络架构,但所有这些架构共享相同的权重。这种技术减少了神经元之间复杂的协同性,因为一个神经元不能依赖于其他特定神经元而存在。因此神经元被迫学习更健壮的特征,这些特征可用于与其他神经元的不同随机子集相连接。Krizhevsky 等人在两个全连接层之间使用舍弃率为 0.5 的 dropout 层。

3. 数据增强

避免过拟合的一种流行且非常有效的方法是人为地扩大数据集并保留标签转换。该方法通过图像旋转、缩放、翻转等转换操作来生成训练图像的新实例。第 4 章解释过数据增强。

4. 局部响应归一化

AlexNet 使用了局部响应归一化(local response normalization)技术。这是一种不同于批归一化(第 4 章解释过)的技术。归一化有助于加快收敛速度。如今,批归一化已经替代了局部响应归一化。本章将使用 BN 技术。

5. 权重正则化

Krizhevsky 等人使用了 0.0005 的权重衰减。权重衰减是第 4 章中解释过的 L2 正则化技术的另一个术语。该技术减少了模型在训练数据上的过拟合现象,使网络在新数据上能够更好地泛化。

```
model.add(Conv2D(32, (3,3), kernel_regularizer=l2(λ)))
```

λ 值是一个可以调优的权重衰减超参数。如果仍然看到过拟合现象,可通过增大 λ 值来防止。这种情况下,Krizhevsky 及其团队发现,0.0005 的小衰减值足以让模型完成学习。

6. 在多 GPU 上进行训练

Krizhevsky 等人使用了只有 3GB 内存的 GTX580 GPU。这是当时最先进的设备,但面对训练集中的 120 万个训练实例时,其内存仍然不足,因此,该团队开发了一种复杂的方法以将网络分散到 2 个 GPU 上训练。其基本思想是,网络层被划分到两个不同但可以相互通讯的 GPU 上。如今已经不必担心这些细节了,可采用更先进的方法实现分布式 GPU 上的训练,详见后续章节。

5.3.3 Keras 中的 AlexNet 实现

相信你已对 AlexNet 的基本组成部分和它的新特性了然于心,接下来可尝试构建 AlexNet 神经网络。建议你阅读原论文第 4 页的架构部分并进行尝试。

如图 5-7 所示,网络具有 8 个权重层:前 5 个为卷积层,余下 3 个为全连接层。最后一个全连接层的输出被送到含有 1000 个节点的 softmax 层中,输出 1000 个分类。

> **注意** AlexNet 的输入是 227 × 227 × 3 的图像。但阅读论文后你会发现,输入图像的大小被写成了 224 × 224 × 3,但实际上,只有当大小为 227 × 227 × 3 时,其论述才能说得通(见图 5-7)。这可能是论文中的笔误。

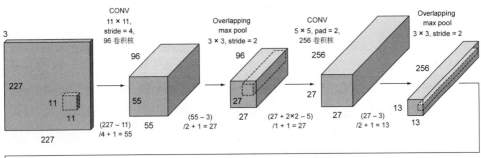

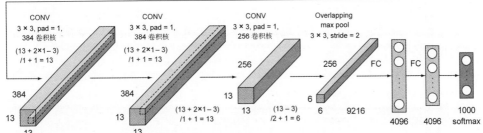

图 5-7 AlexNet 含 8 个权重层:5 个卷积层和 3 个全连接层。其中两层含有 4096 个神经元,输出给一个含有 1000 神经元的 softmax

按如下方式将各层组合起来。

- Conv1：作者使用了一些比较大的参数，如卷积核大小 kernel_size=11，步幅 stride=4，这使输入图像的尺寸从 227×227 缩小到 55×55。按如下方式计算输出图像的尺寸：

$$\frac{(227-11)}{4}+1=55$$

网络深度为卷积层的滤波器数量(96)，输出大小为 55×55×96。

- POOL：池化层的滤波器大小为 3×3，使图像尺寸从 55×55 变为 27×27：

$$\frac{(55-3)}{2}+1=27$$

池化层不会改变网络深度，因此池化层输出尺寸为 27×27×96。同理，可计算出其他层的尺寸。

- Conv2：卷积核大小 kernel_size=5，网络深度 depth=256，步幅 stride=1。
- POOL：size =3×3，下采样之后输入尺寸从 27×27 变为 13×13。
- Conv3：kernel_size=3，depth=384，stride=1。
- Conv4：kernel_size=3，depth=384，stride=1。
- Conv5：kernel_size=3，depth=256，stride=1。
- POOL：size=3×3，下采样之后输入尺寸从 13×13 变为 6×6。
- Flatten 层：将 6×6×256 的多维尺寸压缩为 1×9216。
- FC 层含 4096 个神经元。
- FC 层含 4096 个神经元。
- softmax 层含 1000 个神经元。

注意　你可能想知道 Krizhevsky 及其团队是如何决定采用这样的配置的。设置正确的网络超参数(如卷积核大小、深度、步幅、池化大小等)的过程异常繁杂，且需要进行大量的试验和试错。不过万变不离其宗：应用更多权重层以提升模型的学习能力，从而适应更复杂的情况。同时要增加池化层，以便对输入图像进行下采样，如第 2 章所述。换言之，建立精确的超参数是 CNN 的挑战之一。VGGNet(后续章节会讲到)解决这个问题的方式是引入一个统一的配置层，以减少设计网络时试验和试错的次数。

请注意，所有卷积层之后都有一个批归一化层，所有隐藏层都使用 ReLU 激活函数。AlexNet 架构的代码实现如下：

```
from keras.models import Sequential
from keras.regularizers import l2
from keras.layers import Conv2D, AveragePooling2D, Flatten, Dense,
    Activation,MaxPool2D, BatchNormalization, Dropout

model = Sequential()
```

导入Keras 模型、层以及正则化矩阵

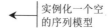 实例化一个空的序列模型

```
# 1st layer (CONV + pool + batchnorm)
model.add(Conv2D(filters= 96, kernel_size= (11,11), strides=(4,4),
    padding='valid',
                 input_shape = (227,227,3)))
model.add(Activation('relu'))
model.add(MaxPool2D(pool_size=(3,3), strides=(2,2)))
model.add(BatchNormalization())
```

可将激活函数当作独立层添加，也可将它添加到 Conv2D 函数中，就像之前所做的那样

```
# 2nd layer (CONV + pool + batchnorm)
model.add(Conv2D(filters=256, kernel_size=(5,5), strides=(1,1), padding='same',
                 kernel_regularizer=l2(0.0005)))
model.add(Activation('relu'))
model.add(MaxPool2D(pool_size=(3,3), strides=(2,2), padding='valid'))
model.add(BatchNormalization())
```

请注意，AlexNet 的作者并没有在此添加池化层

```
# layer 3 (CONV + batchnorm)
model.add(Conv2D(filters=384, kernel_size=(3,3), strides=(1,1), padding='same',
    kernel_regularizer=l2(0.0005)))
model.add(Activation('relu'))
model.add(BatchNormalization())
```

同 layer 3

```
# layer 4 (CONV + batchnorm)
model.add(Conv2D(filters=384, kernel_size=(3,3), strides=(1,1), padding='same',
    kernel_regularizer=l2(0.0005)))
model.add(Activation('relu'))
model.add(BatchNormalization())
```

```
# layer 5 (CONV + batchnorm)
model.add(Conv2D(filters=256, kernel_size=(3,3), strides=(1,1), padding='same',
                 kernel_regularizer=l2(0.0005)))
model.add(Activation('relu'))
model.add(BatchNormalization())
model.add(MaxPool2D(pool_size=(3,3), strides=(2,2), padding='valid'))
```

```
model.add(Flatten())
```

对输出进行扁平化操作并将其送入全连接层

```
# layer 6 (Dense layer + dropout)
model.add(Dense(units = 4096, activation = 'relu'))
model.add(Dropout(0.5))
```

```
# layer 7 (Dense layers)
model.add(Dense(units = 4096, activation = 'relu'))
model.add(Dropout(0.5))
```

```
# layer 8 (softmax output layer)
model.add(Dense(units = 1000, activation = 'softmax'))
```

```
model.summary()
```

打印模型摘要

模型摘要显示，总参数量为 6200 万：

```
---------------------------------
Total params: 62,383, 848
Trainable params: 62,381, 096
Non-trainable params: 2,752
```

> **注意**　LeNet 和 AlexNet 都有很多超参数需要调整。这些网络的作者不得不进行很多试验来设置
> 每层的 kernel_size、strides 和 padding 等参数，这使网络变得难以理解和管理。VGGNet(稍
> 后将解释)通过一个简单、统一的架构解决了这一问题。

5.3.4　设置学习超参数

AlexNet 在两块 Nvidia GeForce GTX 580 的显卡上同时训练，花费 6 天时间完成了 90 轮训练。因此你在原论文中可以看到，网络被分成 2 个管道。Krizhevsky 等人将初始的学习率设置为 0.01，将动量设为 0.9。当验证集上的误差停止改进时，将学习率(lr)乘以 0.1。

```
将 SGD 优化器的学习率设置
为 0.01，将动量设为 0.9                          当验证集上的误差停止改
                                               进时，将学习率乘以 0.1

  reduce_lr = ReduceLROnPlateau(monitor='val_loss', factor=np.sqrt(0.1))

optimizer = keras.optimizers.sgd(lr = 0.01, momentum = 0.9)

  model.compile(loss='categorical_crossentropy', optimizer=optimizer,
                metrics=['accuracy'])              编译模型

  model.fit(X_train, y_train, batch_size=128, epochs=90,
            validation_data=(X_test, y_test), verbose=2, callbacks=[reduce_lr])

训练模型并在训练方法中使用回
调函数调用 reduce_lr 的值
```

5.3.5　AlexNet 的性能

AlexNet 在 2012 年的 ILSVRC 比赛中脱颖而出。它获得了 15.3% 的 top-5 错误率，而当年的第二名使用其他传统分类器，其 top-5 值是 26.2%。AlexNet 巨大的性能改进引起了 CV 界的关注，他们重点探索卷积神经网络拥有的解决复杂视觉问题的潜力，并开发出了更先进的 CNN 架构，详见本章后续小节。

---

top-1 错误率和 top-5 错误率

top-1 和 top-5 在研究论文中常用于描述一个算法在一个给定的分类任务上的准确率。top-1 错误率是指分类器未将最高分赋给正确类别的百分比，top-5 错误率是指分类器未将正确类别纳入前 5 个分类中的百分比。

例如，假设有 100 个类别，给网络输入一张猫的图片。分类器按如下方式输出了该图片在每个类别的得分或者置信度。

1) 猫：70%

2) 狗：20%

3) 马：5%

4) 摩托车：4%

5) 汽车：0.6%

6) 飞机：0.4%

这意味着该分类器能够在 top-1 错误率下正确预测图像的真正类别。对 100 张图片进行同样的实验，观察分类器漏掉真正标签的次数，就可得到 top-1 错误率。

同理可得到 top-5 错误率的算法。在上述例子中，如果正确的标签是马，那么分类器在 top-1 中漏掉了真正的标签，但是在预测的前 5 个类别(top-5)中找到了它。计算分类器在前 5 个预测中错过真正标签的次数，就可得到 top-5 错误率。

理想情况下，我们希望模型总是以 top-1 错误率来预测正确的分类。通过定义模型与正确预测的距离，top-5 对模型的性能进行了更全面的评估。

5.4　VGGNet

VGGNet 于 2014 年由牛津大学视觉几何组[1](Visual Geometry Group at Oxford University，由此得名 VGG)开发。其构成组件与 LeNet 和 AlexNet 相同，但 VGGNet 具有更深的层级，即具有更多卷积层、池化层和全连接层，除此之外没有引入任何新组件。

VGGNet 又名 VGG16，由 16 个权重层组成：13 个卷积层和 3 个全连接层。其统一的架构很容易理解，因此它在 DL 社区中很受欢迎。

5.4.1　VGGNet 新特性

kernel_size、padding、strides 等 CNN 超参数的设置是一件充满挑战的工作。VGGNet 的创新之处在于，它具有一个包含统一组件(卷积层和池化层)的简单结构。它在 AlexNet 基础之上进行了改进，用多个 3×3 大小的卷积核分别替代 AlexNet 网络中第 1 卷积层(11×11)和第 2 卷积层(5×5)的大尺寸卷积核。

该架构由一系列统一的卷积层和池化层组成，其中：

- 所有卷积层的卷积核都是 3×3 大小，strides 值为 1，padding 值为 same。
- 所有池化层池化大小为 2×2，strides 值为 2。

AlexNet 采用了大卷积核(11×11 和 5×5)，而 Simonyan 和 Zisserman 决定使用更小的 3×3 卷积核，这样网络可提取更精细的图像特征。其基本理念是，在给定的卷积感受野下，多个堆

---

1 Karen Simonyan 和 Andrew Zisserman，"Very Deep Convolutional Networks for Large-Scale Image Recognition"，2014，https://arxiv.org/pdf/1409.1556v6.pdf。

叠的小卷积核优于一个较大的卷积核。因为多个非线性层增加了网络深度，这使它能够以更低的成本(拥有更少的学习参数)学习更复杂的特征。

　　例如，作者在他们的实验中注意到，两个 3×3 的卷积层(中间没有池化层)具有 5×5 的有效感受野，而三个 3×3 卷积层的感受野等效于一个 7×7 卷积层的感受野。因此，通过使用具有更大深度的 3×3 卷积，可以使用更多非线性修正层(ReLU)并从中获益。这使决策函数更有分辨力。其次，这减少了训练参数的数量，因为单个 7×7 的卷积层需要 7^2C^2=49C^2 的权重，而使用一个 C 通道的 3 层 3×3 卷积的参数量为 3^3C^2=27 C^2，参数量减少了 81%。

感受野

如第 3 章所述，感受野是输出所依赖的、输入图像的有效区域。

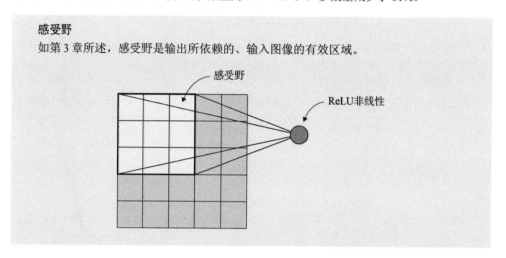

　　这种卷积和池化层的统一配置简化了神经网络架构，使其非常容易理解和实现。通过叠加多个 3×3 卷积层和 2×2 池化层(在卷积层之后)，并在其后添加传统分类器，可开发出 VGGNet 架构。其中，分类器由全连接层和一个 softmax 组成，如图 5-8 所示。

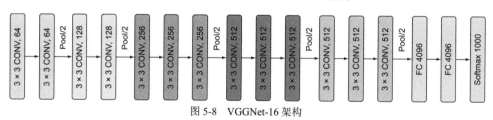

图 5-8　VGGNet-16 架构

5.4.2　VGGNet 配置

　　Simonyan 和 Zisserman 为 VGGNet 架构创建了几个配置，如图 5-9 所示。所有配置都遵循相同的设计，其中，配置 D 和配置 E 最为常用，根据权重层数分别被称为 VGG16 和 VGG19。每个构建块包含一系列具有类似超参数配置的 3×3 卷积层，其后接 2×2 池化层。

　　表 5-1 列出了每种配置的学习参数的数量(单位：百万)。VGG16 约有 1.38 亿参数，VGG19 具有更深的层级，因此含有超过 1.44 亿参数。VGG16 的表现与 VGG19 相差无几，且参数更少，因此 VGG16 更为常用。

ConvNet configuration					
A	A-LRN	B	C	D	E
11 weight layers	11 weight layers	13 weight layers	16 weight layers	16 weight layers	19 weight layers
Input (224 x 224 RGB image)					
conv3-64	conv3-64 LRN	conv3-64 conv3-64	conv3-64 conv3-64	conv3-64 conv3-64	conv3-64 conv3-64
maxpool					
conv3-128	conv3-128	conv3-128 conv3-128	conv3-128 conv3-128	conv3-128 conv3-128	conv3-128 conv3-128
maxpool					
conv3-256 conv3-256	conv3-256 conv3-256	conv3-256 conv3-256	conv3-256 conv3-256 conv3-256	conv3-256 conv3-256 conv3-256	conv3-256 conv3-256 conv3-256 conv3-256
maxpool					
conv3-512 conv3-512	conv3-512 conv3-512	conv3-512 conv3-512	conv3-512 conv3-512 conv3-512	conv3-512 conv3-512 conv3-512	conv3-512 conv3-512 conv3-512 conv3-512
maxpool					
conv3-512 conv3-512	conv3-512 conv3-512	conv3-512 conv3-512	conv3-512 conv3-512 conv3-512	conv3-512 conv3-512 conv3-512	conv3-512 conv3-512 conv3-512 conv3-512
maxpool					
FC-4096					
FC-4096					
FC-1000					

图 5-9　VGGNet 架构的配置

表 5-1　VGG 架构参数(单位：百万)

网络	A, A-LRN	B	C	D	E
参数量	133	133	134	138	144

VGG16 的 Keras 实现

配置 D(VGG16)和配置 E(VGG19)是最常用的配置，因为它们具有更深的层级，可以学习更复杂的特征。因此本章将带你实现配置 D，它有 16 个权重层。同理，通过在第 3、第 4 和第 5 个构建块中添加第 4 个卷积层，可实现 VGG19(配置 E)，如图 5-9 所示。本章的下载代码中包含 VGG16 和 VGG19 的完整实现。

注意，Simonyan 和 Zisserman 使用了以下正则化技术来避免过拟合。

- L2 正则化，权重衰减为 5×10^{-4}。简单起见，下面的代码实现中没有添加这一项。
- 前两个全连接层采用 dropout 正则化，dropout 比例为 0.5。

Keras 代码如下：

```
model = Sequential()  ←────  实例化一个空的序列模型
# block #1
model.add(Conv2D(filters=64, kernel_size=(3,3), strides=(1,1),
    activation='relu',
                padding='same', input_shape=(224,224, 3)))
model.add(Conv2D(filters=64, kernel_size=(3,3), strides=(1,1),
    activation='relu',
                padding='same'))
model.add(MaxPool2D((2,2), strides=(2,2)))

# block #2
model.add(Conv2D(filters=128, kernel_size=(3,3), strides=(1,1),
    activation='relu',
                padding='same'))
model.add(Conv2D(filters=128, kernel_size=(3,3), strides=(1,1),
    activation='relu',
                padding='same'))
model.add(MaxPool2D((2,2), strides=(2,2)))

# block #3
model.add(Conv2D(filters=256, kernel_size=(3,3), strides=(1,1),
    activation='relu',
                padding='same'))
model.add(Conv2D(filters=256, kernel_size=(3,3), strides=(1,1),
    activation='relu',
                padding='same'))
model.add(Conv2D(filters=256, kernel_size=(3,3), strides=(1,1),
    activation='relu',
                padding='same'))
model.add(MaxPool2D((2,2), strides=(2,2)))

# block #4
model.add(Conv2D(filters=512, kernel_size=(3,3), strides=(1,1),
    activation='relu',
                padding='same'))
model.add(Conv2D(filters=512, kernel_size=(3,3), strides=(1,1),
    activation='relu',
                padding='same'))
model.add(Conv2D(filters=512, kernel_size=(3,3), strides=(1,1),
    activation='relu',
                padding='same'))
model.add(MaxPool2D((2,2), strides=(2,2)))

# block #5
model.add(Conv2D(filters=512, kernel_size=(3,3), strides=(1,1),
    activation='relu',
                padding='same'))
model.add(Conv2D(filters=512, kernel_size=(3,3), strides=(1,1),
    activation='relu',
                padding='same'))
model.add(Conv2D(filters=512, kernel_size=(3,3), strides=(1,1),
    activation='relu',
                padding='same'))
model.add(MaxPool2D((2,2), strides=(2,2)))
```

```
# block #6 (classifier)
model.add(Flatten())
model.add(Dense(4096, activation='relu'))
model.add(Dropout(0.5))
model.add(Dense(4096, activation='relu'))
model.add(Dropout(0.5))
model.add(Dense(1000, activation='softmax'))

model.summary() ◄────┐ 打印模型摘要
```

从模型摘要中可以看出，总的参数量约为 1.38 亿：

```
------------------------------------
Total params: 138,357, 544
Trainable params: 138,357, 544
Non-trainable params: 0
```

5.4.3　学习超参数

Simonyan 和 Zisserman 遵循的训练流程与 AlexNet 的类似：训练采用动量为 0.9 的小批梯度下降法。将初始化学习率设置为 0.01，并在验证集上的准确率停止改进时将学习率乘以 0.1。

5.4.4　VGGNet 性能

VGG16 在 ImageNet 上的 top-5 错误率为 8.1%，而 AlexNet 为 15.3%。VGG19 表现得更好，它的 top-5 错误率约为 7.4%。值得注意的是，尽管与 AlexNet 相比，VGGNet 的参数量更多，深度更深，但它需要的训练时长更短，能更快达到收敛，其原因在于较大的深度和较小的卷积滤波器尺寸带来的隐式正则化。

5.5　Inception 和 GoogLeNet

Inception 网络于 2014 年问世，当时谷歌的一组研究人员发表了他们的论文 "Going Deeper with Convolutions"[1]。该架构的主要特点是在提高网络内部计算资源利用率的同时构建一个更深的神经网络。Inception 网络的一个典型代表是 GoogLeNet，该团队在 2014 年的 ILSVRC 比赛中使用了它。GoogLeNet 使用了一个 22 层深的网络(比 VGGNet 更深)，同时将参数量减少了90%(从≈1.38 亿减少到≈1300 万)，并获得了明显更准确的结果。该网络使用了一个受经典网络(AlexNet 和 VGGNet)启发的 CNN，但实现了一个被称为 Inception 模块的创新组件。

1　Christian Szegedy、Christian、Wei Liu、Yangqing Jia、Pierre Sermanet、Scott Reed、Dragomir Anguelov、Dumitru Erhan、Vincent Vanhoucke 及 Andrew Rabinovich，"Going Deeper with Convolutions"，《IEEE 计算机视觉与模式识别会议论文集》，1～9，2015，http://mng.bz/YryB。

5.5.1　Inception 新特性

Szegedy 等人在设计网络架构时另辟蹊径。如前所述，在设计网络时需要针对每一层做一些架构上的决策，下面给出了两个例子。

- 卷积核大小：对于之前章节中谈到的架构，其卷积核大小都不同——1×1、3×3、5×5，甚至 11×11(AlexNet)。卷积核大小是需要与数据集相匹配的参数。回忆一下第 3 章中提到的，小的卷积核提取图像中更精细的特征，而较大的卷积核会遗漏微小的细节。
- 池化层：AlexNet 每隔一个或两个卷积层使用一个池化层以减少空间特征。随着网络深度的增加，VGGNet 在每两个、三个或四个卷积层之后应用池化层。

设置卷积核大小以及池化层的位置时通常要通过试验和试错来获得最佳结果。Inception 的设计理念是："与其在一个卷积层中选择理想的卷积核大小并反复考虑池化层的位置，不如将它们全部应用在一个模块中，并称之为 Inception 模块。"

Szegedy 及其团队没有采用经典体系架构中将各个网络层堆叠起来的方式，而是建议创建一个 Inception 模块(模块由具有不同大小的卷积核的若干卷积层组成)，然后将 Inception 模块堆叠起来，图 5-10 显示了经典的卷积神经网络与 Inception 网络的对比。

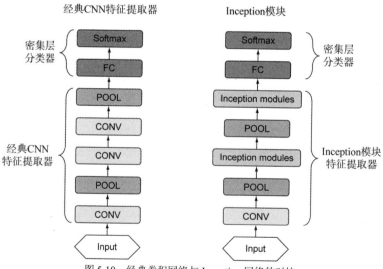

图 5-10　经典卷积网络与 Inception 网络的对比

从上图可以看出：

- 在 LeNet、AlexNet 和 VGGNet 等经典架构中，将卷积层和池化层堆叠起来以构建特征提取器，最后使用密集层构建分类器。
- 在 Inception 网络中，先添加一个卷积层和池化层，然后将 Inception 模块和池化层堆叠起来以构建特征提取器，最后添加常规的密集层分类器。

在此之前，我们一直将 Inception 模块当作黑盒，以便从整体上了解 Inception 网络架构，接下来让我们打开黑盒，看看 Inception 模块的运行原理。

5.5.2　Inception 模块：Naive 版

Inception 模块由以下 4 层组成：

- 1×1 卷积层
- 3×3 卷积层
- 5×5 卷积层
- 3×3 最大池化层

这些层的输出被连接成一个单独的输出体，形成下一阶段的输入。Inception 模块的朴素表征(naive representation)如图 5-11 所示。此图虽然乍看起来难以理解，但其思想却简单易懂，下面请看示例。

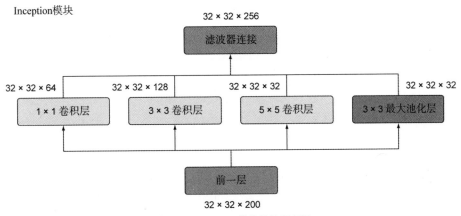

图 5-11　Inception 模块的朴素表征

(1) 假设前一层的输入为 32×32×200。

(2) 将该输入同时提供给 4 个卷积层。

- 1×1 卷积层深度为 64，padding=same，输出为 32×32×64。
- 3×3 卷积层深度为 128，padding=same，输出为 32×32×128。
- 5×5 卷积层深度为 32，padding=same，输出为 32×32×32。
- 3×3 最大池化层 padding=same，步幅为 1，输出为 32×32×32。

(3) 将 4 个输出的深度连接在一起，创建一个维数为 32×32×256 的输出。

如此，我们创建了一个 Inception 模块，输入为 32×32×200，输出为 32×32×256。

注意　在之前的例子中，padding 的值被设为 same。如第 3 章所述，Keras 中 padding 可以被设为 same 或 valid。same 表示填充输入以使输出与输入具有相同的长度。这样做是为了使输出与输入具有同样的宽度和高度。我们希望在 Inception 模块中输出相似的尺寸以简化深度连接过程。现在，可将所有输出的深度相加并将其连接成一个输出，然后将其送到网络的下一层。

5.5.3　Inception 模块与维数约减

上述 Inception 模块的朴素表征在处理更大的滤波器(如 5×5)时存在很大的计算开销问题。为了让你更好地理解这个问题,现以上述示例中 5×5 卷积层为例计算将执行的操作数量。

尺寸为 32×32×200 的输入将被送入具有 32 个 5×5 滤波器的卷积层,因此卷积层尺寸为 5×5×32。这意味着计算机需要计算的乘法总数是 32×32×200×5×5×32,总运算次数超过了 1.63 亿。虽然现代计算机可以执行这么多操作,但这仍然相当昂贵,此时维数约减(dimensionality reduction)层就显得非常必要了。

1. 维数约减层(1×1 卷积层)

1×1 卷积层可将 1.63 亿次的操作成本降低到该数值的十分之一左右,故被称为归约层 (reduce layer)。其思想是,在拥有 3×3 或 5×5 等较大滤波器的卷积层之前添加一个 1×1 卷积层,以减少网络深度,从而减少操作数量。

例如,假设输入的尺寸为 32×32×200,现添加一个深度为 16 的 1×1 卷积层,因此维度从 200 个通道减少到 16 个通道。然后在该输出上应用 5×5 卷积层,可得到更低的深度,如图 5-12 所示。

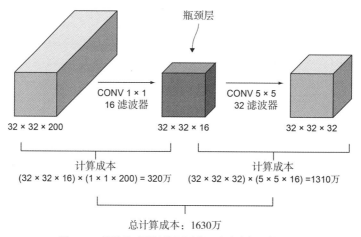

图 5-12　维数约减通过降低层的深度来降低计算成本

注意,尺寸为 32×32×200 的输入通过上述 2 个卷积层的处理,输出的尺寸为 32×32×32,这与没有使用维数约减层时产生的输出是相同的。但这里不是在全部的 200 个通道上进行 5×5 卷积处理,而是把这个巨大的体积缩小到一个只有 16 个通道的更小的体积上。

现在,仔细计算上述操作的计算成本,并将所得结果与使用归约层之前的 1.63 亿计算量相比较,新的计算量的计算公式如下:

计算量=1×1 卷积层的操作+5×5 卷积层的操作

　　　=(32×32×200)×(1×1×16)+(32×32×16)×(5×5×32)

　　　=320 万+1310 万=1630 万

上述操作中，总的计算量是 1630 万，是不使用归约层时的计算量的 1/10。

1×1 卷积层

1×1 卷积的基本思想是：保留输入的空间尺寸(高和宽)，但是改变其通道数(深度)。

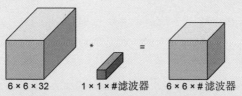

6 × 6 × 32   1 × 1 ×#滤波器   6 × 6 ×#滤波器
1×1 卷积层保留空间尺寸但改变深度

1×1 卷积层也被称为瓶颈层(bottleneck layers)，因为瓶颈是瓶子中最窄的一部分，归约层减小了网络的尺寸，使归约层看起来就像瓶颈。

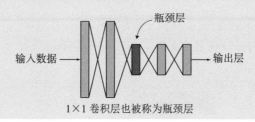

1×1 卷积层也被称为瓶颈层

2. 维数约减对网络性能的影响

如此显著地缩小网络尺寸的行为是否会损害神经网络的性能？对此，你可能心存疑问。Szegedy 等人进行了试验，发现只要适度使用归约层，就可以在不伤害网络性能的情况下显著缩小网络尺寸，从而节省大量计算成本。

接下来不妨实践一下，构建一个具有维数约减功能的 Inception 模块。为此，需要保持与朴素表征相同的概念(连接 4 个层)。在 3×3 和 5×5 卷积层之前添加一个 1×1 卷积归约层以减少计算成本，同时，因为池化层并不降低输入的深度，还要在 3×3 最大池化层之后添加一个 1×1 卷积层。因此，在进行连接之前，需要将归约层应用于输出，如图 5-13 所示。

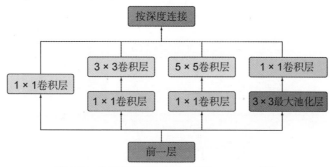

图 5-13　构建具有维数约减功能的 Inception 模块

在大的卷积层之前添加维数约减层后，可以在每个阶段显著增加隐藏单元数，但不会引起后续阶段在计算复杂度上的失控。更重要的是，该设计遵循了一种实践直觉：视觉信息应该在不同尺度下进行处理和聚合，以便在下一个阶段同时从不同尺度中提取特征。

3. Inception 模块总结

总而言之，如果你正在构建一个神经网络并且不想费神决定每层的滤波器尺寸或者在何时添加池化层，那么Inception 模块可以帮助你。它允许将所有深度连接起来作为输出。这被称为 Inception 模块的朴素表征。

接下来是使用大的滤波器时出现的计算成本问题。为此，我们引入了被称为归约层的 1×1 卷积层，它显著降低了计算成本。示例中在 3×3 和 5×5 的卷积层之前和最大池化层之后添加了归约层，因此创建了一个含有维数约减功能的 Inception 模块。

5.5.4 Inception 架构

理解了 Inception 模块的组件后，下面开始构建 Inception 网络架构。使用 Inception 模块的维数约减表征，将若干 Inception 模块堆叠在一起，并在其间添加一个 3×3 的池化层以便进行降采样，如图 5-14 所示。

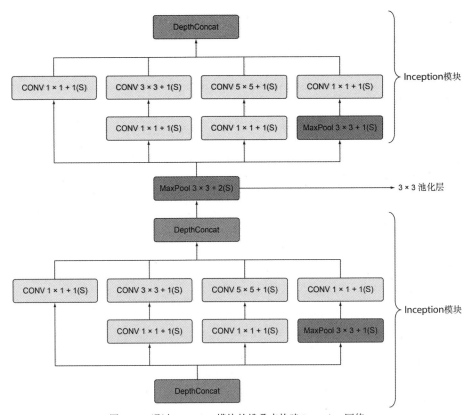

图 5-14   通过 Inception 模块的堆叠来构建 Inception 网络

可以随意堆叠多个 Inception 模块来构建一个非常深的卷积网络。在原论文中，作者及其团队构建了一个特定的 Inception 模块并称之为 GoogLeNet。他们在 2014 年的 ILSVRC 比赛中使用了它。GoogLeNet 网络架构如图 5-15 所示。

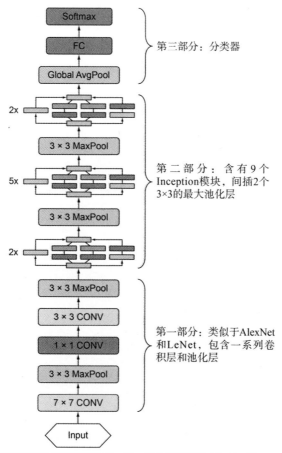

图 5-15　GoogLeNet 的完整架构由三部分组成：第一部分是类似于 AlexNet 和 LeNet 的经典 CNN 架构，第二部分是堆叠的 Inception 模块和池化层，第三部分是传统的全连接分类器

如上图所示，GoogLeNet 使用了 9 个 Inception 模块并且每隔几个模块使用最大池化层来实现降维。为了简化实现，现在将 GoogLeNet 架构拆分为三个部分。

- 第一部分：类似于 AlexNet 和 LeNet，包含一系列卷积层和池化层。
- 第二部分：9 个 Inception 模块堆叠在一起，其中含 2 个 Inception 模块+1 个池化层+5 个 Inception 模块+1 个池化层+2 个 Inception 模块。
- 第三部分：网络的分类器部分，由全连接层和 softmax 层组成。

5.5.5　GoogLeNet 的 Keras 实现

接下来在 Keras 中实现 GoogLeNet 的架构(如图 5-16 所示)。注意，Inception 模块以上一个模块输出的特征作为输入，并通过 4 条路线将它们传递下去，然后按深度将 4 条路线的输出连接起来，并将连接的结果传给下一个模块。4 条路径如下：

- 1×1 卷积层
- 1×1 卷积层+3×3 卷积层
- 1×1 卷积层+5×5 卷积层
- 3×3 池化层+1×1 卷积层

含维数约减的Inception模块

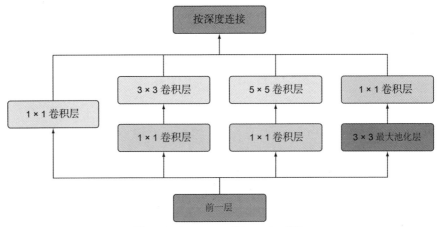

图 5-16　GoogLeNet 的 Inception 模块

首先构建 inception_module 函数。它以每个卷积层中滤波器的数量作为参数，并返回连接的结果：

创建 1×1 卷积层，直接
从前一层中获取输入

```python
def inception_module(x, filters_1 × 1, filters_3x3_reduce, filters_3x3,
    filters_5x5_reduce,
                filters_5x5, filters_pool_proj, name=None):

conv_1x1 = Conv2D(filters_1x1, kernel_size=(1, 1), padding='same',
    activation='relu',
                kernel_initializer=kernel_init, bias_initializer=bias_init)(x)

    # 3 × 3 route = 1 × 1 CONV + 3 × 3 CONV
pre_conv_3x3 = Conv2D(filters_3x3_reduce, kernel_size=(1, 1), padding='same',
                activation='relu', kernel_initializer=kernel_init,
                bias_initializer=bias_init)(x)
conv_3x3 = Conv2D(filters_3x3, kernel_size=(3, 3), padding='same',
    activation='relu',
                kernel_initializer=kernel_init,
```

```
                           bias_initializer=bias_init)(pre_conv_3x3)

        # 5 × 5 route = 1 × 1 CONV + 5 × 5 CONV
    pre_conv_5x5 = Conv2D(filters_5x5_reduce, kernel_size=(1, 1), padding='same',
                    activation='relu', kernel_initializer=kernel_init,
                    bias_initializer=bias_init)(x)
    conv_5x5 = Conv2D(filters_5x5, kernel_size=(5, 5), padding='same',
        activation='relu',
                    kernel_initializer=kernel_init,
                    bias_initializer=bias_init)(pre_conv_5x5)

        # pool route = POOL + 1 × 1 CONV
    pool_proj = MaxPool2D((3, 3), strides=(1, 1), padding='same')(x)
    pool_proj = Conv2D(filters_pool_proj, (1, 1), padding='same', activation='relu',
                    kernel_initializer=kernel_init,
        bias_initializer=bias_init)(pool_proj)

    output = concatenate([conv_1x1, conv_3x3, conv_5x5, pool_proj], axis=3,
        name=name)

    return output  ◄────  将3个滤波器的深度
                           连接起来
```

GoogLeNet 架构

现在，inception_module 函数已经准备就绪。接下来构建图 5-16 所示的 GoogLeNet 架构。为了获得 inception_module 函数的参数值，可以查看图 5-17。它是 Szegedy 等人在原论文中设置并执行的超参数(注意，图中的 "#3×3 reduce" 和 "#5×5 reduce" 代表在 3×3 和 5×5 卷积层之前使用的 1×1 归约层)。

	type	patch size/ stride	output size	depth	#1 × 1	#3 × 3 reduce	#3 × 3	#5 × 5 reduce	#5 × 5	pool proj	params	ops
第一部分	convolution	7 × 7/2	112 × 112 × 64	1							2.7K	34M
	max pool	3 × 3/2	56 × 56 × 64	0								
	convolution	3 × 3/1	56 × 56 × 192	2		2	2	2	2	2	112K	360M
	max pool	3 × 3/2	28 × 28 × 192	0								
第二部分	inception (3a)		28 × 28 × 256	2	64	96	128	16	32	32	159K	128M
	inception (3b)		28 × 28 × 480	2	128	128	192	32	96	64	380K	304M
	max pool	3 × 3/2	14 × 14 × 480	0								
	inception (4a)		14 × 14 × 512	2	192	96	208	16	48	64	364K	73M
	inception (4b)		14 × 14 × 512	2	160	112	224	24	64	64	437K	88M
	inception (4c)		14 × 14 × 512	2	128	128	256	24	64	64	463K	100M
	inception (4d)		14 × 14 × 528	2	112	144	288	32	64	64	580K	119M
	inception (4e)		14 × 14 × 832	2	256	160	320	32	128	128	840K	170M
	max pool	3 × 3/2	7 × 7 × 832	0								
	inception (5a)		7 × 7 × 832	2	256	160	320	32	128	128	1072K	54M
	inception (5b)		7 × 7 × 1024	2	384	192	384	48	128	128	1388K	71M
第三部分	avg pool	7 × 7/1	1 × 1 × 1024	0								
	dropout (40%)		1 × 1 × 1024	0								
	linear		1 × 1 × 1000	1							1000K	1M
	softmax		1 × 1 × 1000	0								

图 5-17　Szegedy 等人在原论文中执行的超参数

下面详细介绍每一部分的实现。

第一部分：构建网络的底层部分

这部分由 7×7 卷积层⇒3×3 池化层⇒1×1 卷积层⇒3×3 卷积层⇒3×3 池化层组成，如图 5-18 所示。

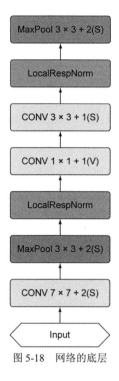

图 5-18   网络的底层

同 AlexNet 类似，此处在 LocalResponseNorm 层中应用局部响应归一化以加快收敛速度。不过，如今一般使用批归一化替代局部响应归一化。

第一部分的 Keras 代码如下：

```
# input layer with size = 24 × 24 × 3
input_layer = Input(shape=(224, 224, 3))

kernel_init = keras.initializers.glorot_uniform()
bias_init = keras.initializers.Constant(value=0.2)

x = Conv2D(64, (7, 7), padding='same', strides=(2, 2), activation='relu',
    name='conv_1_7x7/2',
    kernel_initializer=kernel_init, bias_initializer=bias_init)(input_layer)

x = MaxPool2D((3, 3), padding='same', strides=(2, 2), name='max_pool_1_3x3/2')(x)

x = BatchNormalization()(x)
x = Conv2D(64, (1, 1), padding='same', strides=(1, 1), activation='relu')(x)
x = Conv2D(192, (3, 3), padding='same', strides=(1, 1), activation='relu')(x)
```

```
x = BatchNormalization()(x)

x = MaxPool2D((3, 3), padding='same', strides=(2, 2))(x)
```

第二部分：构建 Inception 模块和最大池化层

为构建 Inception 模块(3a、3b)以及第一个最大池化层，将表 5-2 中的参数用作初始值。

表 5-2　Inception 模块 3a 和 3b

Type	#1 × 1	#3 × 3 reduce	#3 × 3	#5 × 5 reduce	#5 × 5	Pool proj
Inception (3a)	064	96	128	16	32	32
Inception (3b)	128	128	192	32	96	64

代码如下：

```
x = inception_module(x, filters_1x1=64, filters_3x3_reduce=96, filters_3x3=128,
                        filters_5x5_reduce=16, filters_5x5=32, filters_pool_proj=32,
                        name='inception_3a')

x = inception_module(x, filters_1x1=128, filters_3x3_reduce=128, filters_3x3=192,
                        filters_5x5_reduce=32, filters_5x5=96, filters_pool_proj=64,
                        name='inception_3b')

x = MaxPool2D((3, 3), padding='same', strides=(2, 2))(x)
```

同理，创建 Inception 模块(4a、4b、4c、4d 和 4e)以及最大池化层：

```
x = inception_module(x, filters_1x1=192, filters_3x3_reduce=96, filters_3x3=208,
                        filters_5x5_reduce=16, filters_5x5=48, filters_pool_proj=64,
                        name='inception_4a')

x = inception_module(x, filters_1x1=160, filters_3x3_reduce=112, filters_3x3=224,
                        filters_5x5_reduce=24, filters_5x5=64, filters_pool_proj=64,
                        name='inception_4b')

x = inception_module(x, filters_1x1=128, filters_3x3_reduce=128, filters_3x3=256,
                        filters_5x5_reduce=24, filters_5x5=64, filters_pool_proj=64,
                        name='inception_4c')

x = inception_module(x, filters_1x1=112, filters_3x3_reduce=144, filters_3x3=288,
                        filters_5x5_reduce=32, filters_5x5=64, filters_pool_proj=64,
                        name='inception_4d')

x = inception_module(x, filters_1x1=256, filters_3x3_reduce=160, filters_3x3=320,
                        filters_5x5_reduce=32, filters_5x5=128, filters_pool_proj=128,
                        name='inception_4e')

x = MaxPool2D((3, 3), padding='same', strides=(2, 2), name='max_pool_4_3x3/2')(x)
```

创建 5a 和 5b 模块：

```
x = inception_module(x, filters_1x1=256, filters_3x3_reduce=160, filters_3x3=320,
```

```
                       filters_5x5_reduce=32, filters_5x5=128,
             filters_pool_proj=128,
                       name='inception_5a')

x = inception_module(x, filters_1x1=384, filters_3x3_reduce=192, filters_3x3=384,
                       filters_5x5_reduce=48, filters_5x5=128,
             filters_pool_proj=128,
                       name='inception_5b')
```

第三部分：构建分类器部分

Szegedy 等人在他们的实验中发现，若添加一个 7×7 的平均池化层，可将 top-1 的准确率提升 0.6%左右。然后他们添加了一个 40%舍弃率的 dropout 层来防止过拟合：

```
x = AveragePooling2D(pool_size=(7,7), strides=1, padding='valid')(x)
x = Dropout(0.4)(x)
x = Dense(10, activation='softmax', name='output')(x)
```

5.5.6　学习参数

该团队使用了动量为 0.9 的 SGD 梯度下降优化器，并且设置了一个固定的学习率衰减，即每隔 8 轮衰减 4%。可按如下方式实现类似于论文中的训练规则。

```
epochs = 25                                           执行学习率衰减函数
initial_lrate = 0.01

def decay(epoch, steps=100):
    initial_lrate = 0.01
    drop = 0.96
    epochs_drop = 8
    lrate = initial_lrate * math.pow(drop, math.floor((1+epoch)/epochs_drop))
    return lrate

lr_schedule = LearningRateScheduler(decay, verbose=1)

sgd = SGD(lr=initial_lrate, momentum=0.9, nesterov=False)

model.compile(loss='categorical_crossentropy', optimizer=sgd,
    metrics=['accuracy'])

model.fit(X_train, y_train, batch_size=256, epochs=epochs,
    validation_data=(X_test, y_test), callbacks=[lr_schedule], verbose=2,
    shuffle=True)
```

5.5.7　Inception 在 CIFAR 数据集上的性能

GoogLeNet 是 2014 年 ILSVRC 大赛的获胜者。它的 top-5 错误率为 6.67%，非常接近人类水平，并且远胜于 AlexNet 和 VGGNet 等 CNN 网络。

5.6　ResNet

残差神经网络(Residual Neural Network，ResNet)由微软研究院团队[1](Microsoft Research team)于 2015 年开发。他们创造性地引入了一种含跳跃连接(skip connections)的残差模块(residual module)。该网络可对隐藏层进行大批量归一化，这是它的重要特点。该技术允许团队训练具有 50、101 和 152 个权重层的深度神经网络，但该网络的复杂度仍然低于 VGGNet(19 层)等较小的网络。ResNet 的 top-5 错误率在 2015 年的 ILSVRC 大赛中达到了 3.57%，击败了之前的所有卷积网络。

5.6.1　ResNet 新特性

仔细观察神经网络架构从 LeNet、AlexNet、VGGNet 到 Inception 的演进历程，你可能会发现，网络越深，学习能力就越强，从图像中提取特征的能力也就越强。这主要是因为深度网络能够表示非常复杂的功能，可在许多不同的抽象层级上学习特征，包括边缘特征(在较浅的层)以及非常复杂的特征(在较深的层)。

本章前面介绍了 VGGNet-19(19 层)和 GoogLeNet(22 层)这样的深度神经网络，两者在 ImageNet 挑战赛中的表现都非常出色，但网络层级可以更深吗？第 4 章谈到了网络过深的一个缺点：网络更容易过拟合。不过，这并不是一个大问题，因为可以使用 dropout、L2 正则化和批归一化等正则化技术避免过拟合。如果能够解决过拟合问题，为什么不尝试建立 50、100，甚至 150 层的深度网络呢？答案是肯定的。人们当然想要构建非常深的神经网络，不过，若要解锁构建超深网络的能力，仍需要解决一个问题：一种被称为"梯度消失"(vanishing gradient)的现象。

> **梯度消失和梯度爆炸**
>
> 超深网络的问题是，改变权重所需的信号在早期的层中取值非常小。要理解这个问题，请回忆第 2 章中讲过的梯度下降的过程。当网络将误差的梯度从最后一层后向传播给第一层时，该值在每一步都会乘以一个权重矩阵。因此梯度将以指数级降低并很快降为 0，这会导致梯度消失现象并阻止早期网络的学习。因此，网络性能会达到饱和状态甚至开始快速下降。
>
> 相反，在另一种情况下，梯度以指数速度增长到一个非常大的值。这种现象被称为"梯度爆炸"(exploding gradient)。

为解决梯度消失的问题，He 等人创建了一个快捷方式，使梯度可直接被后向传播到早期的层中。这些快捷方式被称为跳跃连接。跳跃连接创建一个可替代的旁路(shortcut path)并让梯度从这条捷径流过，以便将信息从早期的层传递到后期的层。跳跃连接的另一个重要的好处是，它允许模型学习恒等函数。恒等函数可确保后一层的表现至少与前一层一样好(见图 5-19)。

---

1 何恺明、张祥雨、任少卿和孙剑，"Deep Residual Learning for Image Recognition"，2015，http://arxiv.org/abs/1512.03385。

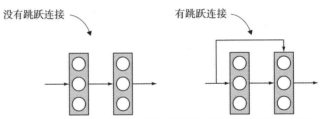

图 5-19　传统的无跳跃连接的网络(左图)和带跳跃连接的网络(右图)

如图 5-19 所示，左边是卷积层相互堆叠的传统网络，右边卷积层的堆叠保持不变，但原始输入却被传递到卷积块的输出中。这就是跳跃连接，如此即形成了两路信号：主路径+跳跃连接。

请注意，快捷箭头指向第二个卷积层的末端，而不是第二个卷积层之后。原因在于，需要在应用该层的 ReLU 激活函数之前添加这两条路径。如图 5-20 所示，X 信号沿着旁路传递并加入主路径 $f(x)$。然后，对 $f(x)+x$ 函数应用 ReLU 激活函数以产生输出信号：relu($f(x)+x$)。

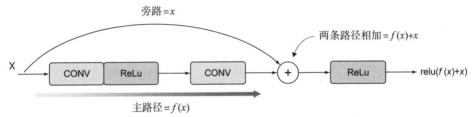

图 5-20　添加路径并应用 ReLU 激活函数来解决深度网络中常出现的梯度消失问题

跳跃连接的代码实现很简单，如下所示：

```
X_shortcut = X          存储快捷连接的值，其值等于输入 X

X = Conv2D(filters = F1, kernel_size = (3, 3), strides = (1,1))(X)    执行主路径
X = Activation('relu')(X)                                            操作：CONV+
X = Conv2D(filters = F1, kernel_size = (3, 3), strides = (1,1))(X)    ReLU+CONV

X = Add()([X, X_shortcut])           将两条路径相加

X = Activation('relu')(X)            应用 ReLU 激活函数
```

这种跳跃连接和卷积层的组合被称为残差块(residual block)。与 Inception 网络类似，ResNet 由一系列堆叠在彼此之上的残差块组成，如图 5-21 所示。

此图反映了以下两点。

- 特征提取器：为构建 ResNet 的特征提取器部分，先添加一个卷积层和池化层，然后将残差块堆叠在其上。设计 ResNet 网络时可以随意增加残差块以构建更深层次的网络。
- 分类器：同其他网络类似，ResNet 的分类器由全连接层和 softmax 构成。

了解了跳跃连接的概念及 ResNet 的整体架构之后，接下来探讨残差块的工作原理。

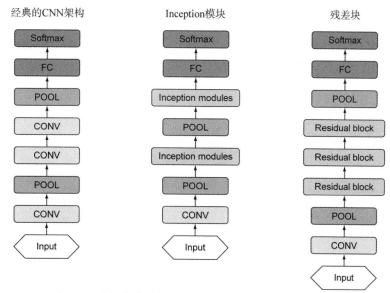

图 5-21　经典的 CNN 网络架构(左图)，含系列 Inception 模块的 Inception 网络(中图)，含系列残差块的残差网络(右图)

5.6.2　残差块

残差块由两个分支组成。

- 旁路(见图 5-22)：将输入连接到第二个分支。
- 主路径：系列卷积层和激活函数。主路径由 3 个带 ReLU 激活函数的卷积层组成。为每个卷积层增加批归一化处理以减少过拟合并加快训练。主路径的架构如下：[CONV⇒BN⇒ReLU]×3。

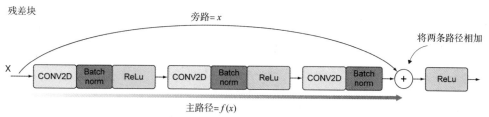

图 5-22　主路径的输出加上来自旁路的输入，然后被送入 ReLU 激活函数

如前所述，在最后一个卷积层的激活函数之前，旁路被添加到主路径中。然后，对两条路径之和应用激活函数。

请注意，残差块中没有池化层。相反，He 等人决定使用 1×1 卷积层来实现降采样，正如研究人员在 Inception 网络中所做的那样。因此，每个残差块以一个 1×1 卷积层来减小输入的尺寸，接着执行一个 3×3 卷积层和另一个 1×1 卷积层来对输出进行降维。这是一种控制多层维度的好方法，被称为瓶颈残差块(bottleneck residual block)。

随着残差块的堆叠，残差块的尺寸互不相同。第 2 章在讨论矩阵计算时曾指出，若要执行加法运算，矩阵就必须有相同的维数。为了解决这个问题，在将两个路径合并之前必须对旁路进行下采样。为此，可向旁路添加一个瓶颈层(1×1 卷积层+批归一化)。这被称为约减旁路(reduce shortcut)，如图 5-23 所示。

具有约减旁路的瓶颈残差块

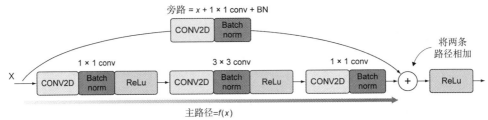

图 5-23　为减小输入尺寸，向旁路增加瓶颈层(1×1 卷积层+批归一化)，这被称为约减旁路

在执行代码之前，快速回顾一下关于残差块的讨论。

- 残差块包含两条路径：主路径和旁路。
- 主路径由 3 个卷积层组成，并且每层都增加了批归一化处理：
  - 1×1 卷积层
  - 3×3 卷积层
  - 1×1 卷积层
- 有两种实现旁路的方法。
  - 常规旁路：将输入添加到主路径。
  - 约减旁路：在将旁路添加到主路径之前向旁路增加一个卷积层。

执行 ResNet 网络时将同时用到上述两种方法。完整的代码实现更清楚地呈现了这一点。但是现在将执行 bottleneck_residual_block 函数，它含有一个布尔型的 reduce 参数。当 reduce 值为 True 时，意味着函数使用的是约减旁路，否则它将执行常规旁路。下面列出了 bottleneck_residual_block 函数的参数。

- X：形状输入张量(样本数量、高度、宽度和通道数)。
- f：整型，用于指定主路径中卷积层的窗口形状。
- filters：整数列表型，定义主路径中卷积层的滤波器数量。
- reduce：布尔型，True 表示执行约减旁路。
- s：整型(strides)。

该函数返回 X：残差块的输出是一个形状张量(高度、宽度和通道数)。

该函数的代码如下：

```
def bottleneck_residual_block(X, kernel_size, filters, reduce=False, s=2):
    F1, F2, F3 = filters          解压长管并获取每个卷积层的滤波器

    X_shortcut = X                保存输入值，以便稍后将其添加到主路径中
```

为减小空间尺寸，在旁路中应用一个1×1 卷积层。为此，两个卷积层应含有相同的步幅

条件：如果 reduce 为 True

```
if reduce:

    X_shortcut = Conv2D(filters = F3, kernel_size = (1, 1), strides =
    (s,s))(X_shortcut)
    X_shortcut = BatchNormalization(axis = 3)(X_shortcut)

    X = Conv2D(filters = F1, kernel_size = (1, 1), strides = (s,s), padding =
    'valid')(X)
    X = BatchNormalization(axis = 3)(X)
    X = Activation('relu')(X)

else:
    # First component of main path
    X = Conv2D(filters = F1, kernel_size = (1, 1), strides = (1,1), padding =
    'valid')(X)
    X = BatchNormalization(axis = 3)(X)
    X = Activation('relu')(X)

# Second component of main path
X = Conv2D(filters = F2, kernel_size = kernel_size, strides = (1,1), padding =
    'same')(X)
X = BatchNormalization(axis = 3)(X)
X = Activation('relu')(X)

# Third component of main path
X = Conv2D(filters = F3, kernel_size = (1, 1), strides = (1,1), padding =
    'valid')(X)
X = BatchNormalization(axis = 3)(X)

# Final step
X = Add()([X, X_shortcut])
X = Activation('relu')(X)

return X
```

如果执行 reduce，则将第一个卷积层的步幅设置为与旁路的步幅一致的值

将旁路的值添加到主路径中并执行 ReLU 激活函数

5.6.3　Keras 中的 ResNet 实现

掌握了残差块的原理之后，接下来将这些残差块组织成一个完整的 ResNet 网络架构：ResNet50。顾名思义，它是一个包含 50 个权重层的 ResNet 网络。可按照原论文中的架构用同样的方法实现 ResNet18、ResNet34、ResNet101、ResNet152 等，如图 5-24 所示。

如之前的章节所述，每个残差块包含若干个 3×3 卷积层。因此现在可按如下方式计算出 ResNet50 网络中所有权重层的总数。

- 第一阶段：7×7 卷积层。
- 第二阶段：3 个残差块，每个包含 1×1 卷积层+3×3 卷积层+1×1 卷积层，共 9 个卷积层。
- 第三阶段：4 个残差块，共 12 个卷积层。
- 第四阶段：6 个残差块，共 18 个卷积层。
- 第五阶段：3 个残差块，共 9 个卷积层。
- 全连接层(softmax)。

Layer name	Output size	18-layer	34-layer	50-layer	101-layer	152-layer
conv1	112x112	7x7, 64, stride 2				
conv2_x	56x56	3x3, maxpool, stride 2				
		$\begin{bmatrix} 3\text{x}3,\ 64 \\ 3\text{x}3,\ 64 \end{bmatrix}$ x2	$\begin{bmatrix} 3\text{x}3,\ 64 \\ 3\text{x}3,\ 64 \end{bmatrix}$ x3	$\begin{bmatrix} 1\text{x}1,\ 64 \\ 3\text{x}3,\ 64 \\ 1\text{x}1,\ 256 \end{bmatrix}$ x3	$\begin{bmatrix} 1\text{x}1,\ 64 \\ 3\text{x}3,\ 64 \\ 1\text{x}1,\ 256 \end{bmatrix}$ x3	$\begin{bmatrix} 1\text{x}1,\ 64 \\ 3\text{x}3,\ 64 \\ 1\text{x}1,\ 256 \end{bmatrix}$ x3
conv3_x	28x28	$\begin{bmatrix} 3\text{x}3,\ 128 \\ 3\text{x}3,\ 128 \end{bmatrix}$ x2	$\begin{bmatrix} 3\text{x}3,\ 128 \\ 3\text{x}3,\ 128 \end{bmatrix}$ x4	$\begin{bmatrix} 1\text{x}1,\ 128 \\ 3\text{x}3,\ 128 \\ 1\text{x}1,\ 512 \end{bmatrix}$ x3	$\begin{bmatrix} 1\text{x}1,\ 128 \\ 3\text{x}3,\ 128 \\ 1\text{x}1,\ 512 \end{bmatrix}$ x4	$\begin{bmatrix} 1\text{x}1,\ 128 \\ 3\text{x}3,\ 128 \\ 1\text{x}1,\ 512 \end{bmatrix}$ x8
conv4_x	14x14	$\begin{bmatrix} 3\text{x}3,\ 256 \\ 3\text{x}3,\ 256 \end{bmatrix}$ x2	$\begin{bmatrix} 3\text{x}3,\ 256 \\ 3\text{x}3,\ 256 \end{bmatrix}$ x6	$\begin{bmatrix} 1\text{x}1,\ 256 \\ 3\text{x}3,\ 256 \\ 1\text{x}1,\ 1024 \end{bmatrix}$ x3	$\begin{bmatrix} 1\text{x}1,\ 256 \\ 3\text{x}3,\ 256 \\ 1\text{x}1,\ 1024 \end{bmatrix}$ x23	$\begin{bmatrix} 1\text{x}1,\ 256 \\ 3\text{x}3,\ 256 \\ 1\text{x}1,\ 1024 \end{bmatrix}$ x36
conv5_x	7x7	$\begin{bmatrix} 3\text{x}3,\ 512 \\ 3\text{x}3,\ 512 \end{bmatrix}$ x2	$\begin{bmatrix} 3\text{x}3,\ 512 \\ 3\text{x}3,\ 512 \end{bmatrix}$ x3	$\begin{bmatrix} 1\text{x}1,\ 512 \\ 3\text{x}3,\ 512 \\ 1\text{x}1,\ 2048 \end{bmatrix}$ x3	$\begin{bmatrix} 1\text{x}1,\ 512 \\ 3\text{x}3,\ 512 \\ 1\text{x}1,\ 2048 \end{bmatrix}$ x3	$\begin{bmatrix} 1\text{x}1,\ 512 \\ 3\text{x}3,\ 512 \\ 1\text{x}1,\ 2048 \end{bmatrix}$ x3
	1x1	Average pool, 1000-d fc, softmax				
FLOPs		$1.8\text{x}10^9$	$3.6\text{x}10^9$	$3.8\text{x}10^9$	$7.6\text{x}10^9$	$11.3\text{x}10^9$

图 5-24　原论文中 ResNet 网络的几种变体

将上述所有层相加，可知权重层总共有 50 层，它描述了 ResNet50 的架构。同理，你可以计算出 ResNet 其他版本的层数。

注意　在以下代码中，我们在每个阶段的起始部分使用 reduce shortcut 的残差块以减小前一层输出的空间尺寸，然后在该阶段的剩余层中使用 regular shortcut。请回忆一下前面解析过的 bottleneck_residual_block 函数：将参数 reduce 设置为 True 以执行 reduce shortcut。

现在参照图 5-24 中 50 层的架构来构建 ResNet50 网络。先构建一个 ResNet50 函数，该函数将 input_shape 和 classes 作为输入参数，并返回 model。

```python
def ResNet50(input_shape, classes):
    X_input = Input(input_shape)     ← 将输入的形状定义为
                                       input_shape 张量
    # Stage 1
    X = Conv2D(64, (7, 7), strides=(2, 2), name='conv1')(X_input)
    X = BatchNormalization(axis=3, name='bn_conv1')(X)
    X = Activation('relu')(X)
    X = MaxPooling2D((3, 3), strides=(2, 2))(X)

    # Stage 2
    X = bottleneck_residual_block(X, 3, [64, 64, 256], reduce=True, s=1)
    X = bottleneck_residual_block(X, 3, [64, 64, 256])
    X = bottleneck_residual_block(X, 3, [64, 64, 256])

    # Stage 3
    X = bottleneck_residual_block(X, 3, [128, 128, 512], reduce=True, s=2)
    X = bottleneck_residual_block(X, 3, [128, 128, 512])
    X = bottleneck_residual_block(X, 3, [128, 128, 512])
    X = bottleneck_residual_block(X, 3, [128, 128, 512])
```

```
# Stage 4
X = bottleneck_residual_block(X, 3, [256, 256, 1024], reduce=True, s=2)
X = bottleneck_residual_block(X, 3, [256, 256, 1024])
X = bottleneck_residual_block(X, 3, [256, 256, 1024])
X = bottleneck_residual_block(X, 3, [256, 256, 1024])
X = bottleneck_residual_block(X, 3, [256, 256, 1024])
X = bottleneck_residual_block(X, 3, [256, 256, 1024])

# Stage 5
X = bottleneck_residual_block(X, 3, [512, 512, 2048], reduce=True, s=2)
X = bottleneck_residual_block(X, 3, [512, 512, 2048])
X = bottleneck_residual_block(X, 3, [512, 512, 2048])

# AVGPOOL
X = AveragePooling2D((1,1))(X)

# output layer
X = Flatten()(X)
X = Dense(classes, activation='softmax', name='fc' + str(classes))(X)

model = Model(inputs = X_input, outputs = X, name='ResNet50')   ◄——— 创建模型

return model
```

5.6.4　学习超参数

He 等人采用的训练程序与 AlexNet 的相似：训练采用小批梯度下降，动量为 0.9。初始学习率大小为 0.1。当验证集误差停止改进时将学习率乘以 0.1，同时使用 L2 正则化。权重衰减为 0.0001(简便起见，本章未加实现)。如前所述，他们在每次卷积之后和激活之前使用批归一化来加速训练。

```
from keras.callbacks import ReduceLROnPlateau

epochs = 200         设置训练参数              min_lr 是学习率的下限，
batch_size = 256                              factor 是学习率降低因子

reduce_lr= ReduceLROnPlateau(monitor='val_loss',factor=np.sqrt(0.1),
    patience=5, min_lr=0.5e-6)               ◄———

model.compile(loss='categorical_crossentropy', optimizer=SGD,
    metrics=['accuracy'])

model.fit(X_train, Y_train, batch_size=batch_size, validation_data=(X_test,
    Y_test),
编译模型    epochs=epochs, callbacks=[reduce_lr])   ◄——— 训练模型，并使用 train 方法中
                                                         的回调函数调用 reduce_lr 的值
```

5.6.5　ResNet 在 CIFAR 数据集上的性能

与本章中解释的其他网络类似，ResNet 模型基于其在 ILSVRC 竞赛中的结果进行基准测

试。ResNet-152 在 2015 年的分类大赛中获得了第一名。其单模型的 top-5 错误率为 4.49%，集成模型的错误率为 3.57%。这比其他所有网络都更出色，例如，GoogLeNet(Inception)的 top-5 错误率为 6.67%。ResNet 还在多目标检测和图像定位挑战赛中获得了第一名(详见第 7 章)。更重要的是，ResNet 中的残差块概念使人们有可能有效训练具有数百层的超深神经网络。

使用开源实现

至此，我们已经学习了一些最流行的 CNN 架构，下面就如何使用它们分享一些实用的建议。事实证明，由于学习率衰减等超参数的调优细节和其他对性能有影响的各种因素，许多神经网络都难以被复制。DL 研究人员甚至很难在阅读别人论文的基础上精确地复现别人的精彩成果。

幸运的是，许多 DL 研究者经常在网络上公开他们的研究成果。在 GitHub 上简单搜索一下就能找到许多可以复制和训练的 DL 库实现。如果能找到作者的实现，那么它运行起来通常比从 0 开始复现时容易得多，不过，有时候从 0 开始复现是一种非常好的练习方式，正如我们之前所做的那样。

5.7　本章小结

- 经典的 CNN 网络具有相同的经典架构：卷积层、池化层相互堆叠，每层的配置各不相同。

- LeNet 由 5 个权重层组成：3 个卷积层和 2 个全连接层，在第一个和第二个卷积层之间加一个池化层。

- AlexNet 比 LeNet 更深。AlexNet 含有 8 个权重层：5 个卷积层和 3 个全连接层。

- VGGNet 通过创建应用于整个网络的统一配置，解决了设置卷积层和池化层的超参数的问题。

- Inception 试图解决的问题与 VGGNet 的相同。Inception 的研究人员并没有去思考和决定滤波器大小、在哪里添加池化层等问题，其解决之道是“全部都用”。

- ResNet 采用了与 Inception 相同的模式并创建了残差块。这些残差块堆叠在彼此之上以形成网络架构。ResNet 尝试解决在训练超深网络时致使网络退化的梯度消失问题。ResNet 团队引入了跳跃连接，使信息可直接从早期的层流入网络的深层，并为梯度的传递创建了一个可替代的旁路。ResNet 的根本性突破在于，使人们有可能训练数百层的超深神经网络。

第 *6* 章

迁移学习

本章主要内容：

- 理解迁移学习技术
- 使用预训练网络解决问题
- 理解网络微调
- 探索用于训练模型的开源图像库
- 构建两个端到端的迁移学习项目

迁移学习是深度学习的重要技术之一。当构建一个视觉系统来解决特定问题时，通常需要收集和标记大量的数据来训练网络。你可以像第 3 章中介绍的那样构建卷积网络，并且从头开始训练，这是一种可行之策，但是与其这样，不如下载一个已经被别人调整和训练过的现有神经网络，并将它作为新任务的起点。迁移网络即在这种情况下派上用场。你可以下载别人已经训练和优化过的开源模型，并以已经优化过的参数(权重)作为初始值，在一个较小的数据集上训练模型以完成给定的任务。如此，可以更快地训练网络，并获得更佳的结果。

DL 研究人员和实践者们已经发布了许多关于训练算法的研究论文和开源项目。他们在这些论文和项目上耗费了数周甚至数月的时间，并且在 GPU 上训练模型以在一系列问题上获得最佳结果。这意味着，他人已经经历过痛苦的高性能调优过程并完成了这项工作，你可以以此为起点，在下载的开源框架和权重上继续自己的网络模型训练。这就是迁移学习：知识从某个领域的一个预先训练好的网络转移到不同领域的另一问题上。

本章将解释迁移学习并概述使用迁移学习的重要性，还将详细描述不同的迁移学习场景以及如何使用迁移学习，最后将展示使用迁移学习解决实际问题的例子。

准备好了吗？开始探索吧！

6.1　迁移学习解决的问题

顾名思义，迁移学习意味着将神经网络在一个特定数据集上学习到的知识转移到另一个相关问题上，如图 6-1 所示。迁移学习当前在 DL 领域非常流行，因为它允许你使用相对较少的数据在较短的训练时间内完成神经网络的训练。迁移学习的重要性来自这样一个事实：在大多数现实问题中，人们通常没有数百万张标注好的图像来训练如此复杂的模型。

图 6-1　迁移学习是指将网络从一个任务中获取的知识迁移到一个新的任务。在神经网络的语境下，
　　　　获取的知识指的是提取的特征

迁移学习的理念相当简单。首先，在拥有海量数据的数据集上训练一个深度神经网络。在训练过程中，该网络提取大量有用的特征，这些特征可以用于检测该数据集中的目标。然后，将这些提取的特征(特征图)迁移到新的网络，并在新的数据集中训练该网络以解决另一个不同的问题。迁移学习通过重用模型权重简化了数据收集和训练的过程。这些权重来自在标准的CV 基准数据集(如 ImageNet 图像识别任务)上开发的预训练模型。性能最好的模型可以被下载和直接使用，或被集成到一个新的模型中以解决新的 CV 问题。

问题是，为什么需要迁移学习？为什么不直接在新的数据集上训练一个新的模型来解决问题？回答这个问题之前需要先了解迁移学习解决的主要问题。后面会详细介绍迁移学习的工作原理，以及应用迁移学习的不同方法。

深度神经网络需要大量数据，且依赖于大量标记的数据来取得高性能。在实践中，很少有人从头开始训练整个卷积网络，主要原因有以下两点。

- 数据问题：为了得到不错的效果，从头训练一个网络时需要大量数据，这在大多数情况下是不可行的。很少有足够大的数据集能解决当前问题，且获取标记数据的过程非常昂贵。因为数据标记主要为手工过程，需要人查看图像并逐个标记。这是一项必不可少的任务。

- 计算问题：即便你想办法获取了解决问题所需的足量样本，在上百万张图片上训练深度神经网络的过程在计算上也非常昂贵。因为采用这种做法时通常需要在多个 GPU 上训练足够的时长，并且请谨记，神经网络训练是一个迭代的过程。因此，即便你具备训练复杂神经网络所需的硬件资源，若要花费数周时间试验不同的超参数并不断对其进行调整直到获得满意的结果，这个过程也会使项目成本过高。

此外，使用迁移学习的另一个重要的好处是，它有助于模型的泛化且能避免过拟合。当你在自然环境下应用一个 DL 模型时，它将面临无数种之前不曾见过的情形并且不知如何处理。每一个问题都有自己的偏好设置，生成的数据也与训练数据不同。这种情况下，模型仍需要在大多数与训练任务相关但不完全相同的任务中表现良好。

例如，当你把一个汽车分类器模型部署到生产环境中时，面临的场景就千差万别，比如，摄像头的来源多样，每种摄像头的分辨率和图像质量各不相同，且图像可能是在不同的天气状况下拍摄的，不同用户的拍摄场景又不相同。若要训练一个模型来应对上述所有情况，那么，你要么穷举所有场景并为每种场景获取足够多的数据来训练网络，要么尝试构建一个更强壮的模型，并使它能更好地泛化到新的场景中。此时，迁移学习便可派上用场。既然穷尽模型面临的所有真实场景的做法不太现实，可利用迁移学习来帮助模型应对这些新的场景。这对于 DL 模型的生产级应用实属必要。生产级应用中通常缺乏充足的数据。从一个已经在数百万张图像上训练过的网络中提取的迁移特征使模型不那么容易过拟合，并使它在面对新的场景时可以更好地泛化。后续章节会解释迁移学习的工作原理，届时你将能够完全掌握这个概念。

6.2　迁移学习的定义

理解了迁移学习所要解决的问题之后，需要明确迁移学习的正式定义。迁移学习是指将网络从一个含大量数据的任务中获取的知识(特征图)转移到另一个数据不充足的新任务中。它通常用于两个相似的问题中。神经网络首先在与待解决的问题非常相似的另一个问题上训练。然后，训练好的模型中的一个或几个网络层被用于新的模型中并针对新的问题进行训练。

如前所述，要训练一个准确率接近或高于人类水平的图像分类器，需要海量的数据、超强的算力，以及充足的时间。相信本书的读者们大都无法满足全部条件。研究人员知道这对于几乎没有资源的人来说是一个大问题，因此他们构建了最先进的模型并在 ImageNet、MS COCO、Open Images 等大型数据集上进行训练，然后将研究成果公之于众以便他人复用。这意味着你不必从头开始训练图像分类器，除非你有一个特别大的数据集且有一大笔计算预算。即便如此，你仍可尝试使用迁移学习方法在你的大型数据集上对预训练的模型进行微调。本章后续小节会讨论不同的迁移学习方法，你将明白微调的含义并了解为何在拥有大型数据集的情况下仍应尝试迁移学习。我们也会简要讨论此处提及的一些流行的数据集。

注意　从头开始训练模型的意思是，模型开始时对现实世界一无所知，模型的架构和参数都始于随机安排，即模型的权重是随机初始化的，需要通过训练来优化。

　　迁移学习背后的直觉思维是：如果模型是在一个足够大且通用的训练集上训练的，那么该模型可被看作对视觉世界的通用表达。因此，可直接使用模型已经学习到的特征图而不必在大数据集上重新训练它。可将其学习到的特征迁移到新模型上并将该模型用作当前任务的基础模型。

　　在迁移学习中，首先在一个基础数据集和任务上训练一个基础网络，然后重新利用它学习到的特征，或者将它们迁移到第二个目标网络，以便在目标数据集和目标任务上训练该网络。如果特征是通用的，即特征适用于基础任务和目标任务，而非特定于基础任务，则通常来讲迁移学习会有用武之地。

——Jason Yosinski 等人[1]

　　下面举例说明如何使用迁移学习。假定任务是开发一个猫狗分类器，虽然问题中只有猫和狗 2 类，仍然需要为每个类别收集成千上万张图片并做好标记，然后从头开始训练模型。另一种做法是基于预训练网络进行迁移学习。

　　首先，尝试找到一个与手头任务的特征相似的数据集，这需要你花费一点时间浏览开源数据集。就上述示例而言，使用 ImageNet 即可。经过前面章节的学习，我们已经熟悉这个数据集并且它含有许多猫和狗的图片。因此，基于 ImageNet 的预训练网络已经熟悉猫和狗的特征，且只需最少量的训练(稍后将会探索其他数据集)。

　　其次，选择一个已在 ImageNet 上完成训练并达到较好准确率的网络。第 5 章已经介绍了VGGNet、GoogLeNet、ResNet 等最先进的网络，任选其一即可。就本示例而言，选择在 ImageNet上预训练过的 VGG16 网络。

　　为使 VGG16 适应当前任务，应下载模型并保留预训练的权重，去除分类器部分，添加针对此任务的分类器，然后重新训练网络(如图 6-2 所示)。这个过程被称为"将预训练网络用作特征提取器"(using a pretrained network as a feature extractor)。稍后将讨论不同的迁移学习类型。

　　为完全理解如何使用迁移学习，下面尝试用 Keras 实现上述过程(幸运的是，Keras 中有一系列预训练模型供我们下载和使用，完整的模型列表网址为 https://keras.io/api/applications)。

定义　预训练模型是指已经在一个大型数据集上(尤其是在大型图像分类任务中)完成训练的网络。可直接应用整个模型进行预测，也可只使用特征提取器部分并添加新的分类器。此处的分类器通常是一个或几个密集层，甚至有可能是传统的 ML 算法，如支持向量机(support vector machine，SVM)等。

---

　　1 Jason Yosinski、Jeff Clune、Yoshua Bengio 和 Hod Lipson 的论文 "How Transferable Are Features in Deep Neural Networks?"，*Advances in Neural Information Processing Systems*，27(Dec. 2014): 3320～3328，https://arxiv.org/abs/1411.1792。

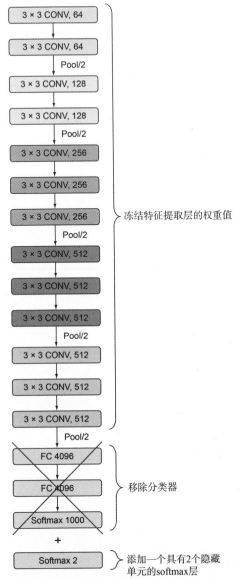

图 6-2　将迁移学习应用于 VGG16 网络的示例。冻结网络的特征提取器并移除分离器，然后添加
　　　具有 2 个隐藏单元的 softmax 层(作为新的分类器)

实现步骤如下。

(1) 下载 VGG16 网络的开源代码及其权重并创建基础模型，然后移除分类器部分(FC_4096>
FC_4096>Softmax_1000):

```
from keras.applications.vgg16 import VGG16        ←———┐从 Keras 中导入
                                                       │VGG16 模型
base_model = VGG16(weights = "imagenet", include_top=False,
```

```
                    input_shape = (224,224, 3))
base_model.summary()
```

下载模型的预训练权重并将其存储在 base_model 变量中。这里指定下载的权重来自 ImageNet。include_top 参数为 False，意味着忽略模型顶部的全连接分类器

(2) 打印基础模型的摘要。从中可以看出，第 5 章介绍过的 VGG16 架构已经被下载下来，这是一种基于你当前使用的 DL 框架下载流行网络的快速途径。另一种方式是自己构建网络架构(如第 5 章所述)，并单独下载权重。本章的结尾部分将展示相关步骤，此处先讨论刚才已经下载的 base_model 的摘要：

```
Layer (type)                    Output Shape              Param #
=================================================================
input_1 (InputLayer)            (None, 224, 224, 3)       0
_____
block1_conv1 (Conv2D)           (None, 224, 224, 64)      1792
_____
block1_conv2 (Conv2D)           (None, 224, 224, 64)      36928
_____
block1_pool (MaxPooling2D)      (None, 112, 112, 64)      0
_____
block2_conv1 (Conv2D)           (None, 112, 112, 128)     73856
_____
block2_conv2 (Conv2D)           (None, 112, 112, 128)     147584
_____
block2_pool (MaxPooling2D)      (None, 56, 56, 128)       0
_____
block3_conv1 (Conv2D)           (None, 56, 56, 256)       295168
_____
block3_conv2 (Conv2D)           (None, 56, 56, 256)       590080
_____
block3_conv3 (Conv2D)           (None, 56, 56, 256)       590080
_____
block3_pool (MaxPooling2D)      (None, 28, 28, 256)       0
_____
block4_conv1 (Conv2D)           (None, 28, 28, 512)       1180160
_____
block4_conv2 (Conv2D)           (None, 28, 28, 512)       2359808
_____
block4_conv3 (Conv2D)           (None, 28, 28, 512)       2359808
_____
block4_pool (MaxPooling2D)      (None, 14, 14, 512)       0
_____
block5_conv1 (Conv2D)           (None, 14, 14, 512)       2359808
_____
block5_conv2 (Conv2D)           (None, 14, 14, 512)       2359808
_____
block5_conv3 (Conv2D)           (None, 14, 14, 512)       2359808
_____
block5_pool (MaxPooling2D)      (None, 7, 7, 512)         0
=================================================================
Total params: 14,714,688
Trainable params: 14,714,688
Non-trainable params: 0
_____
```

请注意，下载的架构中不包含分类器部分(3 个全连接层)，因为我们已将 include_top 参数设置为 False。更重要的是，请注意摘要中列出的可训练的参数数量和不可训练的参数数量。当前下载的网络中所有的参数均可训练，而如你所见，base_model 拥有超过 1400 万个可训练参数。接下来，冻结所有已经下载的层并添加新的分类器。

(3) 冻结已在 ImageNet 数据集上训练过的特征提取层。冻结意味着保持训练过的权重值，以防止它们在训练过程中再次接受训练：

```
for layer in base_model.layers:    ←        遍历所有层并锁定其权
    layer.trainable = False                  重，使得它们不可训练

base_model.summary()
```

为简洁起见，这里省略了模型摘要。它与之前类似，不同之处在于，所有的权重已经被冻结了，可训练的参数数量现在等于 0。冻结层的所有参数都是不可训练的：

```
Total params: 14,714,688
Trainable params: 0
Non-trainable params: 14,714,688
```

(4) 添加自己的分类器。因为本示例中只有 2 类，所以这里添加一个含有 2 个隐藏单元的 softmax 层(如图 6-3 所示)：

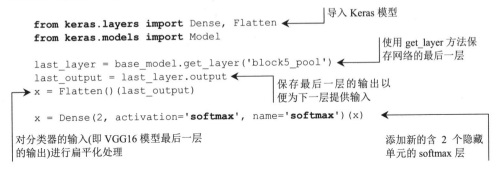

(5) 构建 new_model 变量，其输入为基础模型的输入，输出为最后一个 softmax 层的输出。

新的模型由 VGGNet 中的所有特征提取层(含预训练的权重)和新的未训练的 softmax 层组成。换句话说,在本示例中,训练模型时只需要训练 softmax 层来识别特定的对象(猫、狗、均不是):

使用 Keras 的 Model 类实例化一个 new_model 对象

```
new_model = Model(inputs=base_model.input, outputs=x)

new_model.summary()
```

打印 new_model 摘要

Layer (type)	Output Shape	Param #
input_1 (InputLayer)	(None, 224, 224, 3)	0
block1_conv1 (Conv2D)	(None, 224, 224, 64)	1792
block1_conv2 (Conv2D)	(None, 224, 224, 64)	36928
block1_pool (MaxPooling2D)	(None, 112, 112, 64)	0
block2_conv1 (Conv2D)	(None, 112, 112, 128)	73856
block2_conv2 (Conv2D)	(None, 112, 112, 128)	147584
block2_pool (MaxPooling2D)	(None, 56, 56, 128)	0
block3_conv1 (Conv2D)	(None, 56, 56, 256)	295168
block3_conv2 (Conv2D)	(None, 56, 56, 256)	590080
block3_conv3 (Conv2D)	(None, 56, 56, 256)	590080
block3_pool (MaxPooling2D)	(None, 28, 28, 256)	0
block4_conv1 (Conv2D)	(None, 28, 28, 512)	1180160
block4_conv2 (Conv2D)	(None, 28, 28, 512)	2359808
block4_conv3 (Conv2D)	(None, 28, 28, 512)	2359808
block4_pool (MaxPooling2D)	(None, 14, 14, 512)	0
block5_conv1 (Conv2D)	(None, 14, 14, 512)	2359808
block5_conv2 (Conv2D)	(None, 14, 14, 512)	2359808
block5_conv3 (Conv2D)	(None, 14, 14, 512)	2359808
block5_pool (MaxPooling2D)	(None, 7, 7, 512)	0
flatten_layer (Flatten)	(None, 25088)	0
softmax (Dense)	(None, 2)	50178

```
Total params: 14,789,955
Trainable params: 50,178
Non-trainable params: 14,714,688
```

训练上述新模型比从头开始训练模型要快得多。若想验证这一点，请看模型的可训练参数数量(≈5 万)与不可训练参数数量(≈1400 万)的对比。这些不可训练的参数已经在大型数据集上完成了训练，这里将其冻结以使用当前任务的特征提取器。对于新模型，不必完全从 0 开始训练，处理好新增加的分类器部分即可。

此外，通过迁移学习，模型获得了更好的性能。因为新模型已经在数百万张图像(ImageNet 数据集+当前任务的小数据集)上进行了训练，这使网络能够更好地理解对象的细微差别，进而更好地识别出之前未见过的新图像。

请注意，本例只讨论了模型构建的部分以展示如何使用迁移学习。本章的结尾部分将通过两个端到端的项目来演示如何在小型数据集上训练新网络。现在，先看看迁移学习如何发挥作用。

6.3　迁移学习的工作原理

到目前为止，本章已经讨论了迁移学习的概念以及它解决的主要问题，并以示例说明如何将预训练的模型应用到特定任务中。接下来将深入探讨以下问题：迁移学习究竟为何有效，从一个问题迁移到另一个问题的究竟是什么，以及为什么在一个数据集上训练的模型能在另一个不同的甚至有可能毫不相关的数据集上表现良好。

谨以下列问题快速回顾前几章要点，以探索迁移学习的本质。

(1) 在训练中网络真正学习到的是什么？简单回答是：特征图。

(2) 网络是如何学习到这些特征的？在后向传播过程中，权重一直在更新，直到获取使误差函数最小化的最优权重。

(3) 特征和权重之间是什么关系？特征图是在卷积过程中对输入图像进行权重滤波的结果，如图 6-4 所示。

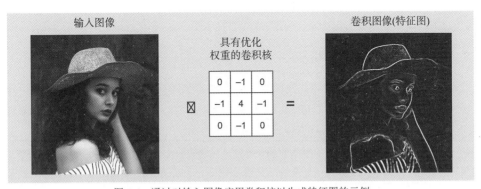

图 6-4　通过对输入图像应用卷积核以生成特征图的示例

(4) 迁移学习迁移的究竟是什么？答案是特征。为了迁移特征，从预训练的网络中下载优化的权重，然后将这些权重作为训练的初始值重新使用，并对其进行再训练以适应新的问题。

接下来深入探讨前面反复提到的预训练网络。

卷积神经网络在接受训练时会应用权重滤波器从图片中提取特征以形成特征图——网络中每一层的输出。特征图代表数据集中存在的特征。之所以被称为特征图，是因为它们映射出图像中某一类特征的位置。CNN 中的每个权重滤波器都在寻找不同的特征，如直线、曲线，甚至对象等，一旦找到这些特征，就将其输出到特征图(如图 6-5 所示)。

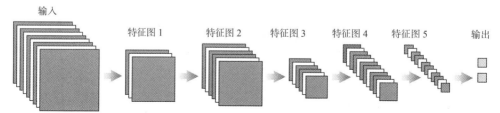

图 6-5　网络从图像中提取特征以形成特征图，它们代表应用了权重滤波器的训练集中存在的特征

现在，请回想一下神经网络在前向和后向传播的训练过程中不断迭代更新权重的过程。当通过一系列的训练迭代和超参数调整使网络产生满意的结果，就可以说网络已经完成训练。完成训练的网络主要输出两个内容：网络架构和训练的权重。因此，当提到"使用预训练的网络"时，真实的含义是下载网络的架构及其权重。

在训练过程中，模型仅学习存在于训练集中的特征。但若下载一个在超大型数据集(如 ImageNet)上训练过的大型模型(如 Inception)，则可利用该模型从大型数据集上提取的所有特征。这一点非常令人兴奋，因为这些预训练的模型已经发现了当前数据集中没有的另外一些特征，这有助于构建更好的卷积网络。

在视觉问题中，神经网络需要从训练集中学习大量信息，其中有低级的特征，如边、角、圆、弧线和斑点等，还有中级和高级的特征，如眼睛、圆形、正方形和轮子等。图片中含有 CNN 需要识别的诸多细节，但是，如果训练集中只有 1000 甚或 25 000 张图像，这也许不足以让模型了解所有细节。通过使用预训练的网络，基本可以将这些知识全部下载下来并将其集成到新的网络中，使网络具有更好的起点和更高的性能水平。

6.3.1　神经网络如何学习特征

神经网络一层接一层地提升网络复杂度，并一步步学习数据集的特征，以形成特征图。网络层级越深，学到的特定于图像的特征就越多。在图 6-6 中，第一层检测边缘和曲线之类的低级特征，第一层的输出变成了第二层的输入。第二层产生更高级的特征，如半圆形和正方形等。后一层将前一层的输出组装成熟悉的对象的某个部分，后续的层就可以检测对象了。当经过更多、更深的层级时，网络会产生代表更复杂特征的激活图[1](activation map)。随着网络的深入，滤波器开始对图像的更大区域做出响应。更高的层级放大了输入的某些方面，这些方面对于区分和抑制无关的变化至关重要。

请思考图 6-6 的示例。假定要构建一个人脸识别模型，我们注意到网络在第一层学习线、边

---

1 在深度学习的大部分语境中，激活图与特征图同义。

缘、斑点之类的低级特征。这些低级特征似乎并非特定于某个数据集或任务，而是一些通用的特征，可被用于许多数据集和任务。中间层将这些线组装成新特征，以便识别形状、角度和圆弧等。请注意，此时提取的特征已经与当前任务(人脸)具有某种程度的关联：中级特征中包含了形成人脸的形状组合，如眼睛、鼻子等。随着网络的深入，特征最终会从一般性过渡到特定性。在网络的最后一层，形成对当前任务非常有针对性的高级特征。此时，可以看见人脸中能够区别不同的人的那个差异的特征。

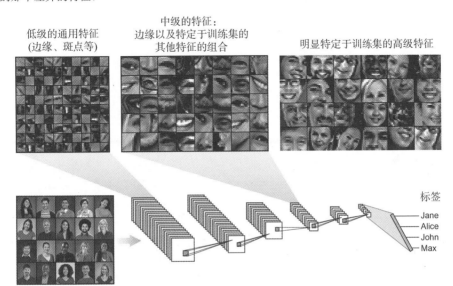

图 6-6　CNN 在网络的早期层级中检测低级通用特征的示例。网络越深，学习的图像特征就越多

　　接下来仍看上述示例，比较从 4 个模型中提取的特征图。这 4 个模型分别被训练以区分人脸、汽车、大象和椅子，如图 6-7 所示。注意，4 个模型的早期层提取的特征非常相似。它们

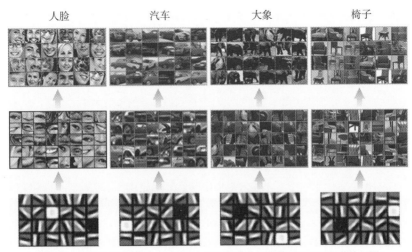

图 6-7　从用于区分人脸、汽车、大象和椅子的 4 个模型中提取出的特征图

表示边缘、线和斑点之类的低级特征。这意味着对于在某个任务上训练的模型,其早期的层获取的数据集中的相似关系可以很容易地用于其他领域中的不同问题。随着网络的深入,特征会越来越具体。当网络对训练数据集过拟合时,它将变得更加难以泛化到不同的任务。较低级的特征几乎总是可以从一个任务转移到另一个任务,因为它们包含图像的结构和本质之类的通用信息。线、点、曲线和对象的某个细微部分等信息的迁移对于网络用更少的数据更快地学习新任务是非常有价值的。

6.3.2　网络后期提取的特征的可迁移性

网络后期的层提取的特征是否具有可迁移性,取决于原始数据集与新数据集之间的相似性。其基本思想是,所有的图像肯定都由形状、边缘等组成,所以早期的层提取的特征通常可以在不同的域中进行迁移。只有更高级的特征(如人脸的鼻子或汽车的轮胎)能用于识别对象之间的差异,也只有此时才能判断:这是一张人脸,因为它有鼻子;这是一辆汽车,因为它有轮胎。基于源域(source domain)与目标域(target domain)之间的相似度,可以决定是迁移低级特征,还是迁移高级特征,或者迁移介于两者之间的某个层级的特征。这源于对网络特征提取的规律的观察:网络后期的层提取的特征逐渐具体到原始数据集中包含的类别的细节。这部分内容将在下一节中讨论。

定义　源域指预训练模型进行训练的原始数据集,目标域指将被用于训练新网络的新数据集。

6.4　迁移学习方法

迁移学习有 3 种主要途径:将预训练网络用作分类器,将预训练网络用作特征提取器,以及微调。每种方法在开发和训练深度 CNN 模型时都行之有效并且能显著节省时间。不过,你可能不确定哪种途径在新的 CV 任务上会产生最佳效果,所以可能需要一些试验。本节将解释这三种使用场景并给出具体的执行示例。

6.4.1　将预训练网络用作分类器

将预训练网络用作分类器时不需要冻结任何层或做额外的模型训练,相反,将一个在相似问题中训练过的网络直接部署到新任务中即可。模型不必进行额外的训练和修改即可直接用于新的分类任务。我们只需要下载模型架构及预训练的权重并在新的数据集上运行推理。这种情况下,目标域与源域非常相似,模型可直接部署。

在狗的品种分类示例中,我们其实可以使用一个在 ImageNet 上完成训练的 VGG16 网络直接执行预测。ImageNet 已经包含了大量狗的照片,因此,预训练网络的很大一部分表征能力可以被用来区分不同犬种的特征。

下面讨论如何将预训练网络用作分类器。在本示例中,我们将使用在 ImageNet 上预训练过的 VGG16 网络来区分如图 6-8 所示的德国牧羊犬。

图 6-8　将用于预测的一只德国牧羊犬的样本图像

步骤如下。

(1) 导入必要的库：

```
from keras.preprocessing.image import load_img
from keras.preprocessing.image import img_to_array
from keras.applications.vgg16 import preprocess_input
from keras.applications.vgg16 import decode_predictions
from keras.applications.vgg16 import VGG16
```

(2) 下载预训练的 VGG16 模型及其在 ImageNet 上训练的权重，并将 include_top 参数设置为 True，因为此处要将整个网络用作分类器：

```
model = VGG16(weights = "imagenet", include_top=True, input_shape =
(224,224, 3))
```

(3) 加载输入图像并进行预处理：

从文件中加载一幅图像

```
image = load_img('path/to/image.jpg', target_size=(224, 224))

image = img_to_array(image)        将图像转为 NumPy 数组

image = image.reshape((1, image.shape[0], image.shape[1], image.shape[2]))

image = preprocess_input(image)        为 VGG 模型准备图像
```

转换数据的形状

(4) 对输入图像进行预测：

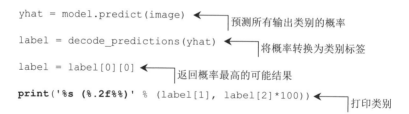

```
yhat = model.predict(image)          预测所有输出类别的概率
label = decode_predictions(yhat)     将概率转换为类别标签
label = label[0][0]                  返回概率最高的可能结果
print('%s (%.2f%%)' % (label[1], label[2]*100))    打印类别
```

运行这段代码后可以得到以下输出：

```
>> German_shepherd (99.72%)
```

可以看到，预训练模型以高达 99.72% 的置信度预测了正确的犬种，这是因为 ImageNet 数据集含有两万多张标记过的小狗图像，共 120 个类别。若想下载代码，请访问网址 www.manning.com/books/deep-learningfor-vision-systems 或者 www.computervisionbook.com。请尽情探索 ImageNet 的类别并用自己的图片运行这个实验。

6.4.2　将预训练网络用作特征提取器

这种方法类似于本章之前介绍的犬种分类的例子：在 ImageNet 上使用预训练的 CNN 网络，冻结其特征提取部分，去掉分类器部分并添加新的密集层分类器。如图 6-9 所示，使用预训练的 VGG16 网络，冻结 13 个卷积层的权重，用新的分类器替换旧的并重新开始训练。

通常，当新任务与旧任务的数据集相似时，建议使用这种方式。ImageNet 数据集含有大量狗和猫的样本，因此网络学习了很多猫和狗的特征，这些特征很适合新的分类任务。这意味着在本示例中，可把从 ImageNet 数据集中提取的高级特征迁移到新任务中。

为实现这个目标，需要冻结预训练模型的所有层并且只训练新增的分类器部分。这种方法被称为"将预训练网络用作特征提取器"，因为此方法冻结了特征提取器部分并将其提取的特征图全部迁移到新任务中。只需要在预训练模型上添加一个新的分类器并从头开始训练它，便可将之前学习到的特征图迁移到新的数据集上。

之所以要移除预训练模型的分类器部分，是因为分类器通常与原始的分类任务息息相关，因此它是特定于模型训练的任务类别的。例如，ImageNet 含有 1000 个类别，因此分类器部分被训练得能够拟合数据集并最终将图像分为 1000 类，但本示例中只有猫和狗两个类别，因此要从头开始训练分类器来拟合两个类别，这样高效得多。

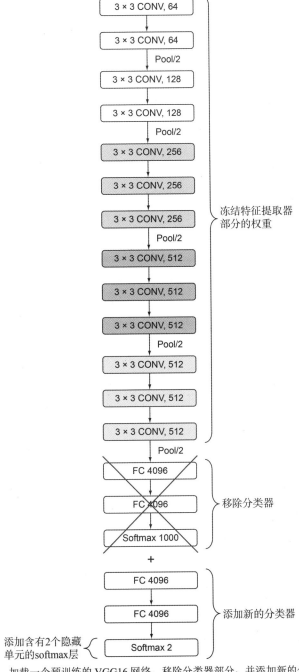

图 6-9　加载一个预训练的 VGG16 网络，移除分类器部分，并添加新的分类器

6.4.3　微调

截至目前，本节已经介绍了在迁移学习中使用预训练网络的两种基本方法：将预训练网络

用作分类器或特征提取器。这两种方法通常适用于目标域与源域具有某种相似性的场景，但如果实际情况刚好相反，目标域与源域极其不同呢？此时迁移学习还有用武之地吗？答案是肯定的。即便在不同的域中，迁移学习的效果也非常显著。我们只需要从源域中提取正确的特征图并将其微调(fine-tune)至目标域中。

图 6-10 展示了从一个预训练网络中迁移知识的不同途径。如果下载整个网络并原封不动地将其用于预测，此时就是将预训练网络用作分类器；如果冻结卷积层，则意味着将预训练网络用作特征提取器，并将网络的所有高级特征都迁移到目标域。微调的正式定义是：冻结一部用于特征提取的网络层，并同时训练未冻结的层和新增的分类器。之所以称其为微调，是因为我们在重新训练部分特征提取层时，对高级的特征表示进行微调以增强其与新的任务数据集的相关性。

在实际情况下，如果冻结图 6-10 中的特征图 1 和特征图 2，新的网络会以特征图 2 作为输入，并以此为起点在后续层中学习新数据集上的特征。这可以节省网络学习特征图 1 和特征图 2 的时间。

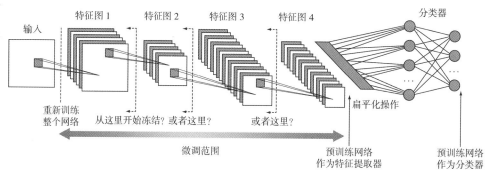

图 6-10　网络通过各层学习特征。在迁移学习中，冻结预训练网络的特定几层来保留学习的特征。例如，
　　　　　如果冻结网络第 3 层的特征图，则保留网络在第 1、2、3 层学习到的特征

如前所述，网络早期的层提取通用的特征图，随着网络的深入，特征图逐渐变得具体。这意味着图 6-10 中的特征图 4 已经明显特定于源域。基于两个域的相似性，可决定将网络冻结在适当的特征图级别。

- 如果域非常相似，可能会冻结到网络的最后一个特征图层级(图 6-10 中的特征图 4)。
- 如果域区别很大，可能冻结预训练网络的第 1 个特征图并重新训练剩下的层。

在这两个选择之间，可以灵活应用各种微调策略：可以选择重新训练整个网络，也可以选择冻结特征图 1、2、3、4 中的任何一级并训练剩下的网络。通常通过试错来决定恰当的微调级别，但是也可遵循一些指导方针来直观地确定网络的微调水平。决策取决于两个因素：数据量和两个域的相似性。第 6.5 节将解释这些因素，并介绍 4 个可能的场景以帮助你选择恰当的微调级别。

1. 微调为何好于从头开始训练的方法

如第 2 章所述，从头开始训练网络时通常会对权重进行随机初始化并应用某个梯度下降优化器来寻找优化误差函数的最佳权重集合。因为权重以随机值开始，所以不能保证其从接近最优值的那个理想值开始训练，且如果初始值与最优值相差甚远，则优化器还需要花费更长时间去收敛。此时微调可以派上用场。预训练网络的权重已经经过优化以便从其数据集学习。因此，当使用该网络解决问题时，其实是从其结束时的权重值开始。与随机初始化权重的情况相比，此时网络会更快地收敛。实践中一般会对经过优化的权重进行微调，以使其适应新的问题，而不是从头开始用随机权重值训练整个网络。即便你决定重新训练整个网络，与其从一个随机初始化的权重值开始，不如从经过训练的权重值开始，这样网络会更快地收敛。

2. 在微调时使用较小的学习率

对于计算新数据集的类别得分的线性分类器而言，不同于随机初始化的权重(使用大的学习率)，预训练卷积网络的权重(正在进行微调的权重)常使用较小的学习率。这是因为人们通常认为预训练卷积网络的权重应该相对较好，因此不希望过快地调整它们，特别是当新的分类器需要通过随机初始化的方式进行训练的时候。

6.5　选择合适的迁移学习方法

请回忆一下卷积网络提取特征的特性：早期网络提取通用特征，随着网络的加深，提取的特征越来越特定于训练数据集。也就是说，可以从一个已经存在的预训练网络中选择特征提取的细节层级。例如，如果新任务的目标域与预训练网络的源域差别很大(如与 ImageNet 相差甚远)，那么也许预训练模型的前几层输出是适合迁移的；如果目标域与源域相似，那么也许可以使用模型中更深层的输出，甚至包括 softmax 层之前的全连接层的输出。

上一节讲到，迁移学习的层级与两个重要因素有关。

- 目标数据集的大小：当新任务的数据集很小时，网络可能很难学到很多特征且更倾向于过拟合数据。在这种情况下可以采用更少的微调，而更依赖于源数据集。
- 源域与目标域的相似度：需要先界定新问题与原始数据集的域有多相似，例如，如果新任务是区分汽车和船，那么 ImageNet 是一个很好的选择，因为它包含许多具有相似特征的图片；而如果新任务是根据 X 光图像诊断肺癌，那么这是一个完全不同的领域，可能需要更多微调。

这两个因素导致了以下 4 种主要场景：

- 目标数据集较小且与源数据集相似。
- 目标数据集较大且与源数据集相似。
- 目标数据集较小且与源数据集不同。
- 目标数据集较大且与源数据集不同。

6.5.1　场景 1：目标数据集较小且与源数据集相似

既然源数据集与目标数据集相似，那么预训练网络的高级特征与新数据集应该也有相关性，因此，最好冻结网络的特征提取器部分，而只对分类器进行再训练。

此场景下不对网络进行微调的另一个原因是新的数据集较小。若在小的数据集上对特征提取器进行微调，可能会导致网络过拟合。这并非好事，因为显而易见，一个小的数据集并不能包含足够的信息来覆盖其对象的所有可能特征，进而使模型不能泛化到新的、未见过的数据上。在这种情况下，微调越多，网络越倾向于过拟合。

例如，假定新数据集中所有包含狗的图像都在一个特定的天气情况(如雪天)下，那么，如果在此数据集上进行微调，网络可能被迫获取到一些特征，如雪或者白色背景，并把这些特征当作狗的特有特征，并因此不能识别其他天气状况下的狗，因此，根据经验，通常情况下，如果数据集较小，在微调时则要小心网络的过拟合现象。

6.5.2　场景 2：目标数据集较大且与源数据集相似

因为两个域具有相似性，所以可以冻结特征提取部分并重新训练分类器，这与场景 1 中的做法类似，但是，既然目标域中有大量数据，我们可以对所有或部分预训练网络进行微调，从而提高性能，且有足够的信心防止过拟合。这种情况下，其实不必对整个网络进行微调，因为高级特征是可以通用的(因为数据集的相似性)。所以，不妨冻结预训练网络的 60%～80%并在新数据集上训练其余部分，这是一个较好的选择。

6.5.3　场景 3：目标数据集较小且与源数据集不同

既然域的特征相差甚远，冻结高级特征的做法可能并非最佳选择，因为高级特征是特定于数据集的。相反，不妨从网络的早期层开始重新训练，或者不冻结任何层并微调整个网络。然而，既然新的数据集很小，不建议微调整个网络，因为这种做法可能导致过拟合。此时，折中的解决方案是，先试着冻结预训练网络的前三分之一或者一半。要知道，早期的层包含非常通用的特征图，即使数据集不同，这些特征图也会非常有帮助。

6.5.4　场景 4：目标数据集较大且与源数据集不同

既然新的数据集较大，你可能倾向于从头开始训练整个网络而不使用迁移学习。然而实际上，如前所述，若从预训练模型中获取初始化权重，可使模型收敛得更快，这对当前任务大有裨益。这种情况下，大的数据集使我们能放心地微调整个网络而不用担心过拟合问题。

6.5.5　迁移学习场景总结

上述内容探索了选择迁移学习方法时应考虑的两个主要因素(数据量大小和源域与目标域的相似性)。这两个因素的不同组合形成了表 6-1 所示的 4 种主要场景。图 6-11 完整地展示了如何选择适用于某一场景的微调方案。

表 6-1 迁移学习的应用场景

场景	目标数据大小	源域与目标域的相似性	方法
1	小	相似	将预训练网络用作特征提取器
2	大	相似	冻结预训练网络的 60%～80% 并对其余部分进行训练
3	小	不同	从网络的早期层开始微调
4	大	不同	微调整个网络

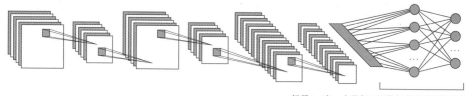

场景1：有一个类似于源数据集的小型数据集

场景2：有一个类似于源数据集的大型数据集

场景3：有一个不同于源数据集的小型数据集

场景4：有一个不同于源数据集的大型数据集

图 6-11 如何选择适用于某一场景的微调级别

6.6 开源数据集

CV 研究社区在数据集共享方面表现优异。常被提及的 ImageNet、MS COCO、Open Images、MNIST、CIFAR 等名称即人们发布在互联网上的数据集。许多计算机研究人员将其当作基准来训练算法，并获得最先进的结果。

本节将回顾一些流行的开源数据集，以帮助大家找到最适合当前问题的数据集。请注意，此处不会提供一个包含所有开源数据集的复杂列表，本节中列出的数据集是截至本书撰写之时 CV 界最流行的数据集。事实上，有大量的图像数据集可以使用，并且其数量每天都在增长。建议你在开启一个项目之前先做一些研究，以探索可用的数据集。

6.6.1 MNIST

MNIST(http://yann.lecun.com/exdb/mnist) 是 Modified National Institute of Standards and Technology 的缩写。它包含了从 0 到 9 的手写数字图像(带标签)。该数据集的目标是对手写体数字进行分类。MNIST 作为分类算法的基准在研究领域内非常出名。事实上，它被认为是图像数据集里的 "hello, world!"。但如今，MNIST 数据集已经略显简单，一个基础的 CNN 可以达到 99%

以上的准确率，所以 MNIST 不再被认为是 CNN 的性能基准。我们在第 3 章中执行过一个基于 MNIST 数据集的 CNN 分类项目，不妨回顾相关内容。

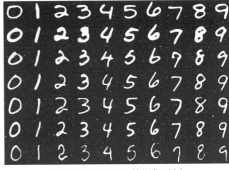

MNIST 由 6 万张训练图像和 1 万张测试图像组成。所有图像均为 28×28 像素的灰度图(一个通道)。图 6-12 显示了来自 MNIST 数据集的部分示例图像。

图 6-12　MNIST 数据集示例

6.6.2　Fashion-MNIST

Fashion-MNIST 的创建旨在替换原始的 MNIST 数据集，因为对现代卷积网络而言，MNIST 已经太过简单。Fashion-MNIST 数据集的数据存储方式与 MNIST 的一致，但其内容已不再为手写体数字，而是包含 6 万个训练图像和 1 万个测试图像，共有 10 个时尚时装类别：T 恤 (t-shirt/top)、裤子(trouser)、套头衫(pullover)、连衣裙(dress)、外套(coat)、凉鞋(sandal)、衬衫(shirt)、运动鞋(sneaker)、包(bag)、靴子(ankle boot)。访问 https://github.com/zalandoresearch/fashion-mnist 以探索和下载数据集。图 6-13 展示了各个类别的部分示例。

图 6-13　Fashion-MNIST 数据集的图像示例

6.6.3　CIFAR

CIFAR-10(www.cs.toronto.edu/~kriz/cifar.html)是 CV 和 ML 文献中用于图像分类的另一个基准数据集。CIFAR 的图像比 MNIST 数据集复杂，因为 MNIST 中的图像都是灰度图，且对象都位于图片中心，而 CIFAR 的图像都是彩色的(3 通道)且对象的外观变化很大。CIFAR-10 数据集由 10 类 32×32 的彩色图像组成，每个类别有 6000 张图片。训练图像有 5 万张，测试图像有 1 万张。图 6-14 显示了数据集的类别。

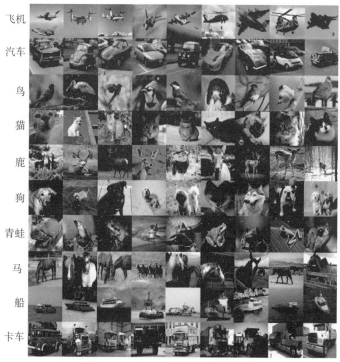

图 6-14　CIFAR-10 数据集的图像示例

CIFAR-100 是 CIFAR-10 数据集的大号版本：它包含 100 个类别，每个类别有 600 张图片。这 100 个类别又被划分为 20 个超类。每个图像都含有一个精细(fine)标签(标示它所属的类别)和一个粗糙(coarse)标签(标示它所属的超类)。

6.6.4　ImageNet

之前的章节已经多次讨论过 ImageNet 数据集，尤其是在第 5 章和本章中，它被频繁使用到。但为了这个列表的完整性，这里将再次提及该数据集。截至本书撰写之时，ImageNet 被认为是当前的基准，并被 CV 研究者广泛用于评估其分类算法。

ImageNet 是一个大型的视觉数据库，专为视觉目标识别软件研究而设计。它旨在根据一组定义好的单词和短语，对图片进行标注并将它们划分到将近 22 000 个类别中。图片源自网络并由相关人员通过 Amazon 的土耳其机器人(Mechanical Turk)众包工具完成标注。截至本书撰写之时，ImageNet 中含有 1400 万张图片。为了组织如此庞大的数据，ImageNet 的创建者遵循了 WordNet 层次结构：WordNet 中每个有意义的单词/短语被称为同义词集(synonym set，简称 synset)。在 ImageNet 中，图像根据这些同义词集进行组织，目标是每个同义词集含有 1000 张以上的图像。图 6-15 展示了 ImageNet 64 的验证集图像示例。

图 6-15　ImageNet 64 的验证集图像(图片资料地址：https://patrykchrabaszcz.github.io/Imagenet32/)

CV 社区谈及 ImageNet 时通常指 ImageNet 大规模视觉识别挑战赛(ImageNet Large Scale Visual Recognition Challenge，ILSVRC)。在这项挑战赛中，软件程序竞相对目标和场景进行正确分类和检测。我们将以 ILSVRC 挑战赛作为基准来比较不同网络的性能。

6.6.5　MS COCO

MS COCO(http://cocodataset.org)是 Microsoft Common Objects in Context 的简称。它是一个开源数据集，旨在实现目标检测、实例分割、图像字幕、人物关键点定位等领域的未来研究。该数据集包含 328 000 张图像。超过 20 万张图像已经完成标注，其中包含能被 4 岁儿童轻易识别的 150 万个对象实例和 80 个对象类别。数据集创建者在原论文中描述了该数据集的内容和创建动机[1]。图 6-16 显示了 MS COCO 网站上提供的数据集示例。

---

1 Tsung-Yi Lin、Michael Maire、Serge Belongie 等人，"Microsoft COCO: Common Objects in Context"，2015 年 2 月，https://arxiv.org/pdf/1405.0312.pdf。

图 6-16　MS COCO 数据集示例

(图片版权© 2015, COCO Consortium，在 Creative Commons Attribution 4.0 许可下使用)

6.6.6　Google Open Images

Open Images(https://storage.googleapis.com/openimages/web/index.html)是一个由谷歌创建的开源图像数据集。截至本书撰写之时，它包含超过 900 万张图像。令其脱颖而出的是，这些图像几乎涵盖了上千类对象的复杂场景。除此之外，这些图像中有超过 200 万张是相关人员使用边界框(bounding box)手工标注的，使 Open Images 成为迄今为止现存的最大目标位置标注(object-location annotation)数据集(如图 6-17 所示)。在这个图像子集中，有大约 1540 万个包含 600 类对象的边界框。同 ImageNet 与 ILSVRC 类似，Open Images 也有一个名为 Open Images Challenge 的挑战赛(http://mng.bz/aRQz)。

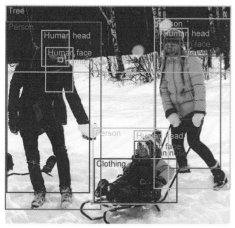

图 6-17　标注图像来自 Open Images 数据集，取自 Google AI 博客(Vittorio Ferrari，"An Update to Open Images—Now with Bounding-Boxes"，2017 年 7 月，http://mng.bz/yyVG)

6.6.7　Kaggle

除了上述数据集以外，Kaggle(www.kaggle.com)是另一个非常棒的数据集来源。Kaggle 是一个举办 ML 和 DL 挑战赛的网站，来自世界各地的爱好者可以参与并提交算法以用于评估。

强烈建议你探索这些数据集并搜索每天更新的其他开源数据集，以便更好地理解这些数据集支持的类别和应用场景。本章的项目主要使用 ImageNet 数据集，而在全书尤其是在第 7 章，MS COCO 数据集被利用得更频繁。

6.7　项目 1：预训练网络作为特征提取器

本项目将使用一个非常小的数据集训练分类器来识别猫和狗的图像。这是一个相当简单的项目，练习的目的是让大家了解当数据集很小且目标域与源域相似时(场景 1)如何使用迁移学习。如前所述，在这种场景下，预训练的卷积网络会被用作特征提取器。这意味着需要冻结网络的特征提取器部分，并添加自己的分类器，在新的小数据集上重新训练网络。

该项目的另一个要点是教你预处理自定义数据，以便为神经网络的训练做准备。之前的项目使用了 CIFAR 和 MNIST 数据集。通过 Keras 对数据集进行预处理时只需要从 Keras 库中下载数据集并直接将其用于网络训练。本项目提供了一份关于如何构建数据存储库(data repository)并使用 Keras 库准备数据的教程。

请访问本书网站 www.manning.com/books/deep-learning-for-visionsystems 或 http://www.computervisionbook.com 以下载 notebook 代码和本项目所用的数据集。此处采用了迁移学习技术，因此训练并不需要很高的计算资源。你可以在自己的个人计算机上运行此 notebook，且不需要 GPU 支持。

本项目将采用 VGG16 实现。尽管其在 ILSVRC 的最低错误率未被记录下来，但我发现它在此类任务上表现不俗并且比其他模型更快地完成训练。我得到了约 96% 的准确率，你可以使用 GoogLeNet 或 ResNet 进行试验和比较。

将预训练模型用作特征提取器的过程如下。

(1) 导入必要的库。

(2) 为神经网络准备数据。

(3) 从在大型数据集上训练好的 VGG16 网络中加载预训练的权重。

(4) 冻结卷积层的所有权重(特征提取器部分)。记住，需要根据源域与目标域的相似性对冻结的层级进行调整。对于本项目来说，我们观察到 ImageNet 含有大量猫和狗的图片，所以网络已经被训练好了，可直接用来提取本项目中目标对象的详细特征。

(5) 用自定义的分类器替换网络的全连接层。你可以随心所欲地添加全连接层数，也可随意决定每层的隐藏单元数。就本项目的简单问题而言，我们将只添加一个含有 64 个隐藏单元的隐藏层。你可以观察模型的结果并调整隐藏层数量，发现欠拟合时增加层数，发现过拟合时则减少层数。softmax 层的隐藏单元数量必须和待分类的类别数量相等(本项目中需要 2 个)。

(6) 编译网络，并在猫和狗的新数据集上执行训练，以针对更小的数据集优化模型。

(7) 评估模型。

接下来是上述步骤的具体实现。

(1) 导入必要的库。

```
from keras.preprocessing.image import ImageDataGenerator
from keras.preprocessing import image
from keras.applications import imagenet_utils
from keras.applications import vgg16
from keras.applications import mobilenet
from keras.optimizers import Adam, SGD
from keras.metrics import categorical_crossentropy
from keras.layers import Dense, Flatten, Dropout, BatchNormalization
from keras.models import Model
from sklearn.metrics import confusion_matrix
import itertools
import matplotlib.pyplot as plt
%matplotlib inline
```

(2) 为神经网络准备数据。Keras 中的 ImageDataGenerator 类可以轻松地执行动态数据增强。点击链接 https://keras.io/api/preprocessing/image 即可查看接口说明。本项目使用 ImageDataGenerator 生成图像张量。但为简单起见，本项目不执行图像增强。

ImageDataGenerator 类有一个名为 flow_from_directory() 的方法，用于从包含图像的文件夹中读取图像。此方法要求数据目录的组织结构如图 6-18 所示。

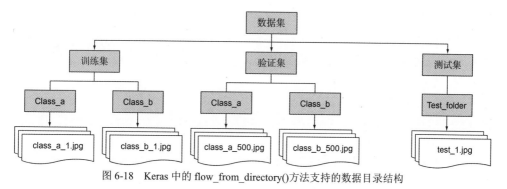

图 6-18　Keras 中的 flow_from_directory() 方法支持的数据目录结构

我已经将数据组织到本书的代码中，所以你可以直接使用 flow_from_directory() 方法。现在，将数据加载到 train_path、valid_path 和 test_path 变量中，然后生成训练集、验证集和测试集的批大小。

```
train_path = 'data/train'
valid_path = 'data/valid'
test_path = 'data/test'

train_batches = ImageDataGenerator().flow_from_directory(train_path,
                                      target_size=(224,224),
                                      batch_size=10)

valid_batches = ImageDataGenerator().flow_from_directory(valid_path,
                                      target_size=(224,224),
                                      batch_size=30)
```

ImageDataGenerator 类生成多批图像数据张量并进行实时数据增强。数据将被循环加载。本例中不执行数据增强

```
test_batches = ImageDataGenerator().flow_from_directory(test_path,
                                                target_size=(224,224),
                                                batch_size=50,
                                                shuffle=False)
```

(3) 从在大型数据集上训练好的 VGG16 网络中加载预训练的权重。同本章的示例相似,
我们从 Keras 中下载 VGG16 网络并下载其在 ImageNet 数据集上训练好的权重。记住,需要移
除网络的分类器部分,因此将参数 include_top 设置为 False。

```
base_model = vgg16.VGG16(weights = "imagenet", include_top=False,
                        input_shape = (224,224, 3))
```

(4) 卷积层的所有权重(特征提取器部分)。从之前的步骤创建的 base_model 中冻结卷积层,
并将其用作特征提取器,然后于下一步中在其顶部加上一个分类器。

```
for layer in base_model.layers:    ←──┐ 遍历各层并将其锁定,
    layer.trainable = False            │ 使其不可训练
```

(5) 添加新的分类器,构建新的模型。在 base_model 上添加少许图层。在本例中,我们添
加了一个含有 64 个隐藏单元的全连接层,以及一个含有 2 个隐藏单元的 softmax 层。为避免过
拟合,还添加了批归一化和 dropout 层。

使用 Keras 的 Model 类实例化一个 new_model 对象

使用 get_layer 方法保存网络的最后一层,
并将其输出保存为下一层的输入

```
last_layer = base_model.get_layer('block5_pool')    ←──
last_output = last_layer.output

x = Flatten()(last_output)    ←──┐ 对分类器的输入进行扁平化处理,输入
                                 │ 即 VGG16 模型最后一层的输出

x = Dense(64, activation='relu', name='FC_2')(x)
x = BatchNormalization()(x)
x = Dropout(0.5)(x)
x = Dense(2, activation='softmax', name='softmax')(x)

new_model = Model(inputs=base_model.input, outputs=x)
new_model.summary()
```

添加一个含有 64 个
隐藏单元的全连接
层,以及批归一化、
dropout 及 softmax 层

```
Layer (type) Output Shape Param #
=====================================================================
input_1 (InputLayer)      (None, 224, 224, 3)      0

block1_conv1 (Conv2D)     (None, 224, 224, 64)     1792

block1_conv2 (Conv2D)     (None, 224, 224, 64)     36928

block1_pool (MaxPooling2D) (None, 112, 112, 64)    0
```

block2_conv1 (Conv2D)	(None, 112, 112, 128)	73856
block2_conv2 (Conv2D)	(None, 112, 112, 128)	147584
block2_pool (MaxPooling2D)	(None, 56, 56, 128)	0
block3_conv1 (Conv2D)	(None, 56, 56, 256)	295168
block3_conv2 (Conv2D)	(None, 56, 56, 256)	590080
block3_conv3 (Conv2D)	(None, 56, 56, 256)	590080
block3_pool (MaxPooling2D)	(None, 28, 28, 256)	0
block4_conv1 (Conv2D)	(None, 28, 28, 512)	1180160
block4_conv2 (Conv2D)	(None, 28, 28, 512)	2359808
block4_conv3 (Conv2D)	(None, 28, 28, 512)	2359808
block4_pool (MaxPooling2D)	(None, 14, 14, 512)	0
block5_conv1 (Conv2D)	(None, 14, 14, 512)	2359808
block5_conv2 (Conv2D)	(None, 14, 14, 512)	2359808
block5_conv3 (Conv2D)	(None, 14, 14, 512)	2359808
block5_pool (MaxPooling2D)	(None, 7, 7, 512)	0
flatten_1 (Flatten)	(None, 25088)	0
FC_2 (Dense)	(None, 64)	1605696
batch_normalization_1	(Batch (None, 64)	256
dropout_1 (Dropout)	(None, 64)	0
softmax (Dense)	(None, 2)	130

```
=================================================================
Total params: 16,320,770
Trainable params: 1,605,954
Non-trainable params: 14,714,816
```

(6) 编译模型并执行训练过程：

```
new_model.compile(Adam(lr=0.0001), loss='categorical_crossentropy',
                  metrics=['accuracy'])

new_model.fit_generator(train_batches, steps_per_epoch=4,
                        validation_data=valid_batches, validation_steps=2,
                        epochs=20, verbose=2)
```

运行上述代码片段，每一轮的训练详情如下：

```
Epoch 1/20
 - 28s - loss: 1.0070 - acc: 0.6083 - val_loss: 0.5944 - val_acc: 0.6833
Epoch 2/20
 - 25s - loss: 0.4728 - acc: 0.7754 - val_loss: 0.3313 - val_acc: 0.8605
Epoch 3/20
 - 30s - loss: 0.1177 - acc: 0.9750 - val_loss: 0.2449 - val_acc: 0.8167
Epoch 4/20
 - 25s - loss: 0.1640 - acc: 0.9444 - val_loss: 0.3354 - val_acc: 0.8372
Epoch 5/20
 - 29s - loss: 0.0545 - acc: 1.0000 - val_loss: 0.2392 - val_acc: 0.8333
Epoch 6/20
 - 25s - loss: 0.0941 - acc: 0.9505 - val_loss: 0.2019 - val_acc: 0.9070
Epoch 7/20
 - 28s - loss: 0.0269 - acc: 1.0000 - val_loss: 0.1707 - val_acc: 0.9000
Epoch 8/20
 - 26s - loss: 0.0349 - acc: 0.9917 - val_loss: 0.2489 - val_acc: 0.8140
Epoch 9/20
 - 28s - loss: 0.0435 - acc: 0.9891 - val_loss: 0.1634 - val_acc: 0.9000
Epoch 10/20
 - 26s - loss: 0.0349 - acc: 0.9833 - val_loss: 0.2375 - val_acc: 0.8140
Epoch 11/20
 - 28s - loss: 0.0288 - acc: 1.0000 - val_loss: 0.1859 - val_acc: 0.9000
Epoch 12/20
 - 29s - loss: 0.0234 - acc: 0.9917 - val_loss: 0.1879 - val_acc: 0.8372
Epoch 13/20
 - 32s - loss: 0.0241 - acc: 1.0000 - val_loss: 0.2513 - val_acc: 0.8500
Epoch 14/20
 - 29s - loss: 0.0120 - acc: 1.0000 - val_loss: 0.0900 - val_acc: 0.9302
Epoch 15/20
 - 36s - loss: 0.0189 - acc: 1.0000 - val_loss: 0.1888 - val_acc: 0.9000
Epoch 16/20
 - 30s - loss: 0.0142 - acc: 1.0000 - val_loss: 0.1672 - val_acc: 0.8605
Epoch 17/20
 - 29s - loss: 0.0160 - acc: 0.9917 - val_loss: 0.1752 - val_acc: 0.8667
Epoch 18/20
 - 25s - loss: 0.0126 - acc: 1.0000 - val_loss: 0.1823 - val_acc: 0.9070
Epoch 19/20
 - 29s - loss: 0.0165 - acc: 1.0000 - val_loss: 0.1789 - val_acc: 0.8833
Epoch 20/20
 - 25s - loss: 0.0112 - acc: 1.0000 - val_loss: 0.1743 - val_acc: 0.8837
```

请注意，模型在常规的 CPU 上就能快速训练。每轮训练大约需要 25～29 秒，这意味着不到 10 分钟即可完成 20 轮训练。

(7) 评估模型。首先定义 load_dataset()方法并利用该方法将数据集转化为张量。

```
from sklearn.datasets import load_files
from keras.utils import np_utils
import numpy as np

def load_dataset(path):
    data = load_files(path)
    paths = np.array(data['filenames'])
    targets = np_utils.to_categorical(np.array(data['target']))
```

```
    return paths, targets

test_files, test_targets = load_dataset('small_data/test')
```

然后创建 test_tensors 来评估模型。

将 3D 张量转换成形状为(1, 224, 224, 3)的 4D 张量并返回该 4D 张量　　　　　　　　　以 PIL.Image.Image 类
型加载一幅 RGB 图像

```
from keras.preprocessing import image
from keras.applications.vgg16 import preprocess_input
from tqdm import tqdm
def path_to_tensor(img_path):
    img = image.load_img(img_path, target_size=(224, 224))
    x = image.img_to_array(img)
    return np.expand_dims(x, axis=0)

def paths_to_tensor(img_paths):
    list_of_tensors = [path_to_tensor(img_path) for img_path in
tqdm(img_paths)]
    return np.vstack(list_of_tensors)

test_tensors = preprocess_input(paths_to_tensor(test_files))
```

将 PIL.Image.Image 的类型转换成形状为(224, 224, 3)的 3D 张量

然后运行 Keras 的 evaluate()方法以计算模型的准确率。

```
print('\nTesting loss: {:.4f}\nTesting accuracy:
    {:.4f}'.format(*new_model.evaluate(test_tensors, test_targets)))

Testing loss: 0.1042
Testing accuracy: 0.9579
```

在不到 10 分钟的训练中，模型取得了 95.79%的准确率。这对于一个非常小的数据集来说已经不错了。

6.8　项目 2：微调

本项目将探索本章之前讨论过的场景 3，即目标数据集较小且与源数据集不同的情况。本项目旨在构建一个能区分 10 种手语的分类器。10 个类别分别为从 0 到 9 的手语图像。图 6-19 展示了数据集的示例。

下面列出了数据集的详情。

- 共 10 个类别(数字 0、1、2、3、4、5、6、7、8、9)。
- 图像尺寸为 100×100。
- 颜色为 RGB。
- 训练集有 1712 张图像。
- 验证集有 300 张图像。
- 测试集有 50 张图像。

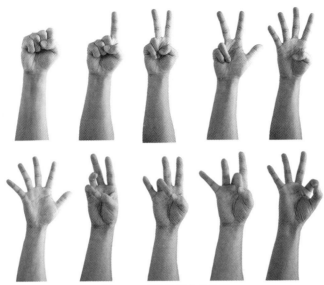

图 6-19   手语数据集的示例

值得注意的是，数据集非常小。如果试图在此数据集上从头开始训练一个网络，并不会取得好的效果；而另一方面，即便源域与目标域差异明显，我们使用迁移学习的准确率也能达到98%以上。

| 注意 | 请对以上评估持保留态度，因为网络还没有经过大量数据的彻底检验。测试数据集中只有 50 张图片。不管怎样，迁移学习都有望取得良好的效果，我想强调这一事实。 |

访问本书的网站www.manning.com/books/deep-learning-for-vision-systems 或者 www.computervisionbook.com 以下载 notebook 源码及本项目的数据集。同项目 1 类似，本项目中的训练也不需要很高的计算资源。你可以在个人计算机上运行 notebook 而不需要 GPU 支持。

为了便于与前一个项目进行对比，本项目仍使用在 ImageNet 上训练过的 VGG16 网络。对网络进行微调的过程如下：

(1) 导入必要的库。

(2) 对数据进行预处理，以便为神经网络准备数据。

(3) 从在大型数据集(ImageNet)上训练好的 VGG16 网络加载预训练的权重。

(4) 冻结特征提取器的部分层。

(5) 添加新的分类器层。

(6) 编译网络并执行训练，以便在更小的数据集上优化模型。

(7) 评估模型。

下面详细展示该项目的代码实现。

(1) 导入必要的库。

```
from keras.preprocessing.image import ImageDataGenerator
from keras.preprocessing import image
from keras.applications import imagenet_utils
from keras.applications import vgg16
from keras.optimizers import Adam, SGD
from keras.metrics import categorical_crossentropy
from keras.layers import Dense, Flatten, Dropout, BatchNormalization
from keras.models import Model
from sklearn.metrics import confusion_matrix
import itertools
import matplotlib.pyplot as plt
%matplotlib inline
```

(2) 对数据进行预处理，以便为神经网络准备数据。同项目 1 类似，本项目使用 Keras 的 ImageDataGenerator 类的 flow_from_directory()方法来预处理数据。数据已经完成了结构化，你可以直接创建张量。

```
train_path = 'dataset/train'
valid_path = 'dataset/valid'
test_path = 'dataset/test'

train_batches = ImageDataGenerator().flow_from_directory(train_path,
                                        target_size=(224,224),
                                        batch_size=10)

valid_batches = ImageDataGenerator().flow_from_directory(valid_path,
                                        target_size=(224,224),
                                        batch_size=30)

test_batches = ImageDataGenerator().flow_from_directory(test_path,
                                        target_size=(224,224),
                                        batch_size=50,
                                        shuffle=False)
```

> ImageDataGenerator 类生成多批图像数据张量并进行实时数据增强。数据将被循环加载。本例中不执行数据增强

```
Found 1712 images belonging to 10 classes.
Found 300 images belonging to 10 classes.
Found 50 images belonging to 10 classes.
```

(3) 从在大型数据集(ImageNet)上训练好的 VGG16 网络加载预训练的权重。从 Keras 库中下载带有 ImageNet 权重的 VGG16 架构。请注意，这里使用了参数 pooling='avg'，这意味着将对最后一个卷积层的输出应用全局平均池化。因此，模型的输出将是一个 2D 张量。在添加全连接层之前，将其用作 Flatten 层的替代选项。

```
base_model = vgg16.VGG16(weights = "imagenet", include_top=False,
                        input_shape = (224,224, 3), pooling='avg')
```

(4) 冻结特征提取器的部分层，并在新的数据集上微调剩下的层。通常通过反复试验来决定微调的层级。VGG16 有 13 个卷积层，你可以将其全部冻结或者冻结其中一部分。这取决于目标域与源域的相似程度。就手语分类的任务而言，目标域与源域有天壤之别，因此我们将从最后 5 层开始微调。如果对结果不满意，可以再微调几层。新模型经过训练之后得到了 98%的

准确率，这说明微调的层级不错。但如果发现网络不收敛，请尝试微调更多的层。

```
for layer in base_model.layers[:-5]:        遍历各层并将其锁定，
    layer.trainable = False                 除了最后 5 层
```

base_model.summary()

Layer (type)	Output Shape	Param #
input_1 (InputLayer)	(None, 224, 224, 3)	0
block1_conv1 (Conv2D)	(None, 224, 224, 64)	1792
block1_conv2 (Conv2D)	(None, 224, 224, 64)	36928
block1_pool (MaxPooling2D)	(None, 112, 112, 64)	0
block2_conv1 (Conv2D)	(None, 112, 112, 128)	73856
block2_conv2 (Conv2D)	(None, 112, 112, 128)	147584
block2_pool (MaxPooling2D)	(None, 56, 56, 128)	0
block3_conv1 (Conv2D)	(None, 56, 56, 256)	295168
block3_conv2 (Conv2D)	(None, 56, 56, 256)	590080
block3_conv3 (Conv2D)	(None, 56, 56, 256)	590080
block3_pool (MaxPooling2D)	(None, 28, 28, 256)	0
block4_conv1 (Conv2D)	(None, 28, 28, 512)	1180160
block4_conv2 (Conv2D)	(None, 28, 28, 512)	2359808
block4_conv3 (Conv2D)	(None, 28, 28, 512)	2359808
block4_pool (MaxPooling2D)	(None, 14, 14, 512)	0
block5_conv1 (Conv2D)	(None, 14, 14, 512)	2359808
block5_conv2 (Conv2D)	(None, 14, 14, 512)	2359808
block5_conv3 (Conv2D)	(None, 14, 14, 512)	2359808
block5_pool (MaxPooling2D)	(None, 7, 7, 512)	0
global_average_pooling2d_1 (	(None, 512)	0

```
Total params: 14,714,688
Trainable params: 7,079,424
Non-trainable params: 7,635,264
```

(5) 添加新的分类器层，并构建新的模型。

使用 Keras 的 Model 类实
例化一个 new_model 对象

添加含有 10 个隐藏
单元的新 softmax 层

将 base_model 的输出
保存为下一层的输入

```
last_output = base_model.output

x = Dense(10, activation='softmax', name='softmax')(last_output)

new_model = Model(inputs=base_model.input, outputs=x)
new_model.summary()
```

打印 new_model 摘要

```
Layer (type) Output Shape Param #
=================================================================
input_1 (InputLayer)          (None, 224, 224, 3)        0

block1_conv1 (Conv2D)         (None, 224, 224, 64)       1792

block1_conv2 (Conv2D)         (None, 224, 224, 64)       36928

block1_pool (MaxPooling2D)    (None, 112, 112, 64)       0

block2_conv1 (Conv2D)         (None, 112, 112, 128)      73856

block2_conv2 (Conv2D)         (None, 112, 112, 128)      147584

block2_pool (MaxPooling2D)    (None, 56, 56, 128)        0

block3_conv1 (Conv2D)         (None, 56, 56, 256)        295168

block3_conv2 (Conv2D)         (None, 56, 56, 256)        590080

block3_conv3 (Conv2D)         (None, 56, 56, 256)        590080

block3_pool (MaxPooling2D)    (None, 28, 28, 256)        0

block4_conv1 (Conv2D)         (None, 28, 28, 512)        1180160

block4_conv2 (Conv2D)         (None, 28, 28, 512)        2359808

block4_conv3 (Conv2D)         (None, 28, 28, 512)        2359808

block4_pool (MaxPooling2D)    (None, 14, 14, 512)        0

block5_conv1 (Conv2D)         (None, 14, 14, 512)        2359808

block5_conv2 (Conv2D)         (None, 14, 14, 512)        2359808

block5_conv3 (Conv2D)         (None, 14, 14, 512)        2359808

block5_pool (MaxPooling2D)    (None, 7, 7, 512)          0
```

```
global_average_pooling2d_1 (      (None, 512)                 0
```

```
softmax (Dense)                   (None, 10)                  5130
=================================================================
Total params: 14,719,818
Trainable params: 7,084,554
Non-trainable params: 7,635,264
```

(6) 编译网络并执行训练，以便在更小的数据集上优化模型。

```
new_model.compile(Adam(lr=0.0001), loss='categorical_crossentropy',
                  metrics=['accuracy'])

from keras.callbacks import ModelCheckpoint

checkpointer = ModelCheckpoint(filepath='signlanguage.model.hdf5',
                               save_best_only=True)

history = new_model.fit_generator(train_batches, steps_per_epoch=18,
                  validation_data=valid_batches, validation_steps=3,
                  epochs=20, verbose=1, callbacks=[checkpointer])


Epoch 1/150
18/18 [==============================] - 40s 2s/step - loss: 3.2263 - acc:
 0.1833 - val_loss: 2.0674 - val_acc: 0.1667
Epoch 2/150
18/18 [==============================] - 41s 2s/step - loss: 2.0311 - acc:
 0.1833 - val_loss: 1.7330 - val_acc: 0.3000
Epoch 3/150
18/18 [==============================] - 42s 2s/step - loss: 1.5741 - acc:
 0.4500 - val_loss: 1.5577 - val_acc: 0.4000
Epoch 4/150
18/18 [==============================] - 42s 2s/step - loss: 1.3068 - acc:
 0.5111 - val_loss: 0.9856 - val_acc: 0.7333
Epoch 5/150
18/18 [==============================] - 43s 2s/step - loss: 1.1563 - acc:
 0.6389 - val_loss: 0.7637 - val_acc: 0.7333
Epoch 6/150
18/18 [==============================] - 41s 2s/step - loss: 0.8414 - acc:
 0.6722 - val_loss: 0.7550 - val_acc: 0.8000
Epoch 7/150
18/18 [==============================] - 41s 2s/step - loss: 0.5982 - acc:
 0.8444 - val_loss: 0.7910 - val_acc: 0.6667
Epoch 8/150
18/18 [==============================] - 41s 2s/step - loss: 0.3804 - acc:
 0.8722 - val_loss: 0.7376 - val_acc: 0.8667
Epoch 9/150
18/18 [==============================] - 41s 2s/step - loss: 0.5048 - acc:
 0.8222 - val_loss: 0.2677 - val_acc: 0.9000
Epoch 10/150
18/18 [==============================] - 39s 2s/step - loss: 0.2383 - acc:
 0.9276 - val_loss: 0.2844 - val_acc: 0.9000
Epoch 11/150
18/18 [==============================] - 41s 2s/step - loss: 0.1163 - acc:
 0.9778 - val_loss: 0.0775 - val_acc: 1.0000
```

```
Epoch 12/150
18/18 [==============================] - 41s 2s/step - loss: 0.1377 - acc:
   0.9667 - val_loss: 0.5140 - val_acc: 0.9333
Epoch 13/150
18/18 [==============================] - 41s 2s/step - loss: 0.0955 - acc:
   0.9556 - val_loss: 0.1783 - val_acc: 0.9333
Epoch 14/150
18/18 [==============================] - 41s 2s/step - loss: 0.1785 - acc:
   0.9611 - val_loss: 0.0704 - val_acc: 0.9333
Epoch 15/150
18/18 [==============================] - 41s 2s/step - loss: 0.0533 - acc:
   0.9778 - val_loss: 0.4692 - val_acc: 0.8667
Epoch 16/150
18/18 [==============================] - 41s 2s/step - loss: 0.0809 - acc:
   0.9778 - val_loss: 0.0447 - val_acc: 1.0000
Epoch 17/150
18/18 [==============================] - 41s 2s/step - loss: 0.0834 - acc:
   0.9722 - val_loss: 0.0284 - val_acc: 1.0000
Epoch 18/150
18/18 [==============================] - 41s 2s/step - loss: 0.1022 - acc:
   0.9611 - val_loss: 0.0177 - val_acc: 1.0000
Epoch 19/150
18/18 [==============================] - 41s 2s/step - loss: 0.1134 - acc:
   0.9667 - val_loss: 0.0595 - val_acc: 1.0000
Epoch 20/150
18/18 [==============================] - 39s 2s/step - loss: 0.0676 - acc:
   0.9777 - val_loss: 0.0862 - val_acc: 0.9667
```

注意上述输出信息中每轮的训练时间。该模型在常规的 CPU 上得到了快速训练。每轮大约花费 40 秒，这意味着不到 15 分钟，模型就完成了 20 轮训练。

(7) 评估模型准确率。与之前的项目类似，本项目创建了 load_dataset()方法来创建 test_targets 和 test_tensors 并使用 Keras 中的 evaluate()方法对测试集图像进行推理，得到模型准确率：

```
print('\nTesting loss: {:.4f}\nTesting accuracy:
   {:.4f}'.format(*new_model.evaluate(test_tensors, test_targets)))

Testing loss: 0.0574
Testing accuracy: 0.9800
```

创建一个混淆矩阵以对模型进行更深层的评估。第 4 章已经解释过混淆矩阵：它是一张常用于描述分类模型性能的表，旨在对模型在测试集上的表现提供更深层次的理解。参见第 4 章以了解不同模型评估指标的详情。下列代码为模型构建混淆矩阵，其结果如图 6-20 所示。

```
from sklearn.metrics import confusion_matrix
import numpy as np

cm_labels = ['0','1','2','3','4','5','6','7','8','9']

cm = confusion_matrix(np.argmax(test_targets, axis=1),
                      np.argmax(new_model.predict(test_tensors), axis=1))
plt.imshow(cm, cmap=plt.cm.Blues)
plt.colorbar()
```

```
indexes = np.arange(len(cm_labels))
for i in indexes:
    for j in indexes:
        plt.text(j, i, cm[i, j])
plt.xticks(indexes, cm_labels, rotation=90)
plt.xlabel('Predicted label')
plt.yticks(indexes, cm_labels)
plt.ylabel('True label')
plt.title('Confusion matrix')
plt.show()
```

若要阅读该混淆矩阵，请查看横轴"预测值"上的数字，并检验其在纵轴"真值"上是否被正确分类。以横轴预测值上的数字 0 为例，所有的 5 张图像都被分类为 0，没有图像被错误地分类为其他数字。同样，检查预测轴上的其他数字，你会发现模型几乎成功地对所有测试图片进行了正确的预测，除了真值为 8 的那一张图像，模型错误地将其分类为数字 7。

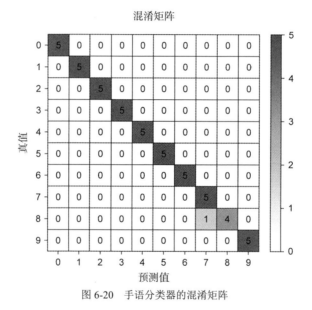

图 6-20 手语分类器的混淆矩阵

6.9 本章小结

- 迁移学习通常是分类和目标检测项目的首选方法，尤其是在缺乏大量训练数据的情况下。
- 迁移学习将学习到的知识从源数据集迁移到目标数据集，以节省训练时间和计算成本。
- 神经网络逐步学习数据集中由简单到复杂的特征。网络层级越深，学习到的与数据集相关的特征就越多。
- 网络早期的层学习线、点、边缘等低级特征。第一层的输出为第二层的输入，并产生更高级的特征。下一层将上一层的输出组装成带检测目标的某些部分，后续的层实现目标检测。

- 迁移学习的三种主要方法是：将预训练网络用作分类器，将预训练网络用作特征提取器，以及微调。
- 将预训练网络用作分类器是指直接使用网络对新图像进行分类，而不必冻结某些层或者训练模型。
- 将预训练网络用作特征提取器是指冻结网络的特征提取部分并重新训练新的分类器。
- 微调是指冻结预训练网络的部分特征提取层，并同时训练非冻结层及新的分类器。
- 特征的可迁移性取决于两个变量：目标数据集的大小和源域与目标域的相似度。
- 一般而言，微调时使用较小的学习率参数，而从头开始训练输出层时可以使用较大的学习率。

第 7 章

使用R-CNN、SSD和YOLO
进行目标检测

本章主要内容：

● 理解图像分类与目标检测

● 理解目标检测项目的通用框架

● 使用 R-CNN、SSD 和 YOLO 等目标检测算法

之前的章节解释过如何使用深度卷积网络实现图像分类。这类任务中有一个假设：待识别的图像中只包含一个目标对象，而且模型的唯一关注点是识别目标类别。然而在许多情况下，人们对图像中包含的多个目标感兴趣。模型不仅要对目标进行分类，还要获取它们在图像中的位置。在计算机视觉中，这类任务被称为目标检测(object detection)。图 7-1 解释了图像分类和目标检测任务之间的区别。

图 7-1　图像分类任务(左)和目标检测任务(右)。在分类任务中，分类器输出类别概率(猫)；而在目标检测任务中，检测器输出边界框来定位检测到的目标(本示例中有 4 个框)并输出其预测类别(两只猫、一只鸭子、一只狗)

目标检测是一种涉及两类主要任务的 CV 任务:定位图像中的一个或多个目标并对其进行分类,如图 7-1 所示。为此,模型会在已识别的目标周围绘制一个边界框及其预测类别。这意味着系统不仅预测图像的类别(图像分类任务),还预测被检测目标的坐标。这是一个有挑战性的 CV 任务,因为模型不仅要成功定位每一个目标以绘制其边界框,还要对标示出的每个目标进行正确的分类。

表 7-1　图像分类与目标检测

图像分类	目标检测
目的:预测图像中目标的类别	目的:预测图像中目标的位置(由边界框表示)及其类别
● 输入:包含单个目标的图像	● 输入:包含一个或多个目标的图像
● 输出:类别标签(猫、狗等)	● 输出:一个或多个边界框(由坐标定义)及每个边界框的类别标签
● 输出示例:类别概率(如属于猫的概率为 84%)	● 一幅包含两个目标的图像输出示例:
	● 边界框 1　坐标(x, y, w, h)和类别概率
	● 边界框 2　坐标和类别概率
	注意,坐标(x, y, w, h)含义如下:
	x、y指边界框的中心点坐标,w、h指边界框的宽和高

目标检测被广泛应用于许多领域。例如,在自动驾驶领域,需要通过识别拍摄的视频中车辆、行人、道路、障碍物等目标来进行路径规划。机器人经常被用来检测感兴趣的目标。安全系统需要检测不同寻常的目标,如入侵者或炸弹等。

下面较详细地列出了本章的主要内容。

(1) 探索目标检测算法的通用框架。

(2) 深入了解 3 种最受欢迎的目标检测算法:R-CNN 家族、SSD 和 YOLO 家族。

(3) 利用真实案例来训练端到端的目标检测器。

读完本章,你将深入理解如何应用 DL 进行目标检测,以及不同的目标检测模型是如何相互启发及分化的。

开始探索吧!

7.1　目标检测的通用框架

在探讨 R-CNN、SSD、YOLO 等算法之前,先讨论一下目标检测算法的通用框架,以理解 DL 目标检测系统的高级工作流,以及它们用来评估检测性能的指标。请先不要担心目标检测的代码实现细节。本节的目的是概述不同的目标检测系统如何执行这类任务,并介绍一种思考这类问题的新视角,以及一些将在 7.2、7.3、7.4 小节中用到的概念。

一个典型的目标检测框架有 4 个组件。

(1) **候选区域(region proposal)**：利用深度学习算法或模型生成感兴趣的区域(regions of interest，RoI)，然后由系统进一步处理。这些区域是网络认为可能包含目标对象的区域，输出是大量的边界框，每个边界框都含有一个目标性评分(objectness score)。评分较高的边界框会被传递到网络的下一层以便进一步处理。

(2) **特征提取与网络预测**：为每个边界框提取视觉特征，并对它们进行评估，根据视觉特征确定候选区域是否存在目标对象以及存在哪些目标对象。

(3) **非极大值抑制(non-maximum suppression，NMS)**：在这一步，模型很可能为同一个目标找到了多个边界框。NMS 通过将每个目标的重叠框组合成一个边界框来避免同一个实例的重复检测。

(4) **评价指标**：类似于第 4 章讲过的图像分类任务中的准确率、精确率和召回率等指标。目标检测系统有一套独立的指标来评估检测性能。本节将解释最受欢迎的指标，如平均精度均值(mean average precision，mAP)、PR 曲线(precision-recall curve)、交并比(intersection over union，IoU)等。

下面深入研究每一个组件，以直观了解它们的设计目标。

7.1.1　候选区域

在这个步骤，系统检索图像并生成 RoI 以便进一步分析。RoI 是系统认为极有可能包含目标的区域(用目标性评分来表达可能性程度)。如图 7-2 所示，目标性评分高的区域将进入下一步，而目标性评分低的区域将被舍弃。

图 7-2　系统产生的 RoI。目标性评分高的区域表明含有目标对象的概率极高(前景)，而目标性评分低的区域会被忽略，因为它们含有目标对象的概率很低(背景)

生成候选区域的途径有很多。起初，选择性搜索算法(selective search algorithm，后续章节在讨论 R-CNN 时将进一步讲到该算法)被用来生成目标候选区。此外，还可利用 DL 网络从图像中提取更复杂的视觉特征来生成候选区(例如，基于 DL 模型的特征)。

稍后将更详细地讨论不同目标检测系统如何执行任务。值得注意的是，该步骤将产生大量

(数以千计)的边界框，以待网络进一步分析和分类。在这个步骤，网络根据其目标性评分将候选区域分为前景(foreground，目标)或者背景(background，非目标)。如果目标性评分在阈值之上，该区域将被认为是前景并传递到网络下一层。

注意，可根据任务配置其阈值。如果阈值太低，网络将会详尽地生成所有可能的候选区，因此更有可能检索出图像中的所有目标，但另一方面，这会提升计算成本并降低检测效率。因此，生成候选区时需要权衡候选区数量与计算复杂度。正确的做法是结合问题的特定信息来减少 RoI 数量。

7.1.2 网络预测

该组件包含用于特征提取的预训练 CNN 网络，其目的是从输入图像中提取与手头任务相关的、有代表性的特征，并使用这些特征来确定图像的类别。在目标检测框架中，人们通常使用预训练的图像分类模型来提取视觉特征，因为这些模型具有较好的通用性。例如，一个在 MS COCO 或 ImageNet 数据集上训练过的模型可以提取相当通用的特征。

在这一步，网络分析所有的候选区域(这些区域被视为极有可能包含目标)，然后对每一个候选区做出两种预测。

- 边界框预测：定位目标边界框的坐标。边界框的坐标由数组(x, y, w, h)表示，其中，x、y 表示边界框的中心点坐标，w、h 表示边界框的宽和高。
- 类别预测：softmax 分类函数预测每个目标对象的类别。

由于系统产生了数以千计的候选区，每个目标都有许多分类正确的边界框围绕着它。以图 7-3 中的小狗图像为例，网络清晰地找到了目标(狗)并成功完成了分类，但因为系统在前一步骤中为小狗生成了 5 个 RoI，所以检测操作被激活了 5 次，导致图中狗的周围出现了 5 个边界框。尽管检测器成功定位了目标的位置并正确地分类，但这并不是人们想要的结果。在大多数情况下，人们只希望为每个目标返回一个边界框。在某些情况下，我们只需要那个最适合目标的边界框。如果系统的任务是计算图片中狗的数量，当前系统将会算出 5 只狗。这并不是人们想要的，此时，NMS 技术就派上用场了。

图 7-3 边界框检测器为每个目标生成多个边界框。需要将这些边界框组合成一个最适合目标的框

7.1.3　非极大值抑制

如图 7-4 所示，目标检测算法的问题之一是，它可能找到同一个对象的多个检测框，因此，它为同一个对象绘制了多个(而不是一个)边界框。非极大值抑制(non-maximum suppression，NMS)是一种可以确保检测算法对同一个目标只检测一次的技术。顾名思义，NMS 检查目标的所有边界框并从中找出预测概率最大的那个，同时抑制或消除其他边界框(因此得名)。

応用NMS之前的预测结果　　　　　　　　応用NMS之后的预测结果

图 7-4　应用 NMS 之前，系统为同一个目标生成了多个边界框(左)；应用 NMS 之后，系统只保留最合适的边界框(右)。剩余的边界框被忽略，因为它们与被选中的框在很大程度上重叠

NMS 的基本思想是，将每个目标的候选边界框数量减少到一个。例如，如果检测的目标相当大并且产生了超过 2000 个候选框，那么这些框之间很可能有显著的重叠。

下面是 NMS 算法的工作机制。

(1) 舍弃一定阈值以下的所有边界框。这个阈值被称为置信度阈值(confidence threshold)。该值是可调参数，这意味着预测概率低于所设阈值的边界框都将被抑制(舍弃)。

(2) 检查剩下的边界框并选择概率最高的那个。

(3) 计算具有相同类别预测的剩余边界框的重叠部分。重叠度高且被预测为同一类的边界框被整合到一起。这个重叠的指标被称为交并比(intersection over union，IoU)，详见下一节。

(4) 舍弃所有 IoU 值在一定阈值(被称为 NMS 阈值)之下的边界框。通常将 NMS 阈值设为0.5，但如果想输出更少或更多边界框，可以调整该值。

NMS 是跨越不同检测框架的标准技术，但是必须根据场景调整 NMS 阈值和置信度阈值，这是一个重要的步骤。

7.1.4　目标检测器的评价指标

目标检测器的性能有两个评价指标：每秒帧率(frames per second，FPS)和平均精度均值

(mean average precision，mAP)。

1. FPS 衡量检测速度

衡量检测速度的最常用指标就是每秒帧率。例如，Faster R-CNN 算法的运行速度为每秒 7 帧 (7 FPS)，而 SSD 的运行速度为 59 FPS。在基准测试实验中，论文作者常将其网络结果描述为：“Network X achieves mAP of Y% at Z FPS”，其中，X 指网络名称，Y 指 mAP 百分比，Z 即每秒帧率。

2. mAP 衡量网络精确率

mAP 是目标检测任务中最常用的评价指标。它是值为 0～100 的百分比，数值越大越好，但它的值与分类任务中使用的准确率指标不同。

想要理解 mAP 的计算原理，需要先理解 IoU 和 PR 曲线，下面先看看这两个概念。

3. IoU

IoU 测量的是真值边界框(ground truth bounding box，$B_{\text{ground truth}}$)和预测值边界框($B_{\text{predicted}}$)之间的重叠度。通过应用 IoU，可以了解检测结果是有效的(True Positive，真正例)还是无效的(False Positive，假正例)。图 7-5 展示了真值边界框与预测值边界框之间的 IoU。

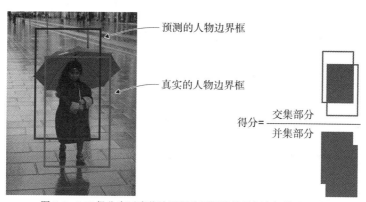

图 7-5　IoU 得分表示真值边界框和预测值边界框之间的重叠度

IoU 得分取值范围是 0～1，其中，0 表示没有重叠，1 表示完全重叠。两个边界框之间的重叠度越高(得分越高)，检测结果就越好，如图 7-6 所示。

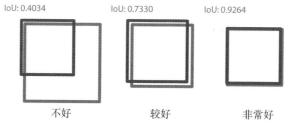

图 7-6　IoU 得分取值范围是 0～1，其中，0 表示没有重叠，1 表示完全重叠。两个边界框之间的重叠度越高(得分越高)，检测结果就越好

IoU 的计算需要以下两个值。

- 真值边界框 $B_{\text{ground truth}}$：在样本制作过程中手工标注的边界框。
- 预测值边界框 $B_{\text{predicted}}$：模型预测的边界框。

将两者的交集除以两者的并集，得到 IoU 的计算公式：

$$\text{IoU} = \frac{B_{\text{ground truth}} \cap B_{\text{predicted}}}{B_{\text{ground truth}} \cup B_{\text{predicted}}}$$

IoU 被用来定义正确的预测，即具有大于某个阈值的 IoU 的预测。在不同的挑战赛中可以动态调整该阈值，其标准值为 0.5。例如，MS COCO 等挑战赛的 mAP 为 0.5(即 IoU 阈值为 0.5)或 0.75(即 IoU 阈值为 0.75)。如果 IoU 值超过阈值，预测结果会被视为真正例(*TP*)，否则会被视为假正例(*FP*)。

4. PR 曲线(PRECISION-RECALL 曲线，即精确率-召回率曲线)

基于前面提到的 *TP* 和 *FP*，可以计算测试数据集中给定类别的预测值的精确率和召回率。第 4 章介绍过精确率和召回率的计算公式(请回忆下，*FN* 指假负例)：

$$召回率 = \frac{TP}{TP + FN}$$

$$精确率 = \frac{TP}{TP + FP}$$

计算所有类别的精确率和召回率，并绘制 PR 曲线，如图 7-7 所示。

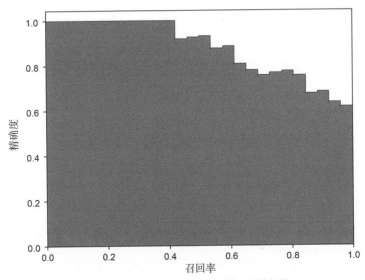

图 7-7 PR 曲线被用来评估目标检测器的性能

PR曲线是评价目标检测器性能的一种极佳途径,因为人们常通过为每个目标类绘制曲线来改变置信度。如果一个检测器的精确率随着召回率的上升而保持在较高水平,则它被认为是一个好的检测器,这意味着即使改变置信度阈值,精确率和召回率仍然可以很高。另一方面,一个较差的检测器需要提升其 *FP*(较低的精确率)以达到高召回率。因此，PR 曲线通常在开始时有非常高的精确率值，而随着召回率的上升，精确率值在下降。

得到了 PR 曲线以后，接下来可以通过计算 PR 曲线下的面积(AUC)来计算平均精确率(AP)。最后，目标检测的 mAP 是所有类别的 AP 的平均值。还需要注意的是，一些论文交替使用 AP 和 mAP。

5. 总结

概括而言，mAP 的计算方法如下。

(1) 获取每个边界框的目标性评分 objectness score(边界框包含目标的概率)。

(2) 计算精确率和召回率。

(3) 通过改变评分的阈值为每个类别计算 PR 曲线。

(4) 计算 AP：PR 曲线下的面积。在这一步中，为每一个类别计算 AP。

(5) 计算 mAP：所有类别的 AP 的平均值。

另外，请注意，mAP 比准确率等其他传统指标的计算过程更复杂。不过，好消息是，你不必亲自计算 mAP：大多数 DL 检测算法都会为你处理 mAP 的计算。详见本节后续内容。

理解了目标检测算法的通用框架以后，接下来让我们深入了解其中最流行的 3 个算法——R-CNN 家族、SSD 和 YOLO，并了解目标检测算法的演进过程，还将研究每种网络的优缺点，以便为不同的问题选择最合适的算法。

7.2   R-CNN 家族

在目标检测技术领域，R-CNN 家族通常被称为 R-CNN，是 region-based convolutional neural networks 的简称，由 Ross Girshick 等人[1]于 2014 年提出，并分别于 2015 年和 2016 年扩展到 FastR-CNN[2]和 FasterR-CNN[3]。本节将带你快速了解 R-CNN 家族的演进过程(从 R-CNN 到 Fast R-CNN，再到 Faster R-CNN)，然后深入研究 Faster R-CNN 的架构及其代码实现。

7.2.1   R-CNN

R-CNN 是家族中最不复杂的基于区域的架构，但它是理解多目标识别算法的基础，是卷积神经网络在目标检测和定位问题上的第一个大规模的成功应用之一，并为其他先进的检测算法铺平了道路。该方法在基准数据集上得到了验证，在 PASCAL VOC-2012 数据集和 ILSVRC 2013 目标检测挑战赛上获得了当时最先进的结果。图 7-8 显示了 R-CNN 模型架构的摘要。

---

1 Ross Girshick、Jeff Donahue、Trevor Darrell 和 Jitendra Malik，"Rich Feature Hierarchies for Accurate Object Detection and Semantic Segmentation"，2014 年，http://arxiv.org/abs/1311.2524。

2 Ross Girshick，"Fast R-CNN"，2015 年，http://arxiv.org/abs/1504.08083。

3 Shaoqing Ren、Kaiming He、Ross Girshick 和 Jian Sun，"Faster R-CNN: Towards Real-Time Object Detection with Region Proposal Networks"，2016 年，http://arxiv.org/abs/1506.01497。

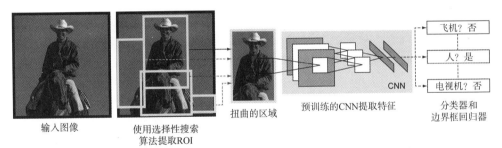

输入图像　　　使用选择性搜索　　　扭曲的区域　　　预训练的CNN提取特征　　　分类器和
　　　　　　　算法提取ROI　　　　　　　　　　　　　　　　　　　　　　　　　　边界框回归器

图 7-8　R-CNN 模型架构摘要(修改自 Girshick 等人的"Rich Feature Hierarchies for Accurate Object Detection and Semantic Segmentation"一文)

R-CNN 模型由 4 个模块组成。

- **提取感兴趣区域模块**：也被称为提取候选区域(extracting region proposals)。这些区域包含目标的概率很高。一种被称为选择性搜索的算法扫描输入图像以找到包含图像块(blobs)的区域，并将它们当作 RoI，由管道中的后续模块处理。这些 RoI 通常大小各不相同，但都被处理为一个统一的大小，因为如前几章所述，CNN 要求输入图像具有统一的大小。

- **特征提取模块**：在候选区域之上运行预训练的卷积神经网络，以从每一个候选区域中提取特征。这是典型的 CNN 特征提取器，详见之前的章节。

- **分类模块**：使用支持向量机(SVM，传统的机器学习算法)等分类器，基于上一步中提取的特征对候选区域进行分类。

- **定位模块**：也被称为边界框回归器(bounding-box regressor)。何谓回归？ML 问题通常被划分为分类问题或回归问题。分类算法输出离散的预测值(狗、猫、大象)，而回归算法输出连续的预测值。在此模块中，需要预测围绕目标的边界框的位置和大小。边界框由 4 个值表示：方框的中心点坐标 x、y，以及宽 w 和高 h。回归器预测 4 个实数，并将边界框定义为数组 (x, y, w, h)。

选择性搜索

选择性搜索是一种用于提供可能包含目标对象的候选区域的贪婪搜索算法。它试图将相似的纹理和像素组合到矩形框中，以寻找可能包含目标的区域。选择性搜索结合了穷举搜索算法(exhaustive search algorithm，搜索图像中所有可能的位置)和自底向上分割算法(bottom-up segmentation algorithm，分层次地组织相似的区域)的优点来捕获所有可能的目标位置。

选择性搜索算法的工作原理是：应用一个分割算法来查找图像块，以便分辨出可能的目标(见下边右侧的图片)。

自底向上分割法递归地将这些区域组合为更大的区域，并创建约 2000 个候选区域。

(1) 计算所有相邻区域之间的相似性。

(2) 将两个最相似的区域组合在一起，并在结果区域和它的相邻区域之间计算新的相似性。

(3) 重复上述过程，直到整个目标被囊括在单个区域中。

选择性搜索算法通过寻找图像块来提取区域。右图中，分割算法定义可能包括目标对象的图像块，然后，选择性搜索算法选择这些区域并将其传递到下一步中进行处理

输入图像   候选区域   第一次迭代之后   经过几次迭代之后

使用选择性搜索算法自底向上分割的示例，它在每次迭代中组合相似区域，直到整个目标被囊括在单个区域中

请注意，选择性搜索算法及其计算区域相似度的方法等内容超出了本书的范围。如果你对此相关内容感兴趣，可以阅读原论文[1]。为了理解 R-CNN，可将选择性搜索算法当作一个黑盒。它智能地扫描图像并提出 RoI 位置以供我们使用。

图 7-9 直观地展示了R-CNN 的架构。如你所见，网络首先提取感兴趣的区域，然后提取特征，再基于特征对区域进行分类。本质上，目标检测任务变成了一个图像分类问题。

1. 训练 R-CNN

如前一节所述，R-CNN 由 4 个模块组成：选择性搜索候选区域、特征提取器、分类器和边界框回归器。除了选择性搜索算法之外，所有的模块都需要训练。因此，R-CNN的训练需要以下步骤。

(1) 训练特征提取器。这是一个典型的 CNN 训练过程。可以从头开始训练网络(这种方法很少被采用)，也可微调预训练网络，如第 6 章所述。

(2) 训练 SVM 分类器。SVM 算法不在本书讨论范围内，但它是一个传统的机器学习分类器，在这里与 DL 分类器没有差别，都需要在标注好的数据上进行训练。

---

1 J.R.R. Uijlings、K.E.A. van de Sande、T. Gevers 和 A.W.M. Smeulders，"Selective Search for Object Recognition"，2012 年，www.huppelen.nl/publications/selectiveSearchDraft.pdf。

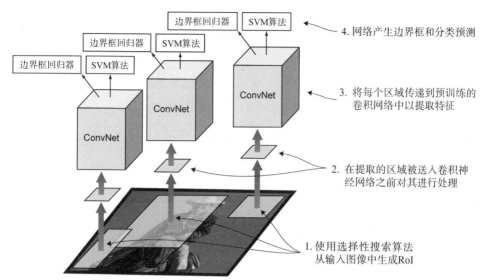

图 7-9　R-CNN 架构示意图。每个候选区域通过 CNN 提取特征，然后边界框回归器和 SVM 分类器产生输出预测

(3) 训练边界框回归器。该模块为 K 个目标类别中的每一个类别输出 4 个实数，以定位区域边界框。

根据 R-CNN 的学习步骤可以轻易发现，R-CNN 模型的训练过程既缓慢又昂贵，因为该过程包含 3 个独立的模块，其中没有太多共享的计算。这种多级管道(multi-stage pipeline)训练是 R-CNN 的缺点之一，接下来会详细阐述。

2. R-CNN 的缺点

R-CNN 简单易懂，且刚被推出就取得了当时最好的成果，特别是在使用深度卷积网络提取特征时。然而，它实际上不是通过深度神经网络来定位的单个端到端系统，而更像是多个独立算法的组合。这些算法被加在一起执行目标检测。因此，它具有以下明显的缺点。

- **目标检测非常缓慢**。对于每个图像，选择性搜索算法提出约 2000 个 RoI 供整个管道(CNN 特征提取器和分类器)检查。这在计算上非常昂贵，因为它在不共享计算资源的情况下对每个候选区执行卷积神经网络的前向传递，这使它运行得非常缓慢。这种高计算量的需求意味着 R-CNN 不适用于许多应用，尤其是自动驾驶之类的需要快速推理的实时场景。

- **训练是多级管道**。如前所述，R-CNN 需要训练 3 个模块：CNN 特征提取器、SVM 分类器，以及边界框回归器。因此训练过程非常复杂，并且不是端到端的训练。

- **训练在时间和空间上都很昂贵**。当训练 SVM 分类器和边界框回归器时，从每张图像上的每个目标候选区中提取特征并将其写入磁盘。对于非常深的网络(如 VGG16)，若使用 GPU 训练数千张图像，将需要数天时间。训练过程在存储上也很昂贵，因为提取的特征需要几百吉字节的存储空间。

因此，我们需要一个端到端的 DL 系统，在改善 R-CNN 缺点的同时提升其速度与准确率。

7.2.2　Fast R-CNN

Fast R-CNN 是 R-CNN 的"直系后代"，由 Ross Girshick 在 2015 年开发。Fast R-CNN 在很多方面与 R-CNN 技术类似，但通过两个主要变化提高了检测速度，也提高了检测准确率。

- R-CNN 在一开始就使用候选区域，然后使用特征提取模块，而 Fast R-CNN 提出，先在整个输入图像上应用 CNN 的特征提取器，然后生成候选区域。在这种情况下，只需要在整个图像上执行一次卷积运算，而不是在 2000 个重叠区域上执行 2000 次卷积运算。
- 将卷积神经网络的作用扩展到分类器上，使用 softmax 层取代传统的 SVM 机器学习算法，如此，就可以用一个模型来完成特征提取和目标分类这两项任务。

1. Fast R-CNN 架构

如图 7-10 所示，不同于从原始图像生成候选区域的 R-CNN，Fast R-CNN 根据网络最后一张特征图生成候选区域。因此，对于整个图像而言，训练一个神经网络即可。另外，该网络并没有训练许多不同的 SVM 算法以对每个目标进行分类，而是用一个 softmax 层直接输出类别概率。如此，现在只需要训练一个神经网络，而不是一个神经网络和许多 SVM。

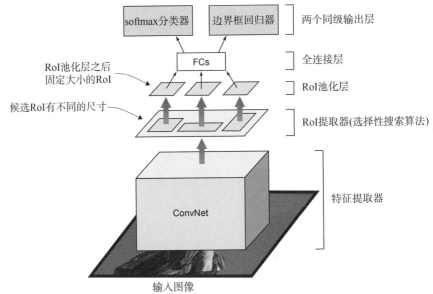

图 7-10　Fast R-CNN 架构由特征提取器 ConvNet、RoI 提取器、RoI 池化层、全连接层和两个同级输出层组成。注意，与 R-CNN 不同，Fast R-CNN 在应用候选区域模块之前将特征提取器应用于整个输入图像

Fast R-CNN 架构由以下几个模块组成。

(1) 特征提取器模块：整个网络始于一个 ConvNet，以便从整个图像中提取特征。

(2) RoI 提取器：选择性搜索算法为每个图像生成约 2000 个候选区域。

(3) RoI 池化层：这是一个新引入的组件，目的是在将 RoI 提供给全连接层之前，从特征图中提取固定大小的窗口。它使用最大池化将任何有效的 RoI 中的特征转换为具有固定尺寸(H $\times W$)的小特征图。第 7.2.3 节将更详细地解释 RoI 池化层。就目前而言，只需要知道它被应用于从 CNN 中提取的最后一个特征图层。它的目标是提取固定大小的 RoI 并将其输入全连接层及输出层。

(4) 同级输出层(two-head output layer)：模型分为两个同级输出层。

① softmax 分类器输出每个 RoI 的离散概率分布。

② 边界框回归器预测相对于原始 RoI 的偏移。

2. Fast R-CNN 中的多任务损失函数

Fast R-CNN 是一个端到端的学习架构，旨在学习目标的类别及其边界框的位置和大小，因此其损失是多任务损失(multi-task loss)。在这种情况下，输出有 softmax 分类器和边界框回归器，如图 7-10 所示。

在任何优化问题中都需要定义损失函数，而优化器算法的目标就是最小化误差(第 2 章详细介绍了优化和损失函数)。目标检测问题有两个优化目标：目标分类和目标定位。因此，这个问题中有两个损失函数，其中，L_{cls} 代表分类损失，L_{loc} 代表边界框预测损失。

Fast R-CNN 网络具有两个同级输出层和两个损失函数。

- 分类：第一个输出层输出每个 RoI 在 $K+1$ 个类别(增加了一个背景类)上的离散概率分布。概率 P 由具有 $K+1$ 个输出的全连接层之上的 softmax 层计算得出。分类损失函数是真实类别 u 的 log 函数。

$$L_{cls}(p,u) = -\log p_u$$

其中，u 是真实标签，$u \in 0, 1, 2, \ldots (K+1)$，$u=0$ 表示背景，p 是每个 RoI 在 $K+1$ 个类别上的离散概率分布。

- 回归：第二个输出层为每个类别(共 K 个)输出边界框回归偏移量 $v=(x, y, w, h)$。损失函数是类别 u 的边界框预测损失。

$$L_{loc}(t^u,u) = \sum L1_{smooth} \sum (t_i^u - v_i)$$

其中：

- v 是真实边界框，$v=(x, y, w, h)$。
- t^u 是预测边界框校正。

$$t^u = \left(t_x^u,\ t_y^u,\ t_w^u,\ t_h^u\right)$$

- $L1_{smooth}$ 是边界框损失。它使用 smooth L1 损失函数来衡量 t_i^u 和 v_i 之间的差别。它是一个稳健的函数，对极端值(离群值或异常值)的敏感性低于 L2 等其他回归损失函数。

总的损失函数是：

$$L = L_{cls} + L_{loc}$$

$$L(p, u, t^u, v) = L_{cls}(p, u) + [u \geqslant 1] \, l_{box}(t^u, v)$$

请注意，应在回归损失之前添加 $[u \geqslant 1]$。当被检查区域不含任何目标且包含背景时，回归损失函数为 0。如此，当分类器将该区域标记为背景时就可以忽略边界框回归了。可按如下方式定义指示器函数 $[u \geqslant 1]$：

$$[u \geqslant 1] = \begin{cases} 1 & \text{if} \ \ u \geqslant 1 \\ 0 & \text{otherwise} \end{cases}$$

3. Fast R-CNN 的缺点

Fast R-CNN 在测试速度方面要快得多，因为不需要为每张图像将 2000 个候选区域输入卷积网络。相反，只对每张图像做一次卷积操作，并产生一个特征图。训练速度也更快，因为特征提取器、目标分类器及边界框回归器等所有组件都在同一个 CNN 网络中。然而，该网络仍有一个很大的瓶颈：生成候选区域的选择性搜索算法非常缓慢，并且由另一个模型独立生成。使用 DL 构建一个完整的端到端目标检测系统的最后一步是，找到一种方法来将候选区域生成算法纳入端到端的 DL 网络。这就是 Faster R-CNN 的使命，也是下一节的主题。

7.2.3　Faster R-CNN

Faster R-CNN 是 R-CNN 家族的第三代成员，由 Shaoqing Ren 等人于 2016 年开发。同 Fast R-CNN 一样，在 Faster R-CNN 中，将图像作为整体输入卷积网络并输出卷积的特征图。该网络并没有采用选择性搜索算法在特征图上识别候选区域，而是引入区域候选网络(region proposal network，RPN)算法来预测候选区域(作为训练的一部分)。预测的候选区域通过 RoI 池化层进行重塑，并用于对候选区域的图像进行分类以及对边界框偏移量进行预测。这些改进既减少了候选区域的数量，又加快了模型的测试速度(接近实时)，且具有当时最先进的性能。

1. Faster R-CNN 架构

Faster R-CNN 的架构可以被描述为 2 个主要网络。

- RPN：用卷积网络替代选择性搜索算法。该网络从特征提取器的最后一个特征图中提取 RoI，RPN 有两个输出：目标性评分(有目标或者无目标)和边界框位置。
- Fast R-CNN：包含 Fast R-CNN 的典型组件。
  - 特征提取器基础网络：一个典型的从输入图像中提取特征的预处理 CNN 模型。
  - RoI 池化层：提取固定大小的 RoI。
  - 包含两个全连接层的输出层：softmax 分类器输出类别概率，边界框回归 CNN 输出边界框预测。

如图 7-11 所示，将输入图像传递给网络，通过预训练 CNN 提取特征。这些特征被并行送到 Faster R-CNN 架构的两个组件中。

- RPN 确定图像的哪些位置可能含有目标。这一步中，网络并不知道目标是什么，只是预测在图像的某个特定位置存在一个潜在的目标。
- RoI 池化层提取固定大小的特征窗口。

然后输出被送入两个全连接层：一个用于分类，一个用于边界框坐标预测，以获得最终的定位。

该架构实现了一个可训练的、完整的端到端目标检测管道，其中，所有所需的组件都在网络内部：

- 特征提取器基础网络
- 候选区域
- RoI 池化
- 目标分类
- 边界框回归器

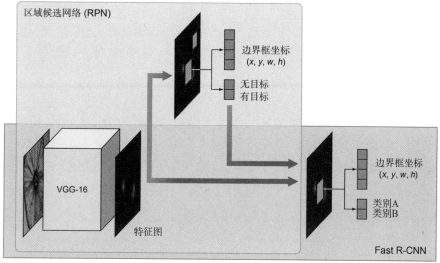

图 7-11　Faster R-CNN 架构有两个主要组件：RPN 识别可能包含目标的候选区域以及它们的大概位置，Fast R-CNN 网络对目标进行分类并使用边界框来改进位置。这两个组件共享预训练的 VGG16 网络的卷积层

2. 使用基础网络提取特征

与 Fast R-CNN 的情况类似，第一步是使用一个预训练的 CNN 并切掉其分类部分。基础网络用于从输入图像中提取特征。第 6 章已经详细讨论过它的工作原理。在这个组件中，可以根据待解决的问题使用任何流行的 CNN 架构。关于 Faster R-CNN 的原创论文使用了在 ImageNet 上预训练的 ZF[1] 和 VGG16[2]，但从那以后，出现了许多不同的网络，它们的权重也各不相同。例如，MobileNet[3]——一种为速度而优化的更小、更高效的网络架构，大约有 330 万个参数，而

1　Matthew D. Zeiler 和 Rob Fergus，"Visualizing and Understanding Convolutional Networks"，2013 年，http://arxiv.org/abs/1311.2901。

2　Karen Simonyan 和 Andrew Zisserman，"Very Deep Convolutional Networks for Large-Scale Image Recognition"，2014 年，http://arxiv.org/abs/1409.1556。

3　Andrew G. Howard、Menglong Zhu、Bo Chen、Dmitry Kalenichenko、Weijun Wang、Tobias Weyand、Marco Andreetto 和 Hartwig Adam，"MobileNets: Efficient Convolutional Neural Networks for Mobile Vision Applications，2017 年，http://arxiv.org/abs/1704.04861。

ResNet-152(152 层，曾经是 ImageNet 分类大赛的最先进模型)拥有大约 6000 万参数。最近，像 DenseNet[1]这样的新架构既改善了结果又减少了参数的数量。

> **VGGNet 与 ResNet**
>
> 如今，ResNet 架构已经基本取代了 VGGNet 并成为特征提取的基础网络。与 VGGNet 相比，ResNet 的明显优势在于它的网络更深，使其具有更强的能力来学习非常复杂的特征。这对于分类任务非常有效，而且同样适用于目标检测任务。另外，ResNet 通过使用残差连接和批处理技术使深度网络的训练变得更容易。这是 VGGNet 发布之时初创的。请回顾第 5 章的内容以详细了解不同的 CNN 架构。

如前所述，每个卷积层基于上一层的信息创建抽象。第一层通常学习边缘，第二层在边缘中寻找模式来激活更复杂的形状，以此类推，最终得出一个卷积特征图。它被提供给 RPN 网络以提取包含目标的区域。

3. RPN

RPN 基于预训练 CNN 网络输出的特征图识别可能包含感兴趣的目标的区域。RPN 也被称为注意网络(attention network)，因为它将网络的注意力引导到图像中令人关注的区域。Faster R-CNN 使用 RPN 将候选区域直接放入 R-CNN 架构，而不是运行选择性搜索算法以提取 RoI。

RPN 的架构由 2 层组成(如图 7-12 所示)。

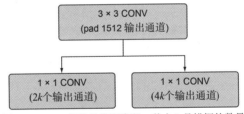

图 7-12　RPN 架构的卷积实现，其中 k 是锚框的数量

> **全卷积网络(fully convolutional networks，FCN)**
>
> 目标检测网络的一个重要方面是，它们应该是全卷积的。全卷积神经网络意味着网络不包含任何全连接层(全连接层通常在网络末端，在输出预测之前)。
>
> 在图像分类上下文中，通常在整个矩阵上应用平均池化来移除全连接层，然后使用单一的全连接 softmax 分类器输出最终预测。FCN 主要有两个优点:
>
> - 更快速，因为它只包含卷积运算，而没有全连接层。
> - 可接受任何空间分辨率(宽度和高度)的图像，只要图像和网络不超出可用的内存。
>
> FCN 使得网络对输入图像的尺寸没有限制。然而，在实际中，由于某些只有在执行算法时

---

1 Gao Huang、Zhuang Liu、Laurens van der Maaten 和 Kilian Q. Weinberger，"Densely Connected Convolutional Networks"，2016 年，http://arxiv.org/abs/1608.06993。

才会出现的问题，我们可能还是希望使输入大小保持不变。其中一个重要的问题是，如果想批量处理图像(因为批处理可以使用 GPU 并行运算而加快速度)，就必须让所有图像具有固定的高度和宽度。

在基础网络的最后一个特征图上应用 3×3 卷积层，将滑动窗口大小设为 3×3，然后，输出被传递到分类器和边界框回归器这两个 1×1 卷积层上。请注意，RPN 的分类器和回归器并不试图预测目标的类别及其位置，这是 RPN 之后的全连接层要干的事情。RPN 的目标是确定该区域是否包含待研究的目标。在 RPN 中，使用一个二元分类器来预测区域的目标性评分，从而确定该区域是前景(包含目标)或背景(不包含目标)的概率。在这个过程中，分类器看着这个区域问道："这个区域包含目标吗？"如果回答是肯定的，那么该区域将通过 RoI 池化和最终输出层进行进一步的研究(见图 7-13)。

低目标性评分(背景)   高目标性评分(前景)

图 7-13   RPN 分类器预测目标性评分，即图像包含前景(目标)或背景的概率

4. 回归器如何预测边界框

为了回答这个问题，先要了解边界框的定义。它是包围目标的一个框，由数组(x, y, w, h)标识，其中，x、y 是图像中描述边界框中心的坐标，h 和 w 是边界框的高度和宽度。研究人员发现，定义中心点的(x, y)坐标时会面临挑战，因为必须执行一些规则以确保网络能够预测图像边界内的值。因此，可以在图像中创建名为锚框(anchor boxes)的参考框，并让回归层预测来自这些锚框的偏移量(被称为 deltas(Δx, Δy, Δw, Δh))来调整锚框以使其更好地适应目标，从而获得最终候选区域，如图 7-14 所示。

5. 锚框

RPN 使用滑动窗口方法为特征图中的每个位置生成 k 个区域。这些区域是用锚框表示的。锚点位于相应的滑动窗口的中间。锚框具有不同的缩放比例和高宽比，以覆盖不同尺寸的对象。锚框是固定的边界框，被放在整个图像中，在第一次预测目标位置时用作参考。在原论文中，Ren 等人生成了 9 个锚框，它们有相同的中心点，但有 3 个不同的高宽比(aspect ratio)和 3 个不同的缩放比例(scale)。

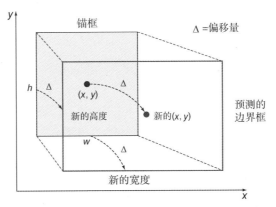

图 7-14　根据锚框和边界框坐标预测 deltas 偏移量的示意图

　　图 7-15 展示了如何应用锚框。锚点位于每个滑动窗口的中心，每个窗口含有 k 个锚框，其锚点在锚框的中心。

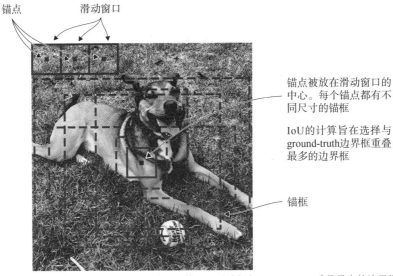

图 7-15　锚点在每个滑动窗口的中心，计算 IoU 以选择与 ground truth 重叠最多的边界框

6. 训练 RPN

　　RPN 的训练旨在对锚框进行分类，以输出目标性评分以及对象的大概位置(4 个位置参数)。它使用人类手工标注的边界框来训练，有标注的框被称为地面真值(ground truth)。

　　针对每个锚框计算重叠概率值(p)，表示这些锚框与地面真值边界框的重叠程度。

$$p = \begin{cases} 1 & \text{if } \text{IoU} > 0.7 \\ -1 & \text{if } \text{IoU} < 0.3 \\ 0 & \text{otherwise} \end{cases}$$

如果锚框与地面真值边界框具有较高的重叠度，那么这个锚框中很可能包含感兴趣的目标，它将被标记为 positive(相对于分类任务中的 object 和 no object)；同理，如果重叠度较小，它将被标记为 negative。在训练过程中，被标记为 positive 或 negative 的锚框分别作为输入传递给两个全连接层，并分别传递给回归器以获取位置参数(4 坐标)。对于同一个位置的 k 个锚框，RPN 网络输出 $2k$ 个得分和 $4k$ 个坐标。举例来说，如果每个滑动窗口的锚框数 $k=9$，那么 RPN 输出 18 个目标性得分和 36 个位置坐标，如图 7-16 所示。

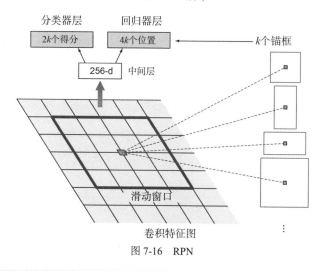

图 7-16　RPN

RPN 作为独立的应用程序

RPN 可被用作独立的应用程序。举个例子，在只有一类目标的问题中，目标概率可被用作最终的类别概率。因为在这种情况下，前景代表该类目标，而背景意味着不是该类目标。

RPN 之所以会被用于单类别目标检测，是因为其训练和预测的速度都有所提高。由于 RPN 是一个只使用卷积层的简单网络，其预测速度比使用分类的基础网络要更胜一筹。

7. 全连接层

全连接层需要来自基础卷积网络的特征图和来自 RPN 的 RoI 这 2 个输入。然后，它对 RoI 进行分类，输出预测类别和边界框参数。Faster R-CNN 中的目标分类层使用的是 softmax 激活函数，而位置回归层在坐标上使用线性回归，并将位置定义为一个边界框。采用多任务损失的方法对所有网络参数进行联合训练。

8. 多任务损失函数

同 Fast R-CNN 一样，Faster R-CNN 结合分类损失和边界框回归损失优化了多任务损失函数。

$$L = L_{cls} + L_{loc}$$

$$L(\{p_i\}, \{t_i\}) = \frac{1}{N_{cls}} \sum L_{cls}(p_i, p_i^*) + \frac{\lambda}{N_{loc}} \sum p_i^* \cdot L1_{\text{smooth}}(t_i - t_i^*)$$

损失方程乍看起来可能有点令人摸不着头脑，但实际上它比它看起来简单，而且对该方程的理解也不是运行和训练 Faster R-CNN 的必要条件,所以如果你想跳过这个部分,请随意。不过,仍然鼓励你深入理解这个公式,因为它将大大加深你对优化过程的原理的理解。先通过表 7-2 认识一下符号。

表 7-2   多任务损失函数的符号

符号	解释
p_i 和 p_i^*	p_i 是锚框 i 为目标或背景的预测概率,p_i^* 是二进制的地面真值标签(0 和 1,即当 anchor(i) 被标记为 positive 时,p_i^*=1;当 anchor(i)被标记为 negative 时,p_i^*=0)
t_i 和 t_i^*	t_i 是预测的边界框坐标 4 参数,t_i^* 是地面真值的边界框坐标参数
N_{cls}	分类损失的归一化项。Ren 等人将其设置为≈256 的小批大小
N_{loc}	边界框回归的归一化项。Ren 等人将其设置为锚点位置的数量,取值≈2400
$N_{cls}(p_i, p_i^*)$	2 个类别的对数损失函数。通过预测样本是否为目标对象,可以很容易地将一个多类别分类转换为二分类:$L_{cls}(p_i, p_i^*) = -p_i^* \log p_i - (1-p_i^*)\log(1-p_i)$
$L1_{smooth}$	如第 7.2.2 节所述,边界框回归损失使用 smooth L1 损失函数来衡量预测值与真实位置参数(ti, ti*)之间的差别。它是一个稳健的函数,其对异常值的敏感性低于 L2 等其他回归损失函数
λ	一个平衡参数。Ren 等人将其设置为≈10,因此 L_{cls} 和 L_{loc} 两项权重大致相等

理解了符号的含义后,接下来尝试阅读多任务损失函数。为了理解这个方程,先忽略归一化项和 i 项,因此每个实例 i 的简化损失函数如下:

$$\text{Loss} = L_{cls}(p, p^*) + p^* \cdot L1_{smooth}(t - t^*)$$

这个简化的函数是分类损失和边界框位置损失(即回归损失)这两个损失函数的总和。下面分别介绍这两个函数。

- 任何损失函数的基本理念,都是用真实值减去预测值来确定误差量。分类损失是交叉熵损失函数,如第 2 章所述,这里也不例外,它是一个对数损失函数,用于计算预测概率 p 和地面真值 p^* 之间的误差:

$$L_{cls}(p_i, p_i^*) = -p_i^* \log p_i - (1-p_i^*)\log(1-p_i)$$

- 位置损失(回归损失)是预测位置与真实位置参数(t_i, t_i^*)之间的差值。使用 smooth L1 损失函数计算差值,然后将差值乘以该区域包含目标的地面真值概率 p^*。如果该区域不包含目标,则 p^*=0,以消除非目标区域的整个位置损失。

最终,将两个损失值相加以创建多任务损失函数:

$$L = L_{cls} + L_{loc}$$

这样就得到了每个实例 i 的多任务损失函数,将 i 和 Σ 符号放回去,以计算所有实例的损失总和。

7.2.4   R-CNN 家族总结

表 7-3 总结了 R-CNN 架构的演进。

表 7-3　CNN 家族的演化: 从 R-CNN 到 Fast R-CNN, 再到 Faster R-CNN

	R-CNN	Fast R-CNN	Faster R-CNN
mAP(2007 年 PASCAL VOC 挑战赛)	66.0%	66.9%	66.9%
特点	(1) 应用选择性搜索算法从每张图片上提取≈2000 个 RoI (2) 使用卷积网络从每一个 RoI 中提取特征 (3) 使用分类和边界框预测	将每幅图像传入 CNN 一次, 并提取特征图 (1) CNN 被用来从输入图像中提取特征图 (2) 选择性搜索算法被用来从特征图上生成预测 在这种情况下, 只需要在整个图像上运行一次卷积, 而不是 2000 个重叠区域上运行 2000 次卷积	使用 RPN 替换选择性搜索算法, 使算法运行得更快 一个端到端的 DL 框架
限制	计算时间成本非常高, 因为每个 RoI 都被分别送入 CNN 中; 另外, 使用 3 种不同的模型进行预测	选择性搜索很缓慢, 因此计算时间仍然很长	目标候选区域需要时间。由于不同的系统一个接一个地工作, 整个系统的性能取决于前一个系统的表现
每张图片检测时间	50 秒	2 秒	0.2 秒
相对于 R-CNN 的速度提升	1 倍	25 倍	250 倍

- R-CNN：边界框由选择性搜索算法生成，每个都会被处理，并通过深度卷积网络(如 AlexNet)来提取特征，然后使用线性 SVM 和线性回归实现目标分类和边界框预测。
- Fast R-CNN：一种单一模型的简化设计。在 CNN 之后使用 RoI 池化层对区域进行合并。该模型直接预测类别标签和 RoI。
- Faster R-CNN：一个完整的端到端 DL 目标检测器。它使用 RPN 替代选择性搜索网络来生成 RoI。RPN 可以解释从深度卷积网络中提取的特征，并学习直接生成 RoI。

1. R-CNN 的局限性

也许你已经注意到，每篇论文都对 R-CNN 所做的开创性工作提出了改进，以开发一个更快的、可以实现实时目标检测的网络。这一系列改进取得的成就的确令人赞叹，然而这些架构中没有一个能够创建实时目标检测器。简单来说，这些网络的已知问题如下：

- 模型的训练过程既繁杂又耗时。
- 训练分为多个阶段(如候选区域训练和分类器训练)。
- 推理速度太慢。

幸运的是，最近几年，新的架构不断涌现，解决了 R-CNN 模型及其后继者们的瓶颈，使得实时目标检测成为可能。其中，最知名的当数 SSD 和 YOLO，将在第 7.3 和 7.4 节中讲到。

2. 多级与单级检测器

R-CNN 家族的模型都是基于区域的(region-based)。检测分为两个阶段，因此这些模型被称为两级(two-stage)检测器。

- 模型使用选择性搜索算法或 RPN 生成一系列 RoI。生成的区域是稀疏的，因为潜在的候选边界框有无限多。
- 分类器只处理候选区域。

单级(single-stage)检测器采用不同的方法。它们跳过候选区生成阶段，直接在潜在位置的密集采样上运行检测。这种方法更快、更简单，但可能会略微降低性能。接下来的两小节将研究 SSD 和 YOLO 这两个单级检测器。总体上讲，单级检测器的准确率要低于两级检测器，但速度要快得多。

7.3　SSD

SSD(single-shot detector，单发检测器)论文由 Wei Liu 等人[1]于 2016 年发表。SSD 网络在目标检测任务的性能和准确率上都创造了新的纪录，在 PASCAL VOC 和 MS COCO 等标准数据集上达到了 59 FPS 和 74%的 mAP。

---

1 Wei Liu、Dragomir Anguelov、Dumitru Erhan、Christian Szegedy、Scott Reed、Cheng-Yang Fu 和 Alexander C. Berg，"SSD: Single Shot MultiBox Detector"，2016 年，http://arxiv.org/abs/1512.02325。

检测器速度衡量(FPS：每秒帧数)

如本章开始时所述，衡量检测速度最常用的指标是每秒帧数。例如，Faster R-CNN 每秒仅 7 帧(7 FPS)。为了构建更快的检测器，人们已经做了许多尝试，在检测管道的每个环节上各个击破。但到目前为止，速度上的显著提升只能以检测准确率的显著降低为代价。本节将为你展示为何 SSD 这样的单级网络可以实现更快的实时检测。

在基准测试中，SSD300 在 59 FPS 下达到 74.3%的 mAP，而 SSD512 则在 22 FPS 下达到 76.8%的 mAP，胜过 Faster R-CNN 在 7 FPS 下的 73.2%。SSD300 指输入图像的大小为 300×300，同理，SSD512 指输入图像的尺寸为 512×512。

如前所述，R-CNN 家族是多级检测器：网络先预测边界框的目标性评分，然后将该边界框送入一个分类器来预测类别概率。在 SSD 和 YOLO(将在第 7.4 节中讨论)之类的单级检测器中，卷积层在一次运算中同时进行上述两种预测，因此被称为单级检测器。图像在网络中只传递一次，并使用逻辑回归预测每个边界框的目标性评分，以表示其与地面真值的重叠程度。如果边界框与地面真值之间的重叠度为 100%，则目标性评分为 1；如果没有重叠，其值则为 0。然后设置一个阈值(假定为 0.5)，表示目标性评分超过 50%时，该边界框很可能包含一个感兴趣的目标，然后保留预测；如果其值小于 50%，则忽略预测。

7.3.1　SSD 架构总览

SSD 方法基于前馈(feed-forward)卷积网络，该网络生成固定大小的边界框集合，并为边界框中目标类实例的存在进行评分，然后通过 NMS 步骤生成最终预测。SSD 模型架构主要由 3 个部分组成。

- 基础网络提取特征图：一种用于高质量的图像分类的标准预训练网络，被去除了分类器之前的部分。在 SSD 的原论文中，Liu 等人使用了 VGG16。除此之外，也可使用 VGG19 和 ResNet，它们应该也能产生良好的效果。

- 多尺度(multi-scale)特征层：在基础网络之后添加一系列卷积滤波器。这些层的尺寸逐渐减小，以便在多个尺度上预测检测结果。

- 非极大值抑制(NMS)：NMS 用于消除重叠框。每个被检测到的目标只保留一个边界框。

如图 7-17 所示，层 4_3、7、8_2、9_2、10_2 和 11_2 做出预测并直接将其输送到 NMS 层。第 7.3.3 节将介绍为何这些层的尺寸会逐渐减小。现在先理解 SSD 中端到端的数据流。

从图 7-17 中可以发现，网络为每个类别做了 8732 次检测，然后这些检测被送到 NMS 层中，其数量减至每个目标一次。数值 8732 是怎么来的呢？

为了更准确地检测，不同的特征图层也要经过一个小的 3×3 卷积来检测目标。例如，Conv4_3 大小为 38×38×512，应用 3×3 卷积。这里有 4 个边界框，每个边界框都有(类别数+4 个框值)输出。假设有 20 个目标类和 1 个背景类，因此输出的边界框的数量为 38×38×4=5776。同理可以计算出其他卷积层的边界框数量。

- Conv7：19×19×6=2166 个边界框(每个位置 6 个边界框)

- Conv8_2：10×10×6=600 个边界框(每个位置 6 个边界框)
- Conv9_2：5×5×6=150 个边界框(每个位置 6 个边界框)
- Conv10_2：3×3×4=36 个边界框(每个位置 4 个边界框)
- Conv11_2：1×1×4=4 个边界框(每个位置 4 个边界框)

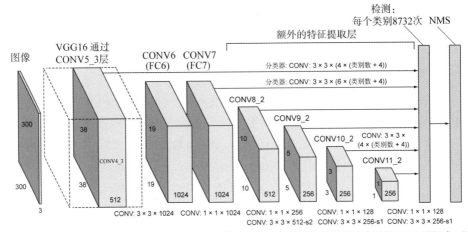

图 7-17　SSD 架构由基础网络(VGG16)、用于目标检测的额外卷积层和进行最终检测的 NMS 层组成。请注意，卷积层 7、8、9、10、11 做出预测并直接将其输送到 NMS 层(来源：Liu 等人，2016 年)

将上述数字加起来，总共产生 5776+2166+600+150+36+4=8732 个边界框。这对于检测器来说是一个巨大的数字，因此，需要应用 NMS 来减少边界框的数量。正如你将在第 7.4 节中看到的，YOLO 最后有 7×7 个位置，每个位置 2 个边界框，即 7×7×2=98 个框。

输出预测的结构

对于每个特征，网络做出如下预测：

- 描述边界框的 4 个值(x, y, w, h)
- 1 个目标性评分(objectness score)
- C 值代表每个类别的概率

总共得到 $5+C$ 个预测值。假定问题中有 4 个类别，那么每个预测的输出结果都是这样一个向量：[x, y, w, h, objectness score, C_1, C_2, C_3, C_4]。

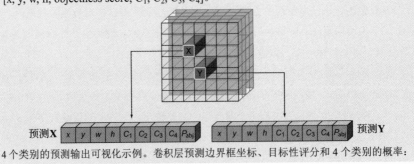

4 个类别的预测输出可视化示例。卷积层预测边界框坐标、目标性评分和 4 个类别的概率：

$$C_1 、 C_2 、 C_3 和 C_4$$

接下来深入研究 SSD 的每个组件。

7.3.2　基础网络

从图 7-17 中可以看出，SSD 架构以 VGG16 架构为基础，并移除了其用于分类的全连接层 (关于 VGG16，详见第 5 章)。之所以将 VGG16 用作基础网络，是因为它在高质量图像分类任务中表现出色，并且在使用迁移学习提升性能的问题上很受欢迎。这里没有使用原始的 VGG 全连接层，而是添加了一组配套的卷积层(从 Conv6 开始)，使网络能够在多个尺度上提取特征，并逐步减少对后续每一层的输入。

下面展示了 SSD 中使用 VGG16 网络的简单代码实现(基于 Keras)。你不必从头开始实现，此处引入这段代码的目的是向你展示这样一个典型的 VGG16 网络(类似于第 5 章中实现的网络)。

```
conv1_1 = Conv2D(64, (3, 3), activation='relu', padding='same')
conv1_2 = Conv2D(64, (3, 3), activation='relu', padding='same')(conv1_1)
pool1 = MaxPooling2D(pool_size=(2, 2), strides=(2, 2), padding='same')(conv1_2)

conv2_1 = Conv2D(128, (3, 3), activation='relu', padding='same')(pool1)
conv2_2 = Conv2D(128, (3, 3), activation='relu', padding='same')(conv2_1)
pool2 = MaxPooling2D(pool_size=(2, 2), strides=(2, 2), padding='same')(conv2_2)

conv3_1 = Conv2D(256, (3, 3), activation='relu', padding='same')(pool2)
conv3_2 = Conv2D(256, (3, 3), activation='relu', padding='same')(conv3_1)
conv3_3 = Conv2D(256, (3, 3), activation='relu', padding='same')(conv3_2)
pool3 = MaxPooling2D(pool_size=(2, 2), strides=(2, 2), padding='same')(conv3_3)

conv4_1 = Conv2D(512, (3, 3), activation='relu', padding='same')(pool3)
conv4_2 = Conv2D(512, (3, 3), activation='relu', padding='same')(conv4_1)
conv4_3 = Conv2D(512, (3, 3), activation='relu', padding='same')(conv4_2)
pool4 = MaxPooling2D(pool_size=(2, 2), strides=(2, 2), padding='same')(conv4_3)

conv5_1 = Conv2D(512, (3, 3), activation='relu', padding='same')(pool4)
conv5_2 = Conv2D(512, (3, 3), activation='relu', padding='same')(conv5_1)
conv5_3 = Conv2D(512, (3, 3), activation='relu', padding='same')(conv5_2)
pool5 = MaxPooling2D(pool_size=(3, 3), strides=(1, 1), padding='same')(conv5_3)
```

你已经在第 5 章中见过 VGG16 的 Keras 实现，下面补充两点：

- 将再次使用 Conv4_3 层进行直接预测。
- Pool5 层将被送入下一层(Conv6)——多尺度特征层的第一层。

基础网络如何做出预测

考虑下面的情况。假设你有图 7-18 中的图片，网络的任务是在图中所有船只的周围绘制边界框，流程如下。

- 与 R-CNN 中的锚点概念类似，SSD 在图像周围覆盖一个锚点网格。对于每个锚点，网络在其中心创建一组边界框。在 SSD 中，锚点被称为先验(priors)。

- 基础网络将每个边界框看作一幅独立的图像。对于每个边界框，网络发出询问："这个框里有船吗？"或者换句话说："我在这个框里提取到船的任何特征了吗？"
- 当网络找到含有船只特征的边界框时，将其预测坐标和目标类别送入 NMS 层中。
- NMS 只留下与地面真值重叠最多的边界框，并消除其余的边界框。

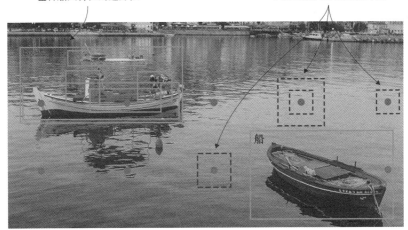

图 7-18　SSD 基础网络通过锚框来寻找船只的特征。实线框表示网络已经找到船只的特征，
虚线框表示没有船只特征

> **注意**　Liu 等人之所以使用 VGG16，是因为其在复杂图像分类任务中具有强大性能。你可以将 VGG19 或 ResNet 等其他更深的网络用作基础网络。它们在准确率上应该可以表现得更好，但是更深的网络可能会运行得更慢。如果你想在复杂、高性能的深度网络与更快的速度之间取得平衡，MobileNet 将是一个好的选择。

现在进入 SSD 架构的下一个组件：多尺度特征层。

7.3.3　多尺度特征层

这些卷积特征层被添加到截断了的基础网络的末端。这些层的尺寸逐渐减小，以便在多个尺度上检测结果。

1. 多尺度检测

为了理解多尺度特征层的目标以及其尺寸会变化的原因，请看图 7-19。如你所见，基础网络也许能在背景中检测出马的特征，但可能会漏掉离相机最近的那匹马。要理解其中的原因，请仔细观察虚线边界框，并试着把这个框想象成独立的部分(在图像的上下文之外)，如图 7-20 所示。

你能在图 7-20 的边界框中看到马的特征吗？不能。为了处理图像中不同尺度的对象，有些方法建议对不同大小的图像进行预处理，然后将结果合并起来(见图 7-21)。然而，通过使用不同大小的卷积层，可在一个网络中使用来自多个不同层的特征图；对于预测，可以模拟相同的效果，同时在所有目标尺度上共享参数。当 CNN 逐渐减小空间尺寸，特征图的分辨率也随之降低。SSD 使用低分辨率的层来检测更大范围的对象，例如，4×4 特征图被用于大尺度的对象。

图 7-19　图像中不同尺寸的马。远离相机的马更容易被检测到，因为它们的体型较小，可以被纳入先验框(锚框)中。基础网络可能无法检测出离相机最近的马，因为它需要不同尺寸的锚点来创建可以覆盖更多识别特征的先验框

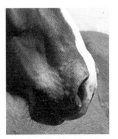

图 7-20　孤立的马的特征

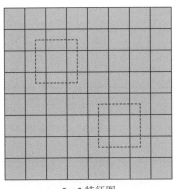
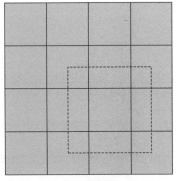

8×8 特征图　　　　　　　　　　4×4 特征图

图 7-21　低分辨率特征图检测大尺度的目标(右图)，高分辨率的特征图检测小尺度的目标(左图)

为了直观地理解这一点，想象网络降低了图像的尺寸，使其能够将所有的马纳入其边界框内(如图 7-22 所示)。多尺度特征层调整图像的尺寸并保持边界框的大小，以便将大的马纳入框中。实际上，卷积层并没有真正减小图像尺寸，此示意图只是为了帮助我们直观地理解这个概念。图像并没有调整大小，它实际上经过了卷积过程，因此不再是它原来的样子。它将成为一个看起来完全随机的图像，但会保留其特征。关于卷积过程，详见第 3 章。

图 7-22　多尺度特征层降低了输入图像的空间尺寸以便检测不同尺度的目标。从这张图片中可以看到，新的先验框被放大了，以覆盖更靠近相机的马的更多可识别特征

多尺度特征图的使用显著提升了网络的准确率。Liu 等人通过实验来衡量添加多尺度特征层后获得的优势。如图 7-23 所示，层数越少，准确率越低。你可以看到将不同数量的特征图层用于目标检测时的准确率。

预测的层源自：						mAP 是否使用边界框？		边界框数量
conv4_3	conv7	conv8_2	conv9_2	conv10_2	conv11_2	使用	不使用	
✓	✓	✓	✓	✓	✓	74.3	63.4	8732
✓	✓	✓	✓	✓		74.6	63.1	8764
✓	✓	✓	✓			73.8	68.4	8942
✓	✓	✓				70.7	69.2	9864
✓	✓					64.2	64.4	9025
	✓					62.4	64.0	8664

图 7-23　原论文中使用多个输出层的效果图。作者添加多尺度特征后，检测准确率(mAP)提升

(来源：Liu 等人，2016 年)

请注意，网络准确率从 74.3%(当预测源来自 6 个层时)降到了 62.4%(当预测源来自 1 个层时)。当只使用 Conv7 层进行预测时，模型性能表现最差，说明应将不同尺度的边界框分布在不同层，这对于准确率的提升至关重要。

2. 多尺度层的架构

Liu 等人决定添加 6 个尺寸逐渐减小的卷积层。为此，他们进行了大量调整和试验，直到获得最佳结果。如图 7-17 所示，Conv6 和 Conv7 非常直观。Conv6 的卷积核大小为 3×3，Conv7 的

卷积核大小为 1×1，第 8～11 层更像是处理块，每个块由卷积核大小为 1×1 和 3×3 的两个卷积层组成。

下面是第 6～11 层在 Keras 中的代码实现(你可以在本书的可下载代码中看到完整实现)。

```
# conv6 and conv7
conv6 = Conv2D(1024, (3, 3), dilation_rate=(6, 6), activation='relu',
    padding='same')(pool5)
conv7 = Conv2D(1024, (1, 1), activation='relu', padding='same')(conv6)

# conv8 block
conv8_1 = Conv2D(256, (1, 1), activation='relu', padding='same')(conv7)
conv8_2 = Conv2D(512, (3, 3), strides=(2, 2), activation='relu',
    padding='valid')(conv8_1)

# conv9 block
conv9_1 = Conv2D(128, (1, 1), activation='relu', padding='same')(conv8_2)
conv9_2 = Conv2D(256, (3, 3), strides=(2, 2), activation='relu',
    padding='valid')(conv9_1)

# conv10 block
conv10_1 = Conv2D(128, (1, 1), activation='relu', padding='same')(conv9_2)
conv10_2 = Conv2D(256, (3, 3), strides=(1, 1), activation='relu',
    padding='valid')(conv10_1)

# conv11 block
conv11_1 = Conv2D(128, (1, 1), activation='relu', padding='same')(conv10_2)
conv11_2 = Conv2D(256, (3, 3), strides=(1, 1), activation='relu',
    padding='valid')(conv11_1)
```

如前所述，如果不是从事研究和学术工作，那么你很可能不必亲自实现目标检测的架构。大多数情况下，下载一个开源实现并在其基础上构建网络架构以解决问题。这里添加的这些代码片段旨在帮助你内化多尺度特征层的架构。

空洞卷积(atrous/dilated convolutions)

空洞卷积在卷积层中引入了另一个参数：扩张率(dilation rate)。它定义了卷积核中各个值之间的间隔。一个扩张率为 2 的 3×3 卷积核与 5×5 卷积核具有同样的感受野，但前者只使用 9 个参数，就像一个 5×5 卷积核每隔 2 行 2 列删除 1 列，这以同样的计算成本提供了更宽阔的感受野。

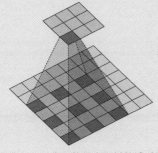

一个扩张率为 2 的 3×3 卷积核与 5×5 卷积核具有同样的感受野，但前者只使用 9 个参数

空洞卷积在实时分割领域中尤为流行。如果需要更大的感受野并且无法承受多个或更大的卷积核，则可以使用它。

下面的代码使用 Keras 构建了一个扩张率为 2 的 3×3 卷积层：

```
Conv2D(1024, (3, 3), dilation_rate=(2,2), activation='relu', padding='same')
```

接下来讨论 SSD 的第三个(也是最后一个)组件：NMS。

7.3.4　NMS

考虑到在 SSD 的前向传播期间每个类别的检测在推理时都会生成大量检测框，所以有必要通过应用 NMS 技术(本章前面讲过)删除大部分包围框。置信度损失(confidence loss)或 IoU 低于某一个阈值的边界框会被丢弃，只有 N 个较好的预测会被保留下来(如图 7-24 所示)。这能确保只有可能性最大的预测会被网络保留，而预测出的噪声则被移除。

图 7-24　NMS 将每个目标的边界框减少到一个

SSD 如何使用 NMS 来削减边界框呢？SSD 按照置信度得分(confidence score)对预测的边界框进行排列。从得分最高的预测开始，SSD 通过计算 IoU 来评估同一类别的边界框在满足阈值条件的基础上是否相互重叠(阈值可调，Liu 等人在论文中选择了 0.45)。IoU 超过阈值的边界框被忽略，因为它们与另一个具有更高置信度得分的边界框重叠太多，所以它们很可能检测到相同的目标。每张图片最多保留前 200 个预测。

7.4　YOLO

与 R-CNN 家族相似，YOLO(you only look once)是由 Joseph Redmon 等人开发的用于目标检测的网络家族。经过多年的改进，YOLO 有以下几个版本。

- YOLOv1，2016[1]年发布。被称为"统一的、实时的目标检测"，因为它是一个将检测器

---

1 Joseph Redmon、Santosh Divvala、Ross Girshick 和 Ali Farhadi，"You Only Look Once: Unified, Real-Time Object Detection"，2016 年，http://arxiv.org/abs/1506.02640。

的两个组成部分(目标检测器和分类器)统一起来的单级检测网络。

- YOLOv2(也被称为 YOLO9000),2016[1]年发布。能够检测超过 9000 个目标,因此得名。在 ImageNet 和 MS COCO 数据集上进行过训练,取得了 16%的 mAP。这个值并不好,但在测试速度上非常快。

- YOLOv3,2018[2]年发布。显著大于以前的模型,获得了 57.9%的 mAP,这是迄今为止 YOLO 家族所取得的最好结果。

YOLO 家族是一系列端到端的 DL 模型,其设计旨在快速检测目标,它是人们构建快速实时目标检测器的最早尝试之一,也是最快的目标检测算法之一。虽然模型的准确率不如 R-CNN 家族,但它由于检测速度快而在目标检测领域大受欢迎,常被应用于实时视频或摄像机的检测中。

YOLO 采用了与以往网络不同的方式。它不像 R-CNN 那样进行候选区域提取,而是仅仅预测有限数量的边界框。方法是将输入图像划分为一个个网格单元,每个单元直接预测一个边界框和目标类别。最终,该网络使用 NMS 将大量的候选边界框合并为最终预测,如图 7-25 所示。

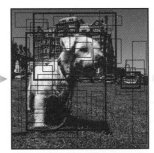

将图像划分为网格   预测边界框及其分类   经过NMS的最终预测

图 7-25   YOLO 将图像划分为网格,为每个网格预测目标,然后使用 NMS 确定最终预测

YOLOv1 提出了通用架构;YOLOv2 则对设计进行了细化,并利用预定义的锚框来改进边界框生成方案;YOLOv3 进一步改进模型架构和训练过程。本节将重点关注 YOLOv3,因为它是目前 YOLO 家族中最先进的架构。

7.4.1   YOLOv3 的工作机制

YOLO 网络将输入图像划分为 $S \times S$ 的单元网格。如果地面真值边界框的中心落入某一个网格中,这个网格将负责检测该目标的存在。每个单元网格预测 B 个边界框及其目标性评分和类别,如下所示。

- B 个边界框的坐标:与之前的检测类似,YOLO 为每个边界框预测 4 个坐标(b_x, b_y, b_w, b_h),其中,x 和 y 是网格位置的偏移量。

---

1   Joseph Redmon 和 Ali Farhadi, "YOLO9000: Better, Faster, Stronger", 2016 年, http://arxiv.org/abs/1612.08242。

2   Joseph Redmon 和 Ali Farhadi, "YOLOv3: An Incremental Improvement", 2018 年, http://arxiv.org/abs/1804.02767。

- 目标性评分(P_0)：指示网格包含目标的概率。目标性评分被送入 sigmoid 函数并被当作一个取值范围为 0~1 的概率。下面是目标性评分的计算方法。

$$P_0 = \text{Pr}(\text{包含目标}) \times \text{IoU}(\text{预测值，真值})$$

- 类别预测：如果边界框包含目标，网络预测它属于 K 个类别的概率，其中 K 是当前任务中的类别总数。

需要注意的是，在 v3 之前，YOLO 使用 softmax 函数计算类别得分。在 v3 中，Redmon 等人决定改用 sigmoid。原因是 softmax 假定每个框中只有一个类别，而实际情况往往并非如此。换句话说，如果一个目标属于一个类，那么它不可能属于另一个类。这个假设对于某些数据集而言是正确的，但当问题中有 women 和 person 这样的类别时它就不起作用了。多标签方法可以更准确地建模数据。

如图 7-26 所示，对于每个边界框(每个单元格预测 B 个边界框)，预测结果看起来是这样的：[(边界框坐标)，(目标性得分)，(类别预测)]。已知边界框坐标是 4 个值，加上 1 个目标性评分，再加上 K 个类别预测的值，因此所有边界框的预测值总数为 $(5B+K) \times S \times S$，其中，$S \times S$ 代表网格中的单元格数量。

总的预测值数量 $= S \times S \times (5B+K)$

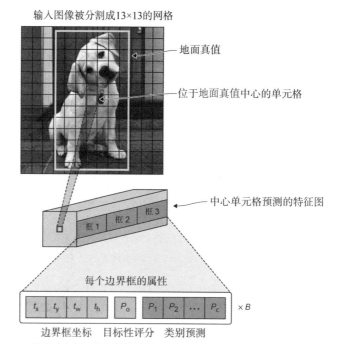

图 7-26　YOLOv3 工作流示意图。输入图像被划分为 13×13=169 个单元格，每个单元格预测 B 个边界框的数量及其目标性评分，以及它们的类别。这个例子展示了位于地面真值中心的单元格，它预测了 3 个边界框(B=3)，每个预测都有以下属性：边界框坐标、目标性评分和类别预测

1. 不同尺度下的预测

仔细看图 7-26，请注意，预测的特征图含有 3 个框。你可能想知道为何有 3 个框。类似于 SSD 中锚的概念，YOLOv3 有 9 个锚点，可以在每个单元格的 3 种不同尺度上进行预测。检测层分别采用不同的步幅(分别为 32、16、8)对三个不同尺度的特征图进行检测。也就是说，输入 416×416 大小的图像，在 13×13、26×26 和 52×52 的尺度上进行检测(如图 7-27 所示)。13×13 特征层用于检测大目标，26×26 层检测中等目标，52×52 层检测较小的目标。

这导致每个单元格都有 3 个预测框(B=3)，因此，图 7-26 中预测特征图有框 1、框 2 和框 3。负责检测狗的框将是其中与地面真值有最高 IoU 值的边界框。

13 × 13　　　　　　　　26 × 26　　　　　　　　52× 52

图 7-27　在不同尺度上预测特征图

> **注意**　不同层的检测有助于解决小目标检测的问题，这是 YOLOv2 中经常出现的问题。上采样层可以保留和学习细粒度的特征，这是小目标检测的得力工具。

网络对输入图像进行下采样，直到第一个检测层，在这层中使用步幅为 32 的特征图运行检测。接下来，这些层被上采样 2 倍，并与之前具有一样大小的特征图的层串联。另一个检测在步幅=16 的层运行，重复上述过程，最后在步幅=8 的层上做出最终预测。

2. YOLOv3 输出边界框

对于 416×416 大小的输入图像，YOLOv3 预测(52×52+26×26+13×13)×3=10 647 个边界框，这是一个巨大的输出数。在狗的例子中，只有一个对象。如果只需要在这个对象周围绘制一个边界框，如何将 10 647 个框减少到 1 个？

首先，根据目标性评分来过滤。通常，分数低于阈值的边界框会被忽略。其次，使用 NMS 来解决同一幅图像的多个检测框问题。例如，图像中心的单元格的 3 个边界框可能检测到同一个框，而相邻的单元格可能检测到同一个目标。

7.4.2　YOLOv3 架构

理解了 YOLO 的工作原理以后，你将会觉得整个体系架构非常简单和直观。YOLO 是结合了目标检测和分类的端到端的单一神经网络。其架构受 GoogLeNet 模型(Inception)特征提取部分的启发。与该模型不同，YOLO 使用 1×1 约减层(reduction layer)和一个 3×3 卷积层。Redmon 和 Farhadi 称之为 DarkNet，如图 7-28 所示。

　　YOLOv2 使用了一个自定义的深度架构 DarkNet-19。该网络最初是 19 层，但后来增加了 11 层以进行目标检测。基于 30 层的架构，YOLOv2 经常在小目标检测中遇到困难。这是由于 网络层对输入进行下采样时丢失了细粒度特征。然而，YOLOv2 架构仍然缺少一些最重要的元 素——残差块、跳转连接、上采样，而这些元素现在已经在最先进的模型中稳定下来。YOLOv3 集成了所有这些更新。

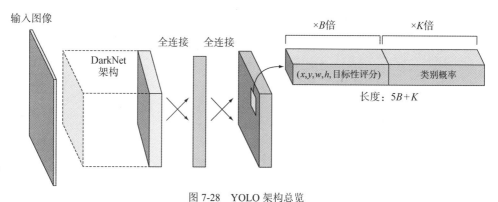

图 7-28　YOLO 架构总览

　　YOLOv3 使用了名为 DarkNet-53 的 DarkNet 的变体，如图 7-29 所示。它有 53 层，在 ImageNet 上完成了训练。为了完成检测任务，在其上再叠加 53 层，因此得到了 YOLOv3 总共 106 层的 全卷积架构。这就是 YOLOv3 比 YOLOv2 慢的原因，但是检测准确率大大提升了。

	Type	Filters	Size	Output
	Convolutional	32	3 × 3	256 × 256
	Convolutional	64	3 × 3 / 2	128 × 128
1×	Convolutional	32	1 × 1	
	Convolutional	34	3 × 3	
	Residual			128 × 128
	Convolutional	128	3 × 3 / 2	64 × 64
2×	Convolutional	64	1 × 1	
	Convolutional	128	3 × 3	
	Residual			64 × 64
	Convolutional	256	3 × 3 / 2	32 × 32
8×	Convolutional	128	1 × 1	
	Convolutional	256	3 × 3	
	Residual			32 × 32
	Convolutional	512	3 × 3 / 2	16 × 16
8×	Convolutional	256	1 × 1	
	Convolutional	512	3 × 3	
	Residual			16 × 16
	Convolutional	1024	3 × 3 / 2	8 × 8
4×	Convolutional	512	1 × 1	
	Convolutional	1024	3 × 3	
	Residual			8 × 8
	Avgpool		Global	
	Connected		1000	
	Softmax			

图 7-29　DarkNet-53 特征提取器架构(来源：Redmon 和 Farhadi，2018 年)

YOLOv3 的完整架构

前面讲到 YOLOv3 在 3 个不同的尺度上进行预测，这一点在 YOLOv3 的完整架构上展现得更清晰，如图 7-30 所示。

输入图像经过 DarkNet-53 特征提取器，然后网络对其进行下采样，直到第 79 层。网络会产生分支并继续向下采样，直到在第 82 层进行第一次预测。这次预测在 13×13 的网格尺度上进行，以检测大型目标。

接下来，第 79 层的特征图被上采样 2 倍到 26×26 尺寸，并与第 61 层的特征图连接。然后第 94 层在 26×26 尺寸的网格上进行第二次检测，主要检测中型尺寸的目标。

最后，重复上述步骤，让第 91 层的特征图经过少量上采样卷积层，再与第 36 层的特征图进行深度连接，并于第 106 层在 52×52 尺度上进行第三次预测，主要检测小目标。

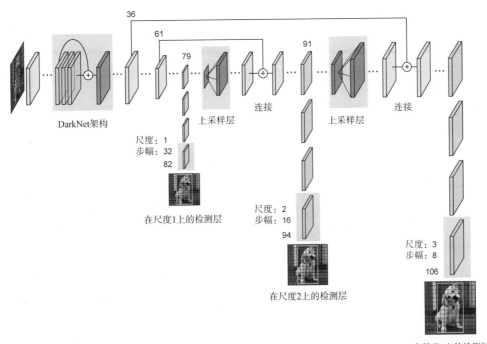

图 7-30　YOLOv3 网络架构(灵感来自 Ayoosh Kathuria 的帖子"What's new inYOLOv3?"中的示意图，Medium 网站，2018 年，http://mng.bz/lGN2)

7.5　项目：在自动驾驶中应用 SSD 网络

本项目代码由 Pierluigi Ferrari 在其库上创建，网址：https://github.com/pierluigiferrari/ssd_keras。本章对该项目进行了改编，你可以在本书的可下载代码中找到完整的代码实现。

本项目将构建一个名为 SSD7 的较小的 SSD 网络。它只有 7 层，是 SSD300 的简化版。值得注意的是，SSD7 网络会产生一些可以接受的结果，但这并不是一个优化的网络架构。本项目的目标是建立一个低复杂度的网络，它的速度足以让你在个人计算机上训练。我大约花了 20 个小时在道路交通数据集上训练这个网络，如果在 GPU 上训练，可能花费更少的时间。

注意	Pierluigi Ferrari 创建的原始 GitHub 库中附带了 SSD7、SSD300 和 SSD512 网络的实现。建议你看看源码。

本项目将采用由 Udacity 创建的小型数据集。可以访问 Udacity 的 GitHub 库以获取关于数据集的更多信息(https://github.com/udacity/self-driving-car/tree/master/annotations)。该数据集含有超过 22 000 个标注的图像和 5 个类别：汽车、卡车、行人、自行车和交通信号灯。所有图像被调整为 300(高)×480(宽)大小。数据集作为本书代码的一部分供你下载。

注意	GitHub 数据仓库归 Udacity 所有，在本书出版之后它有可能会更新。为了避免混淆，我下载了用于本项目的数据集，并同本书代码一起提供给你，以便你复现本项目的结果。

这个数据集非常有趣的一点是，这些图片是汽车在白天驾驶于加利福尼亚州山景城及邻近城市时拍摄的实时图像，并且没有经过图像清理。图 7-31 是数据集中的图像示例。

图 7-31　来自 Udacity 的自动驾驶数据集的示例图像(图片版权©2016 Udacity，并在 MIT 许可下发布)

如 Udacity 在其页面上所述，该数据集由 CrowdAI 和 Autti 标注。文件夹中含有 CSV 格式的标签，分为三个文件夹：训练集、验证集和测试集。标签格式简单明了，如表 7-4 所示。

表 7-4　标签格式

frame	xmin	xmax	ymin	ymax	class_id
1478019952686311006.jpg	237	251	143	155	1

xmin、xmax、ymin 和 ymax 是边界框的坐标，class_id 是正确的标签，frame 是图像名称。

使用 LabelImg 进行数据标注

　　如果你正在标注数据，那么你有很多开源的标注程序可以使用，如 LabelImg(https://pypi.org/project/labelImg)。它们很容易设置和使用。

使用 LabelImg 应用程序标注图像的示例

7.5.1　步骤 1：构建模型

　　在开始训练模型之前，仔细看看 keras_ssd7.py 文件中的 build_model 方法。这个文件使用 SSD 架构构建了一个 Keras 模型。如本章前面所述，该模型由卷积特征层和若干卷积预测层组成。这些预测层支持从不同的特征层输入。

　　下面展示了 build_model 方法。请阅读 keras_ssd7.py 文件中的注释来理解传递的参数。

```
def build_model(image_size,
                mode='training',
                l2_regularization=0.0,
                min_scale=0.1,
                max_scale=0.9,
                scales=None,
                aspect_ratios_global=[0.5, 1.0, 2.0],
                aspect_ratios_per_layer=None,
```

```
two_boxes_for_ar1=True,
clip_boxes=False,
variances=[1.0, 1.0, 1.0, 1.0],
coords='centroids',
normalize_coords=False,
subtract_mean=None,
divide_by_stddev=None,
swap_channels=False,
confidence_thresh=0.01,
iou_threshold=0.45,
top_k=200,
nms_max_output_size=400,
return_predictor_sizes=False)
```

7.5.2　步骤 2：模型配置

在本节中，我们将设置模型配置参数。首先，将输入图像的高、宽和颜色通道数设置为模型支持的值。如果输入图像的大小与此处的定义不同，或者输入图像的大小不统一，则必须使用数据生成器(data generator)的图像转换(调整大小和/或裁剪等)功能，以使图像在输入模型之前能满足输入需要。

```
img_height = 300        输入图像的高、
img_width = 480         宽和颜色通道数
img_channels = 3

intensity_mean = 127.5     根据你的偏好设置(可以为
intensity_range = 127.5    None)。当前的设置将输入
                           像素值转换为[-1, 1]区间
```

类别数量是数据集中正例的数量。例如，PASCAL VOC 的类别数量是 20，而 MS COCO 的类别数量是 80。Class_ID=0 始终表示背景类。

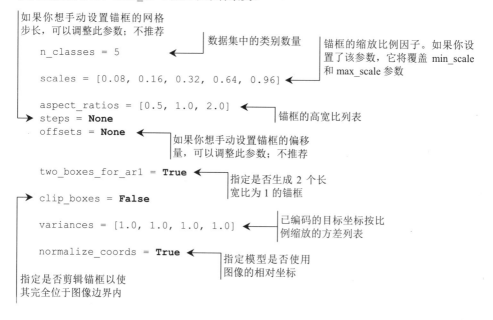

7.5.3　步骤 3：创建模型

调用 build_model() 方法创建模型：

```
model = build_model(image_size=(img_height, img_width, img_channels),
                    n_classes=n_classes,
                    mode='training',
                    l2_regularization=0.0005,
                    scales=scales,
                    aspect_ratios_global=aspect_ratios,
                    aspect_ratios_per_layer=None,
                    two_boxes_for_ar1=two_boxes_for_ar1,
                    steps=steps,
                    offsets=offsets,
                    clip_boxes=clip_boxes,
                    variances=variances,
                    normalize_coords=normalize_coords,
                    subtract_mean=intensity_mean,
                    divide_by_stddev=intensity_range)
```

可以选择加载已保存的权重，如果不想，请跳过以下代码片段：

```
model.load_weights('<path/to/model.h5>', by_name=True)
```

实例化 Adam 优化器和 SSD 损失函数，并编译模型。这里将使用一个名为 SSDLoss 的自定义 Keras 函数。它实现了多任务对数损失中的分类损失和 smooth L1 的定位损失。neg_pos_ratio 和 alpha 的设置同 SSD 论文(Liu 等人，2016 年)中的一致：

```
adam = Adam(lr=0.001, beta_1=0.9, beta_2=0.999, epsilon=1e-08, decay=0.0)

ssd_loss = SSDLoss(neg_pos_ratio=3, alpha=1.0)

model.compile(optimizer=adam, loss=ssd_loss.compute_loss)
```

7.5.4　步骤 4：加载数据

加载数据的步骤如下。

(1) 实例化 2 个 DataGenerator 对象，一个用于训练，一个用于验证：

```
train_dataset = DataGenerator(load_images_into_memory=False,
    hdf5_dataset_path=None)
val_dataset = DataGenerator(load_images_into_memory=False,
    hdf5_dataset_path=None)
```

(2) 解析训练集和验证集上的图像和标签列表：

```
images_dir = 'path_to_downloaded_directory'

train_labels_filename = 'path_to_dataset/labels_train.csv'    ←┐
val_labels_filename = 'path_to_dataset/labels_val.csv'         │ 地面真值
```

```
train_dataset.parse_csv(images_dir=images_dir,
                        labels_filename=train_labels_filename,
                        input_format=['image_name', 'xmin', 'xmax', 'ymin',
                                      'ymax', 'class_id'],
                        include_classes='all')

val_dataset.parse_csv(images_dir=images_dir,
                      labels_filename=val_labels_filename,
                      input_format=['image_name', 'xmin', 'xmax', 'ymin',
                                    'ymax', 'class_id'],
                      include_classes='all')

train_dataset_size = train_dataset.get_dataset_size()      获取训练集和验证
val_dataset_size = val_dataset.get_dataset_size()          集中的样本数量

print("Number of images in the training
  dataset:\t{:>6}".format(train_dataset_size))
print("Number of images in the validation
  dataset:\t{:>6}".format(val_dataset_size))
```

这段代码将打印出训练集和验证集的大小。

```
Number of images in the training dataset:     18000
Number of images in the validation dataset:    4241
```

(3) 设置 batch size：

```
batch_size = 16
```

如第 4 章所述，你可以根据自己使用的硬件情况增大 batch size 以提升计算速度。

(4) 定义数据增强过程：

```
data_augmentation_chain = DataAugmentationConstantInputSize(
                              random_brightness=(-48, 48, 0.5),
                              random_contrast=(0.5, 1.8, 0.5),
                              random_saturation=(0.5, 1.8, 0.5),
                              random_hue=(18, 0.5),
                              random_flip=0.5,
                              random_translate=((0.03,0.5),
                                                (0.03,0.5), 0.5),
                              random_scale=(0.5, 2.0, 0.5),
                              n_trials_max=3,
                              clip_boxes=True,
                              overlap_criterion='area',
                              bounds_box_filter=(0.3, 1.0),
                              bounds_validator=(0.5, 1.0),
                              n_boxes_min=1,
                              background=(0,0,0))
```

(5) 实例化编码器，以将地面真值的标签编码为 SSD 损失函数支持的格式。此处编码器构造函数需要模型的预测层的空间尺寸来创建锚框：

```
predictor_sizes = [model.get_layer('classes4').output_shape[1:3],
```

```
                        model.get_layer('classes5').output_shape[1:3],
                        model.get_layer('classes6').output_shape[1:3],
                        model.get_layer('classes7').output_shape[1:3]]

ssd_input_encoder = SSDInputEncoder(img_height=img_height,
                                    img_width=img_width,
                                    n_classes=n_classes,
                                    predictor_sizes=predictor_sizes,
                                    scales=scales,
                                    aspect_ratios_global=aspect_ratios,
                                    two_boxes_for_ar1=two_boxes_for_ar1,
                                    steps=steps,
                                    offsets=offsets,
                                    clip_boxes=clip_boxes,
                                    variances=variances,
                                    matching_type='multi',
                                    pos_iou_threshold=0.5,
                                    neg_iou_limit=0.3,
                                    normalize_coords=normalize_coords)
```

(6) 创建生成器句柄，该句柄将被传递给 Keras 的 fit_generator()函数：

```
train_generator = train_dataset.generate(batch_size=batch_size,
                                          shuffle=True,
                                          transformations=[
                                              data_augmentation_chain],
                                          label_encoder=ssd_input_encoder,
                                          returns={'processed_images',
                                                   'encoded_labels'},
                                          keep_images_without_gt=False)

val_generator = val_dataset.generate(batch_size=batch_size,
                                     shuffle=False,
                                     transformations=[],
                                     label_encoder=ssd_input_encoder,
                                     returns={'processed_images',
                                              'encoded_labels'},
                                     keep_images_without_gt=False)
```

7.5.5　步骤 5：训练模型

　　所有参数均已设置完毕，接下来训练 SSD7 网络。我们已经选择了优化器和学习率，并且设置了 batch size，接下来设置剩下的训练参数并训练网络。所有参数都是之前讨论过的，因此不必设置新参数。我们将设置模型的 checkpoint、早停和学习率衰减速率：

```
model_checkpoint =
ModelCheckpoint(filepath='ssd7_epoch-{epoch:02d}_loss-{loss:.4f}_val_loss-
    {val_loss:.4f}.h5',
                                monitor='val_loss',
                                verbose=1,
                                save_best_only=True,
                                save_weights_only=False,
                                mode='auto',
```

```
                                          period=1)
    csv_logger = CSVLogger(filename='ssd7_training_log.csv',
                                separator=',',
                                append=True)
    early_stopping = EarlyStopping(monitor='val_loss',
                                    min_delta=0.0,
                                    patience=10,
                                    verbose=1)
    reduce_learning_rate = ReduceLROnPlateau(monitor='val_loss',
                                    factor=0.2,
                                    patience=8,
                                    verbose=1,
                                    epsilon=0.001,
                                    cooldown=0,
                                    min_lr=0.00001)

    callbacks = [model_checkpoint, csv_logger, early_stopping, reduce_learning_rate]
```

如果 val_loss 连续 10 轮没有改善，则提前停止训练

学习率趋于稳定时的衰减速率

设定 epoch，使一个 epoch 包含 1000 个训练步骤。这里随意地设置了 20 个 epoch，但这不一定意味着 20 000 个训练步骤是理想的数值。根据模型、数据集、学习率等参数，可能需要训练更长(更短)的时间来实现收敛：

```
    initial_epoch  = 0
    final_epoch    = 20
    steps_per_epoch = 1000

    history = model.fit_generator(generator=train_generator,
                                steps_per_epoch=steps_per_epoch,
                                epochs=final_epoch,
                                callbacks=callbacks,
                                validation_data=val_generator,
                                validation_steps=ceil(
                                            val_dataset_size/batch_size),
                                initial_epoch=initial_epoch)
```

若要恢复之前的训练，请设置相应的 initial_epoch 和 final_epoch 参数

开始训练

7.5.6   步骤 6：可视化损失

将 loss 和 val_loss 值可视化，有助于了解训练和验证损失的演变过程，并检查训练过程是否在正确的方向上(见图 7-32)。

```
    plt.figure(figsize=(20,12))
    plt.plot(history.history['loss'], label='loss')
    plt.plot(history.history['val_loss'], label='val_loss')
    plt.legend(loc='upper right', prop={'size': 24})
```

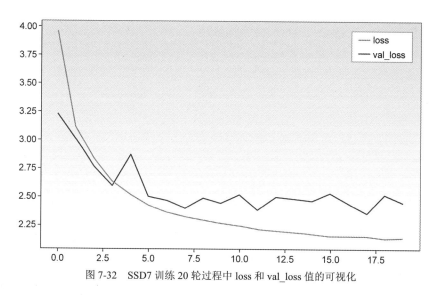

图 7-32　SSD7 训练 20 轮过程中 loss 和 val_loss 值的可视化

7.5.7　步骤 7：预测

下面使用训练好的模型在验证集上做出预测。为方便起见，这里使用已经设置好的验证集生成器(validation generator)。请按需更改 batch size：

```
predict_generator = val_dataset.generate(batch_size=1,
                                          shuffle=True,
                                          transformations=[],
                                          label_encoder=None,
                                          returns={'processed_images',
                                                   'processed_labels',
                                                   'filenames'},
                                          keep_images_without_gt=False)

batch_images, batch_labels, batch_filenames = next(predict_generator)

y_pred = model.predict(batch_images)          3. 做出预测

y_pred_decoded = decode_detections(y_pred,
                                   confidence_thresh=0.5,
                                   iou_threshold=0.45,
                                   top_k=200,
                                   normalize_coords=normalize_coords,
                                   img_height=img_height,
                                   img_width=img_width)

np.set_printoptions(precision=2, suppress=True, linewidth=90)
print("Predicted boxes:\n")
print('   class   conf xmin   ymin   xmax   ymax')
print(y_pred_decoded[i])
```

1. 为预测设置生成器

2. 生成样本

4. 解码原始预测 y_pred

此代码片段打印预测的边界框及其类别，以及每个边界框的置信水平，如图 7-33 所示。

```
        class  conf  xmin    ymin    xmax    ymax
[[  1.    0.93  131.96  152.12  159.29  172.3 ]
 [  1.    0.88   52.39  151.89   87.44  179.34]
 [  1.    0.88  262.65  140.26  286.45  164.05]
 [  1.    0.6   234.53  148.43  267.19  170.34]
 [  1.    0.58   73.2   153.51   91.79  175.64]
 [  1.    0.5   225.06  130.93  274.15  169.79]
 [  2.    0.6   266.38  116.4   282.23  173.16]]
```

图 7-33　预测的边界框、置信水平及类别

将这些预测结果绘制到图像上(如图 7-34 所示)。每个预测框的类别名称旁边都有其置信度。为了进行比较,可将地面真值框也绘制到图像上。

图 7-34　绘制在图像上的预测框

7.6　本章小结

- 图像分类任务是预测图像中目标的类别。
- 目标检测任务是预测图像中目标的位置(用边界框表示)及其类别。
- 目标检测系统的通用框架主要由 4 个组件组成:候选区域、特征提取和预测、非极大值抑制(NMS),以及评价指标。
- 目标检测算法通过 2 个主要指标进行评估:FPS 衡量网络速度,mAP 衡量网络的精确率。
- 最流行的 3 个目标检测系统是 R-CNN 家族、SSD 和 YOLO 家族。
- R-CNN 家族有 3 种变体:R-CNN、Fast R-CNN 和 Faster R-CNN。R-CNN 和 Fast R-CNN 使用选择性搜索算法来生成 RoI,而 Faster R-CNN 是一个端到端的 DL 系统,使用 RPN

来生成 RoI。

- YOLO 家族包括 YOLOv1、YOLOv2(也叫 YOLO9000)和 YOLOv3。
- R-CNN 是一个多级检测器：它将预测对象的边界框目标性评分和类别的过程分为两个不同的阶段。
- SSD 和 YOLO 均属于单级检测器：图像只通过网络一次，以预测目标性评分和类别。
- 总体上讲，单级检测器的准确率低于两级检测器，但速度要快得多。

第Ⅲ部分　生成模型与视觉嵌入

　　到目前为止，我们已经讨论了深度神经网络如何理解图像特征并对其执行确定性任务，如图像分类和目标检测。现在，是时候把注意力转向一个截然不同、更先进的计算机视觉和深度学习领域：生成模型(generative model)。这些神经网络模型实际上创造了以前不存在的新内容：新的人物、新的对象、新的现实，就像魔法一样！我们在特定领域的数据集上训练这些模型，然后，模型利用来自相同领域的对象创建新的图像，这些图像看起来非常接近真实数据。本部分将涵盖训练和图像生成过程，并涉及神经迁移(neural transfer)和视觉嵌入(visual embedding)等前沿内容。

第 *8* 章

生成对抗网络

> **本章主要内容：**
>
> - 理解生成对抗网络(generative adversarial networks，GAN)的基本组成部分：生成模型(generative model)和鉴别模型(discriminative model)
> - 评估生成模型
> - 了解 GAN 的流行视觉应用
> - 构建 GAN 模型

GAN 是蒙特利尔大学(University of Montreal)的 Ian Goodfellow 和包括 Yoshua Bengio 在内的其他研究人员在 2014 年[1]提出的一种新型神经网络结构。Facebook 的人工智能研究总监 Yann LeCun 称 GAN 为"过去 10 年 ML 领域最有趣的想法"。这种兴奋是有充分理由的，GAN 最显著的特征是其创建超现实图像、视频、音乐和文本的能力。例如，在图 8-1 右侧的人脸图中，除了最右侧的那一栏，其余所有的面孔都不属于真人，它们都是假的。对于左侧图片中的手写

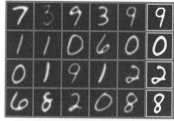

图 8-1　Goodfellow 及其合著者们创建的 GAN 能力示意图。上述两张图是 GAN 在 MNIST 和 TFD (Toronto Faces Dataset)这两个数据集上训练后生成的示例。在这两张图中，最右侧一列包含真实的数据，这表明其他数据其实是生成的，而不仅仅是被网络记忆的(来源：Goodfellow 等人，2014 年)

---

1 Ian J. Goodfellow、Jean Pouget-Abadie、Mehdi Mirza、Bing Xu、David Warde-Farley、Sherjil Ozair、Aaron Courville 和 Yoshua Bengio，"Generative Adversarial Networks"，2014 年，http://arxiv.org/abs/1406.2661。

体数据集，也是如此。这表明神经网络有能力从训练图像中学习特征，并使用学习到的模式虚构自己的新图像。

前面章节已经讨论了深度神经网络如何理解图像特征，并利用其执行了目标分类和检测之类的确定性任务。本章将探讨深度学习在计算机视觉领域中的另一种应用：生成模型。这种神经网络模型能够虚构和产生前所未有的新内容，它们以一种看似神奇的方式虚构全新的人物和现实世界。通过提供特定领域的训练数据集来训练生成模型，以创建新的图像，其中包含与真实数据相似的、来自相同域的新目标对象。

长久以来，想象力和创造力是人类远胜于计算机的两大能力。计算机擅长解决回归、分类和聚类等问题，但随着生成网络的引入，研究人员可以让计算机生成与人类所创内容同等或更高质量的内容。通过学习模仿任何数据的分布，计算机可以学会在任何领域(包括图像、音乐、演讲、散文等)创造与现实相似的世界。它们是机器人艺术家，在某种意义上，它们的作品令人印象深刻。GAN 也被视为实现通用人工智能(AGI)的重要跳板。AGI 是一种人工系统，能够在图像、语言、十四行诗创作等几乎所有领域获得与人类的认知能力相匹配的创造技能。

自然，这种生成新内容的能力使 GAN 看起来有点像魔法，至少乍一看是这样。本章将简单介绍 GAN 的应用领域，克服 GAN 的表面魔力，深入研究这些模型背后的架构及数学思想，以提供必要的理解基础和实操技能。这样，你就能继续探索这个领域的任何有趣的方面。本章不仅涵盖与 GAN 相关的基本概念，还将带领大家实现和训练一个端到端的 GAN。

下面开始探索吧！

8.1 GAN 架构

GAN 基于对抗性训练(adversarial training)的思想，其架构基本上由两个相互竞争的神经网络组成。

- 生成器(generator)：试图将随机噪声转换成一种看起来像是从原始数据集中采集的观测结果。
- 鉴别器(discriminator)：试图预测一个观察结果是来自原始数据集还是由生成器伪造出来的。

这种竞争性有助于模型模拟任何数据分布。不妨把 GAN 架构想象成两个在打架的拳击手(见图 8-2)：为了赢得比赛，他们都在学习对方的动作和技术。一开始他们对对手知之甚少，随着比赛的进行，他们相互学习并彼此促进。

另一个可以帮助我们理解这一思想的类比是货币伪造者与警察之间的对抗。在这场猫捉老鼠的游戏中，伪造者在学习改进假钞，而警察在学习识别假钞，如图 8-3 所示。两者的学习都是动态的：当造假者学习如何完美地以假乱真时，警察也在训练自己的火眼金睛。双方都在不断升级中学习对方的方法。

图 8-4 中的架构图展示了 GAN 的步骤。

(1) 生成器接收随机数据并返回图像。

图 8-2　生成网络与对抗网络之间的博弈

图 8-3　GAN 的生成器和鉴别器就像假钞制造者和警察

(2) 生成的图像与真实数据集获得的实际图像流一起输入鉴别器。

(3) 鉴别器接收真实和虚假的图像，并返回介于 0 和 1 之间的概率值，其中，1 表示预测为真实的图片，0 代表预测为假的图像。

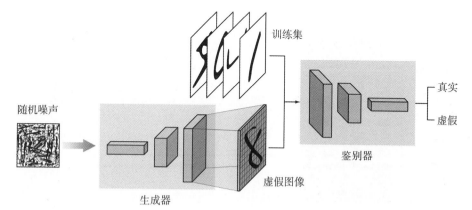

图 8-4　GAN 体系架构由生成器和鉴别器组成。请注意，鉴别器网络是一个典型的 CNN 架构，其中卷积层的尺寸不断减小，直到形成扁平层；另一方面，生成器是一个反向 CNN，它从扁平向量开始，卷积层尺寸不断增大，直至达到输入图像的大小

仔细观察生成器和鉴别器网络，你会发现生成器网络是一个倒置的卷积网络。它从扁平化

的向量开始，接着图像被放大，直到它们在大小上与训练数据集中的图像相似。本章后续内容将更深入地研究生成器体系架构，此处仅提醒你留意该现象。

8.1.1　深度卷积 GAN

在 2014 年的 GAN 原创论文中，作者使用多层感知机来构建生成器和鉴别器网络。然而，从那时起，卷积网络被证明可以给鉴别器更强大的预测能力，这反过来提高了生成器和整体模型的准确性。这种类型的 GAN 被称为深度卷积 GAN(DCGAN)，由 Alec Radford 等人于 2016 年[1]开发。如今，所有 GAN 架构都包含卷积层，所以我们谈论的 GAN 实际上是指基于"DC"的 GAN。因此，本章剩余部分提到的 GAN 和 DCGAN 均是指 DCGAN。

你也可以回顾第 2 章和第 3 章，深入了解 MLP 和 CNN 网络之间的区别，以及为什么 CNN 更适合用来解决图像问题。接下来深入研究鉴别器和生成器的网络架构。

8.1.2　鉴别器模型

如前所述，鉴别器的目标是判断图像的真假。这是一个典型的监督分类问题，所以可以使用前几章讨论到的传统分类器网络。该网络由堆叠的卷积层组成，其次是具有 sigmoid 激活函数的密集输出层。这里之所以使用 sigmoid 激活函数，是因为这是一个二分类问题：网络的目的是输出值为 0～1 的预测概率，其中，0 代表图片是由生成器产生的虚假图片，1 代表图片 100% 真实。

鉴别器是一种标准的、易于理解的分类模型。如图 8-5 所示，鉴别器的训练非常简单。向鉴别器中输入标注的图像：虚假的(或者生成的)和真实的。真实图像来自训练数据集，虚假的图像来自生成器模型的输出。

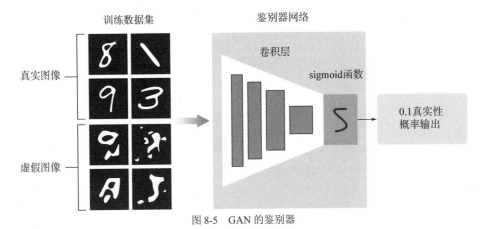

图 8-5　GAN 的鉴别器

下面是鉴别器网络在 Keras 中的实现。在本章结尾，我们会将所有这些代码片段组织在一

1　Alec Radford、Luke Metz 和 Soumith Chintala，"Unsupervised Representation Learning with Deep Convolutional Generative Adversarial Networks"，2016 年，http://arxiv.org/abs/1511.06434。

起，以构建一个端到端的 GAN。这里先执行 discriminator_model 函数，在这个函数中，输入图像的大小是 28×28，你可以针对你的任务按需修改。

```python
def discriminator_model():
    discriminator = Sequential()          # 实例化一个序列模型并将其命名为 discriminator

    discriminator.add(Conv2D(32, kernel_size=3, strides=2,
                input_shape=(28,28,1),padding="same"))   # 在 discriminator 模型中添加一个卷积层
    discriminator.add(LeakyReLU(alpha=0.2))    # 添加 Leaky ReLU 激活函数

    discriminator.add(Dropout(0.25))           # 添加 dropout 层，舍弃率为 25%

    discriminator.add(Conv2D(64, kernel_size=3, strides=2, padding="same"))  # 添加第二个带有零填充的卷积层
    discriminator.add(ZeroPadding2D(padding=((0,1),(0,1))))

    discriminator.add(BatchNormalization(momentum=0.8))   # 添加批归一化层，提升学习速度和准确率
    discriminator.add(LeakyReLU(alpha=0.2))
    discriminator.add(Dropout(0.25))

    discriminator.add(Conv2D(128, kernel_size=3, strides=2, padding="same"))  # 添加第三个卷积层，其中带有批归一化、Leaky ReLU 和 dropout
    discriminator.add(BatchNormalization(momentum=0.8))
    discriminator.add(LeakyReLU(alpha=0.2))
    discriminator.add(Dropout(0.25))

    discriminator.add(Conv2D(256, kernel_size=3, strides=1, padding="same"))  # 添加第四个卷积层，其中带有批归一化、Leaky ReLU 和 dropout
    discriminator.add(BatchNormalization(momentum=0.8))
    discriminator.add(LeakyReLU(alpha=0.2))
    discriminator.add(Dropout(0.25))

    discriminator.add(Flatten())              # 执行扁平化，添加带有 sigmoid 激活函数的密集层
    discriminator.add(Dense(1, activation='sigmoid'))

    discriminator.summary()                   # 打印模型摘要

    img_shape = (28,28,1)                     # 设置输入图像的形状
    img = Input(shape=img_shape)

    probability = discriminator(img)          # 运行鉴别器模型，得到输出概率

    return Model(img, probability)            # 返回模型，以图像作为输入，概率作为输出
```

上述鉴别器的输出摘要如图 8-6 所示。你可能已经注意到，其中没有什么新鲜的内容：鉴别器模型遵循第 3、4、5 章中讲到的 CNN 的常规模式。将卷积、批归一化、激活和 dropout 层堆叠在一起以创建模型，每一层都有训练时需要调整的超参数。在你自己的实现中，你可以按需调整这些超参数并添加或移除某些层。关于 CNN 超参数的调优，详见第 3、4 章。

Layer (type)	Output Shape	Param #
conv2d_1 (Conv2D)	(None, 14, 14, 32)	320
leaky_re_lu_1 (LeakyReLU)	(None, 14, 14, 32)	0
dropout_1 (Dropout)	(None, 14, 14, 32)	0
conv2d_2 (Conv2D)	(None, 7, 7, 64)	18496
zero_padding2d_1 (ZeroPaddin	(None, 8, 8, 64)	0
batch_normalization_1 (Batch	(None, 8, 8, 64)	250
leaky_re_lu_2 (LeakyReLU)	(None, 8, 8, 64)	0
dropout_2 (Dropout)	(None, 8, 8, 64)	0
conv2d_3 (Conv2D)	(None, 4, 4, 128)	73856
batch_normalization_2 (Batch	(None, 4, 4, 128)	512
leaky_re_lu_3 (LeakyReLU)	(None, 4, 4, 128)	0
dropout_3 (Dropout)	(None, 4, 4, 128)	0
conv2d_4 (Conv2D)	(None, 4, 4, 256)	295168
batch_normalization_3 (Batch	(None, 4, 4, 256)	1024
leaky_re_lu_4 (LeakyReLU)	(None, 4, 4, 256)	0
dropout_4 (Dropout)	(None, 4, 4, 256)	0
flatten_1 (Flatten)	(None, 4096	0
dense_1 (Dense)	(None, 1)	4097

```
Total params: 393,729
Trainable params: 392,833
Non-trainable params: 896
```

图 8-6　鉴别器模型的输出摘要

在图 8-6 的输出摘要中可以看到，输出特征图的高和宽在尺寸上递减而深度上递增，这是传统 CNN 中的常见之举，之前的章节已经讨论过。接下来看看在生成器网络中特征图的尺寸是如何变化的。

8.1.3　生成器模型

生成器接收随机的数据，并试图模拟训练数据集来生成虚假的图像。它的目标是，尽力生成训练集的完美副本来欺骗鉴别器。随着训练的进行，生成器在几轮迭代之后表现得越来越好，但鉴别器也在接受训练以学会鉴别生成器的"把戏"，所以生成器不得不持续改进。

如图 8-7 所示，生成器模型看起来像一个倒置的卷积网络。生成器接收带有随机噪声的输入向量并将其调整为一个具有高度、宽度和深度的立方体。该立方体将被当作特征图提供给几个卷积层，并创建最终的图像。

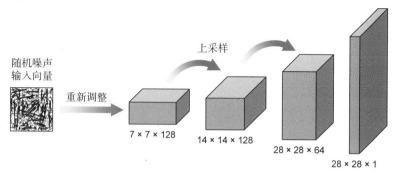

图 8-7 GAN 的生成器模型

上采样以放大特征图

传统的 CNN 网络使用池化层来实现输入图像的下采样。为了放大特征图，可以采用上采样层，通过重复输入图像每一行每一列的像素值来放大图像尺寸。

Keras 提供了一个上采样层(Upsampling2D)，以缩放因子(size)作为参数来放大图像的尺寸：

```
keras.layers.UpSampling2D(size=(2, 2))
```

size=(2, 2)意味着将输入的图像矩阵的每行每列各重复 1 次，如图 8-8 所示。如果缩放比例为(3, 3)，则行数和列数会重复 2 次，如图 8-9 所示。

```
Input = 1, 2
        3, 4

Output = 1, 1, 2, 2
         1, 1, 2, 2
         3, 3, 4, 4
         3, 3, 4, 4
```

```
[[1. 1. 1. 2. 2. 2.]
 [1. 1. 1. 2. 2. 2.]
 [1. 1. 1. 2. 2. 2.]
 [3. 3. 3. 4. 4. 4.]
 [3. 3. 3. 4. 4. 4.]
 [3. 3. 3. 4. 4. 4.]]
```

图 8-8 缩放因子为(2, 2)时的上采样示例　　　图 8-9 缩放因子为(3, 3)时的上采样示例

在生成器模型构建过程中，持续进行上采样，直到特征图的尺寸与训练集相似。Keras 中的代码实现将在下一节中讲述。下面先看构建生成器网络的 generator_model 函数。

```
    # convolutional + batch normalization layers
        generator.add(Conv2D(64, kernel_size=3, padding="same"))
        generator.add(BatchNormalization(momentum=0.8))
        generator.add(Activation("relu"))

    # convolutional layer with filters = 1
        generator.add(Conv2D(1, kernel_size=3, padding="same"))
        generator.add(Activation("tanh"))
        generator.summary()          ← 打印模型摘要

        noise = Input(shape=(100,))
        fake_image = generator(noise)
        return Model(noise, fake_image)
```

生成长度为 100 的输入噪声向量。这
里使用 100 创建一个简单的网络

运行生成器模型来
创建虚假的图像

这里之所以没有添加上采样层，是因为图像的尺
寸 28×28 已经与所使用的 MNIST 数据集中的图像
尺寸一致。在实际任务中应按需调整

返回模型。该模型以噪声向量作
为输入，以虚假的图像作为输出

　　生成器模型的输出摘要如图 8-10 所示。在上述代码片段中，唯一的新组件是通过重复使输入尺寸翻倍的上采样(upsampling)层。同对待鉴别器一样，将卷积层彼此堆叠，并添加批归一化等优化策略。关键的不同之处在于，生成器模型从扁平化的向量开始，图像逐渐上采样到与训练数据集的尺寸相同。所有这些层都有训练时需要调整的超参数。你在自行实现时可以按需调整这些超参数，并添加和删除某些层。

Layer (type)	Output Shape	Param #
dense_2 (Dense)	(None, 6272	633472
reshape_1 (Reshape)	(None, 7, 7, 128)	0
up_sampling2d_1 (UpSampling2	(None, 14, 14, 128)	0
conv2d_5 (Conv2D)	(None, 14, 14, 128)	147584
batch_normalization_4 (Batch	(None, 14, 14, 128)	512
activation_1 (Activation)	(None, 14, 14, 128)	0
up_sampling2d_2 (UpSampling2	(None, 28, 28, 128)	0
conv2d_6 (Conv2D)	(None, 28, 28, 64)	73792
batch_normalization_5 (Batch	(None, 28, 28, 64)	256
activation_2 (Activation)	(None, 28, 28, 64)	0
conv2d_7 (Conv2D)	(None, 28, 28, 1)	577
activation_3 (Activation)	(None, 28, 28, 1)	0

```
Total params: 856,193
Trainable params: 855,809
Non-trainable params: 384
```

图 8-10　生成器模型的输出摘要

请注意每层输出尺寸的改变。该模型从一个具有 6272 个神经元的一维向量转变为 7×7×128 的立方体，然后接连上采样 2 次，其高度和宽度变为 14×14，再变为 28×28。深度因此从 128 降到 64，再降到 1。此处构建的网络适用于 MNIST 灰度图数据集的处理(稍后将带你实现一个相关的项目)。如果要构建一个处理彩色图像的生成器，则应将最后一个卷积层中的滤波器数量设置为 3。

8.1.4　训练 GAN

上述内容分别介绍了鉴别器和生成器，接下来将它们连在一起以训练一个端到端的生成对抗网络。鉴别器被训练成更好的分类器，以便最大限度地提升分类正确率，以区分真实的训练数据和由生成器生成的虚假图像，就好像越来越擅长鉴别真钞与假钞的警察。另一方面，生成器被训练成更好的伪造者，以最大限度地愚弄鉴别器。两个网络都在其业务领域日渐精进。GAN 模型的训练包括以下两个流程。

(1) 训练鉴别器：这是一个简单的监督训练过程。将带标记的图像输入网络。来自生成器的图像标记为 fake，来自训练数据集的图像标记为 real。接着，网络学习分类并通过 sigmoid 完成真实图像和虚假图像的分类预测。此过程不涉及新问题。

(2) 训练生成器：这个过程有点棘手。生成器不能像鉴别器那样单独训练，因为它需要鉴别器模型来判断它伪造图像的工作做得如何。为此，我们创建了一个组合网络，将两者组合起来训练生成器。

可将训练过程想象为两个平行的跑道：一个跑道单独训练鉴别器，另一个跑道用一个组合的模型训练生成器。GAN 的训练流程如图 8-11 所示。当训练组合模型时，冻结鉴别器的权重，因为该模型须专注于训练生成器。

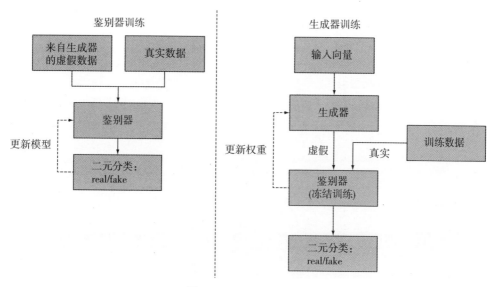

图 8-11　GAN 的训练流程

稍后在解释生成器训练过程时，会讨论这个想法背后的直觉，现在，只需要知道我们要建立和训练两个模型：一个单独用于鉴别器，另一个同时用于鉴别器和生成器。

这两个过程都遵循传统的神经网络训练过程，如第 2 章所述，它从一个前馈过程开始，然后做出预测，计算误差并后向传播误差。当训练鉴别器时，误差被后向传播回鉴别器模型以更新其权重；在组合模型中，误差被后向传播回生成器以更新权重。

在训练迭代中，遵循同样的神经网络训练过程以观察网络性能并调整网络超参数，直到生成器获得满意的结果，此时可以停止训练并部署生成器模型。接下来看看如何编辑鉴别器和组合网络来训练 GAN 模型。

1. 训练鉴别器

如前所述，这是一个简单的过程。首先，从 discriminator_model 方法构建模型，然后编译模型，使用 binary_crossentropy 损失函数，并选择优化器(这里选择 Adam)。

下面展示了在 Keras 中构建和编译生成器网络的过程。请注意，该代码片段并不能独立编译，这里仅作为关键代码示例。本章结尾提供了该项目的完整代码。

```
discriminator = discriminator_model()
discriminator.compile(loss='binary_crossentropy',optimizer='adam',
    metrics=['accuracy'])
```

使用 Keras 的 train_on_batch 方法创建随机的训练 batch，并在单个 batch 的数据上运行单个梯度更新。

```
noise = np.random.normal(0, 1, (batch_size, 100))        创建一系列新图像
gen_imgs = generator.predict(noise)

# Train the discriminator (real classified as ones and generated as zeros)
d_loss_real = discriminator.train_on_batch(imgs, valid)
d_loss_fake = discriminator.train_on_batch(gen_imgs, fake)
```
噪声示例

2. 训练生成器(组合模型)

下面探讨 GAN 训练中的棘手部分之一：训练生成器。鉴别器模型可以在生成器模型之外单独训练，而生成器却需要鉴别器辅助训练，因此，此处创建了一个包含生成器和鉴别器的组合模型，如图 8-12 所示。

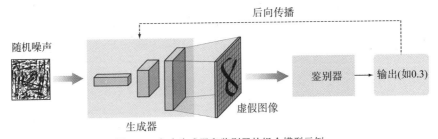

图 8-12　包含生成器和鉴别器的组合模型示例

训练生成器时,应冻结鉴别器的权重,因为生成器和鉴别器具有不同维度的损失函数。如果不冻结鉴别器权重,它将被拉向与生成器相同的方向,如此一来,它就更可能将生成器产生的虚假图像预测为真实图片,这并非我们想要的结果。冻结鉴别器模型的权重后,已训练的鉴别器不会受到影响。可以将其视为含有 2 个鉴别器的模型(真实情况并非如此,但这样更容易理解)。

现按如下方式构建组合模型:

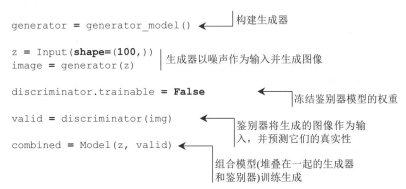

构建好组合模型之后,可以继续运行正常的训练过程。此处用二元交叉熵(binary_crossentropy)损失函数和 Adam 优化器编译组合模型:

3. 训练轮数

在本章末尾的项目中,可以看到前面的代码片段被放在了一个循环函数中,以执行特定轮数(epoch)的训练。在每轮训练中,同时训练两个已经编译好的模型(鉴别器模型和组合模型)。随着训练的进行,鉴别器和生成器不断改进。打印每轮的输出并观察 GAN 的性能,以查看生成器在生成合成图像时的工作情况。如图 8-13 所示,生成器在 MNIST 数据集上进行训练,随着训练轮数的增加,其性能不断提升。

Epoch: 0　　Epoch: 1500　　Epoch: 2500　　Epoch: 3500　　Epoch: 5500　　Epoch: 7500　　Epoch: 9500

图 8-13　从 epoch 0 到 epoch 9500,生成器在训练过程中越来越擅长模仿 MNIST 数据集上的
手写体数字

在这个例子中,epoch 0 从没有任何特征的随机噪声数据开始。随着 GAN 模型训练的进行,生成器越来越擅长创建高质量的、足以骗过鉴别器的图像。可通过观察生成器的性能来评估模

型性能并决定在哪轮停止训练,这不失为一个好方法。第 8.2 节将介绍更多评估 GAN 的技巧。

8.1.5   GAN 极小极大值函数

GAN 训练更像一场零和游戏,而不是一个优化问题。在零和博弈中,总效用得分(total utility score)在参与者之间进行分配,一名玩家分数的增加会导致另一名玩家分数的减少。在 AI 中,这被称为极小极大(mini-max)游戏理论。极小极大是一种决策算法,通常用于回合制双人游戏。算法的目标是找到最优的下一步行动。其中一名玩家被称为最大化者(maximizer),它努力获取尽可能高的分数;另一位玩家被称为最小化者(minimizer),它试图通过与最大化者相反的移动来获得最低分数。

GAN 进行极小极大博弈,整个网络试图优化以下方程中的函数 $V(D, G)$:

$$\underset{G}{\text{Min}}\,\underset{D}{\text{Max}}\,V(D, G) = E_{x \sim Pdata}[\log D(x)] + E_{z \sim Pz(z)}[\log(1 - D(G(z)))].$$

真实数据 x 的鉴别器输出

生成器产生的虚假数据 $G(z)$ 的鉴别器输出

鉴别器(D)的目标是最大限度地提高得到图像正确标签的概率;另一方面,生成器(G)的目标是最小化"被抓"的概率。因此,我们训练 D 以最大化正确分类(来自训练样本和来自 G 的数据)的概率,同时训练 G 最小化 $\log(1-D(G(z)))$ 的值,换句话说,G 和 D 使用 $V(D, G)$ 函数的值进行二人极小极大博弈。

极小极大博弈理论

在两人的零和游戏中,一个人只有在另一个人输的情况下才能赢,合作绝无可能。这种博弈论被广泛用于井字棋(tic-tac-toe)、双陆棋(backgammon)、非洲棋(mancala)、国际象棋(chess)等游戏中。最大化玩家希望获得尽可能高的分数,而最小化玩家希望获得尽可能低的分数。

在给定的游戏状态下,如果最大化者占上风,分数将趋于正值;如果最小化者占上风,分数将趋于负值。这些值是通过启发式(heuristic)计算出来的,对于每类游戏都是独一无二的。

同任何其他数学方程一样,前面的方程对于那些不熟悉方程背后的数学原理的人来说似乎是令人畏惧的,但它所代表的理念是简单而强大的。它仅仅是生成器和鉴别器这两个相互竞争的对象的一种数学表达,表 8-1 列出了这些符号的含义。

表 8-1   极小极大方程的符号

符号	解释
G	Generator 生成器
D	Discriminator 鉴别器
z	输入生成器(G)中的随机噪声
$G(z)$	生成器获取随机噪声数据 z,并试图重建真实的图像
$D(G(z))$	输入来自生成器时,鉴别器(D)的输出
$\log D(x)$	鉴别器对真实数据的概率输出

鉴别器从以下两个来源获取输入。

- 来自生成器的数据 $G(z)$：z 为虚假数据。当输入来自生成器时，鉴别器的输出被记为 $D(G(z))$。
- 来自训练数据集的真实输入 x：当输入来自真实数据集时，鉴别器的输出被记为 $\log D(x)$。

为简化极小极大方程，最好将其看成两个部分：鉴别器训练函数和生成器训练函数(组合函数)。在训练过程中创建两个训练流，每个流都有自己的误差函数。

- 一个仅用于鉴别器，由下面的函数表示，其目的是通过使预测尽可能接近于 1 来最大化极小极大函数：

$$E_{x \sim Pdata}[\log D(x)]$$

- 一个用于组合模型，旨在训练下面的函数表示的生成器，其目的是通过使预测尽可能接近于 0 来最小化极小极大函数：

$$E_{z \sim Pz(z)}[\log(1 - D(G(z)))]$$

现在我们理解了方程符号，也对极小极大函数的工作原理有了更好的理解，下面再来看看这个函数：

$$\underset{G}{\text{Min}}\ \underset{D}{\text{Max}}\ V(D, G) = \underbrace{E_{x \sim Pdata}[\log D(x)]}_{\substack{\text{来自鉴别器模}\\\text{型的训练误差}}} + \underbrace{E_{z \sim Pz(z)}[\log(1 - D(G(z)))]}_{\substack{\text{来自组合模型的}\\\text{训练误差}}}$$

极小极大目标函数 $V(D, G)$的目标是从真实数据分布中最大化 $D(x)$，并从虚假数据分布中最小化 $D(G(z))$。为了实现这一点，在目标函数中使用 $D(x)$和 $1-D(z)$的对数似然函数。一个值的对数能够确保模型越接近一个不正确的值时受到的惩罚越多。

在 GAN 训练过程的早期，鉴别器会以很高的置信度拒绝来自生成器的假数据，因为生成器还没有学习到真实数据的特征，假图像与真实的训练数据之间差别很大。训练鉴别器最大限度地实现真实数据和虚假图像之间的正确分类，同时训练生成器，以便最小化鉴别器针对虚假数据的分类误差。鉴别器希望最大化目标：使真实数据的 $D(x)$接近于 1，虚假数据的 $D(G(z))$接近于 0。另一方面，生成器希望最小化目标：使 $D(G(z))$接近于 1，从而使鉴别器误以为生成的 $G(z)$是真实数据。当生成器生成的假数据被识别为真实数据时，停止训练。

8.2 评估 GAN 模型

用于分类和检测问题的深度学习神经网络模型使用损失函数进行训练，直到收敛。另一方面，GAN 生成器模型使用鉴别器进行训练，鉴别器学习将图像划分为真实图像或生成的虚假图像。如前所述，生成器和鉴别器一起训练以保持平衡，因此，此处没有使用目标损失函数

(objective loss function)来训练 GAN 的生成器模型，也无法仅从损失来客观地评估训练的进度和模型的相对/绝对质量。这意味着必须使用生成的合成图像的质量来评估模型，并且需要人工检查生成的图像。

确定评估技术的一个好方法是回顾研究论文并了解作者用来评估其 GAN 网络的方法。Tim Salimans 等人(2016 年)通过注释人员手动判断合成图像的视觉质量来评估 GAN 的性能[1]。他们创建了一个 Web 页面并雇用了 Amazon Mechanical Turk(亚马逊土耳其机器人 MTurk)的注释人员来区分生成的数据和真实的数据。

雇用注释人员的一个缺点是，根据任务的设置和注释人员的动机，指标会有所不同。该团队还发现，当他们给注释者某些关于判断错误的反馈时，评估结果发生了巨大的变化：通过从这些反馈中学习，注释者们能够更好地指出生成图像的某些缺陷，并给出更悲观的质量评价。

Salimans 等人及其他研究者(本节稍后讨论)也使用过非手工方法。总体来说，对于给定 GAN 生成器模型的正确评估方法，人们并没有达成共识，这使得研究人员和从业人员很难做到以下几点。

- 在训练阶段选择最佳的 GAN 生成器模型，换句话说，决定何时停止训练。
- 选择生成的图像来展示 GAN 生成器模型的能力。
- GAN 模型架构的比较和基准测试。
- 调整模型超参数和配置，并比较结果。

怎样才能找到可量化的方法来理解 GAN 的进展和输出质量？这仍然是一个活跃的研究领域。基于生成的合成图像的质量和多样性，人们已经开发了一套定性和定量的技术来评估 GAN 模型的性能。两种常用的图像质量和多样性评估指标是 Inception score 和 FID(Fréchet Inception distance) score。在本节中，你将学习基于生成的合成图像评估 GAN 模型的技术。

8.2.1　Inception score

Inception score 是一种启发式的方法，该方法假设真实样本被输入预训练的网络(比如在 ImageNet 上预训练的 Inception 网络)中时应该能被正确地分类，因此得名 Inception score。这个想法很简单，启发式依赖于两个条件。

- 生成图像的高可预测性：将预训练的 Inception 分类模型应用于每一个生成的图像并做出预测(使用 softmax 激活函数)。如果生成的图像足够好，那么它应该得到一个高的预测评分。
- 生成样本的多样性：任何类别都不应该主导生成图像的分布。

利用该模型对生成的大量图像进行分类，具体来说，预测图像属于每一类的概率，然后将概率汇总到 score 中，以获取每张图像与某个已知类别的相似程度，以及所有已知类别中图像的多样性。如果这两个特性都得到满足，那么应该有一个很高的 Inception score。Inception score

---

1　Tim Salimans、Ian Goodfellow、Wojciech Zaremba、Vicki Cheung、Alec Radford 和 Xi Chen，"Improved Techniques for Training GANs"，2016 年，http://arxiv.org/abs/1606.03498。

越高，预示着生成的图像质量越好。

8.2.2　FID score

FID score 由 Martin Heusel 等人于 2017 年[1]提出和使用。该评估方法在 Inception score 的基础上做出了改进。

同 Inception score 一样，FID score 使用 Inception 模型来获取输入图像的特定特性。它为一组图像(包括真实的和生成的)计算激活值。每一组图像的激活值被汇总为一个多元高斯分布(multivariate Gaussian)，最终这两个分布之间的距离被称为 Fréchet 距离，也被称为 Wasserstein-2 距离。

值得注意的一点是，FID 需要合适的样本量才能得出较好的结果(建议用 50 000 个样本)。如果样本量太少，你最终会得到一个高估的 FID score，并且其结果具有很大的方差。FID score 越低，表明越多的图像与真实图像的统计属性相匹配。

8.2.3　评估方案选择

这两种度量(Inception score 和 FID score)都很容易实现，且能对生成的图像进行计算，因此，训练期间系统地生成图像和保存模型的实践可以而且应该继续用于后续模型的选择。对 Inception score 和 FID 的深入探究超出了本书的范围。正如前面提到的，这是一个活跃的研究领域。截至本书撰写之时，对于哪种方法是评估 GAN 性能的最好方法，业界仍未达成共识。不同的分数评估图像生成过程的各个环节，单一的分数不可能涵盖所有方面。本节旨在介绍一些近年来开发的用于 GAN 自动化评估的技术，但是手工评估的方法仍然被广泛使用。

刚开始时，你最好手动检查生成的图像，以便评估和选择生成器模型。GAN 模型的开发对于新手和专家来说都非常复杂。在细化模型实现和测试模型配置时，手动检查将使你获益良多。

其他研究人员通过使用特定领域的评估指标来采用不同的评估方法。例如，Konstantin Shmelkov 和他的团队[2]于 2018 年使用了 GAN-train 和 GAN-test 这两种基于图像分类的衡量标准，二者分别近似于 GAN 的召回率和精确率指标。

8.3　GAN 的主流应用

生成模型在过去 5 年取得了长足的进展。根据这一领域的发展态势，人们预计下一代生成模型将比人类更易于创造艺术。GAN 现在已经有能力解决健康、汽车、艺术等领域的诸多问

---

1 Martin Heusel、Hubert Ramsauer、Thomas Unterthiner、Bernhard Nessler 和 Sepp Hochreiter，"GANs Trained by a Two Time-Scale Update Rule Converge to a Local Nash Equilibrium"，2017 年，http://arxiv.org/abs/1706.08500。

2 Konstantin Shmelkov、Cordelia Schmid 和 Karteek Alahari，"How Good Is My GAN?" 2018 年，http://arxiv.org/abs/1807.09499。

题。本节将讨论生成对抗网络的一些应用案例，以及该应用程序使用的 GAN 架构。本节旨在介绍一些 GAN 模型的潜在应用和相关资源，而不是实现 GAN 网络的各种变体。

8.3.1　文本生成图像

从文本描述中生成高质量的图像，是 CV 领域中颇具挑战的一项任务。现有的文本生成图像(text-to-image)方法所生成的示例可以大致反映给定描述的含义，但没有包含必要的细节和生动的对象特征。

为这种应用场景量身定制的GAN网络是堆叠式生成对抗网络(stacked generative adversarial network，StackGAN)[1]。Zhang 等人能够根据文本描述生成 256×256 的逼真图像。

StackGAN 的运行分为如下两个阶段(如图 8-14 所示)。

- 第一阶段：StackGAN 根据给定的文本描述绘制出对象的原始形状和颜色，生成低分辨率的图像。
- 第二阶段：StackGAN 以第一阶段的输出和文本描述作为输入，生成具有逼真细节的高分辨率图像。它能够纠正第一阶段创建的图像中的缺陷，并添加引人注目的细节来细化过程。

这只鸟是白色的、头部和翅膀上有一些黑色，还有一个长长的橙色的喙　　这只鸟有黄色的腹部和跗骨、灰色的背部和翅膀、棕色的喉部，以及黑色的脸　　这种花有重叠的粉红色尖花瓣，围绕着一圈短短的黄色花丝

(a) StackGAN第一阶段：64×64图像

(b) StackGAN第二阶段：256×256图像

图 8-14　(a)第一阶段：根据给定的文本描述，StackGAN 勾画出对象的大致形状和基本颜色，得到低分辨率图像。(b)第二阶段：以第一阶段的结果和文本描述作为输入，创建具有逼真细节的高分辨率图像(来源：zhang 等人，2016 年)

---

1 Han Zhang、Tao Xu、Hongsheng Li、Shaoting Zhang、Xiaogang Wang、Xiaolei Huang，以及 Dimitris Metaxas，"StackGAN: Text to Photo-Realistic Image Synthesis with Stacked Generative Adversarial Networks"，2016 年，http://arxiv.org/abs/1612.03242。

8.3.2 图像翻译(Pix2Pix GAN)

图像翻译(image-to-image translation)的定义为：在给定足够的训练数据的情况下，将场景的一种表示转换为另一种表示。它的灵感来自语言的翻译：正如一个想法可以被许多不同的语言表达一样，一个场景可以被灰度图像、RGB 图像、语义标签地图、边缘草图等方式渲染。图 8-15 展示了系列图像翻译任务的应用场景，如将街景分割标签转换为真实图像，将灰色图转为彩色图，将产品草图转换为产品图片，将白天照片转换为夜间照片。

Pix2Pix 是 GAN 家族中的一员，由 Phillip Isola 等人于 2016 年设计，用于通用的图像翻译[1]。Pix2Pix 网络架构同 GAN 类似，它包括一个生成器模型(用于输出全新的看起来真实的合成图像)，以及一个鉴别器模型(用于将图像划分为来自数据集的真实图片或生成的虚假图像)。其训练过程也与 GAN 的类似：鉴别器模型可直接更新。而生成器模型通过鉴别器模型更新，因此，两个模型在一个对抗过程中同时进行训练，在这个过程中，生成器试图更好地欺骗鉴别器，而鉴别器试图更好地识别伪造的图像。

将黑白图像转为彩图　　　　　　　　　将边缘图像转为产品图像

输入　　　　　　输出　　　　　　　　输入　　　　　输出

将白天照片转为夜间照片

输入　　　　　　　　　　　　　输出

图 8-15　原创论文中关于 Pix2Pix 的应用示例

Pix2Pix 网络的新颖之处在于，它们可以学习一个适合当前任务和手头数据的损失函数，因此它们可以兼容各种设置。这类网络是一种 conditional GAN(cGAN)，其中，输出图像的生成基于输入的源图像且符合一定的条件。鉴别器同时接收源图像和目标图像，且必须判定目标图像是不是源图像的可信(合理)变换。

Pix2Pix 网络的出现使得图像转换任务充满了前景，请访问 https://affinelayer.com/pixsrv 以

---

1 Phillip Isola、Jun-Yan Zhu、Tinghui Zhou 和 Alexei A. Efros，"Image-to-Image Translation with Conditional Adversarial Networks"，2016 年，http://arxiv.org/abs/1611.07004。

体验 Pix2Pix 网络的更多示例。该网络提供一个交互式演示，它由 Isola 及其团队创建，可将猫或产品的草图转换为照片或将平面设计图转换为真实的图像。

8.3.3   图像超分辨率 GAN(SRGAN)

某种类型的 GAN 模型可将低分辨率图像转换为高分辨率图像。这类模型被称为超分辨率生成对抗网络(super-resolution generative adversarial networks，SRGAN)，由 Christian Ledig 等人于 2016 年提出[1]。图 8-16 显示了 SRGAN 如何创建高分辨率的图像。

原始图像   SRGAN

图 8-16   SRGAN 将一幅低分辨率图像转换为高分辨率图像(来源：Christian Ledig 等人，2016 年)

8.3.4   准备好动手了吗

GAN 模型具有创造和虚构前所未有的新现实的巨大潜力。本章中提到的应用程序只是一小部分示例，目的是让你了解 GAN 可以做什么。这样的应用程序每隔几周就会出现一个，值得一试。如果你有兴趣接触更多的 GAN 应用程序，请访问由 Erik Linder-Noren 维护的、令人惊叹的 Keras-GAN 库(https://github.com/eriklindernoren/Keras-GAN)。它包括很多使用 Keras 创建的 GAN 模型，是一个出色的 Keras 实例资源库。本章中许多代码都是受此存储库的启发，根据其中的资源改编而来的。

8.4   练习项目：构建自己的 GAN

在本练习项目中，你将在生成器和鉴别器中使用卷积层以构建一个 GAN，它被简称为深度卷积 GAN(DCGAN)。DCGAN 架构由 Alec Radford 等人于 2016 年首次探索(如第 8.1.1 节所

---

1 Christian Ledig、Lucas Theis、Ferenc Huszar、Jose Caballero、Andrew Cunningham、Alejandro Acosta 及 Andrew Aitken 等人，"Photo-Realistic Single Image Super-Resolution Using a Generative Adversarial Network"，2016 年，http://arxiv.org/abs/1609.04802。

述)，并在生成新图像方面取得了令人印象深刻的成果。你可以依照本章中的代码实现或运行项目配套的 Notebook。这些资源可以从本书的可下载代码中获得。

本项目将在 Fashion-MNIST 数据集(https://github.com/zalandoresearch/fashion-mnist)上训练 DCGAN。Fashion-MNIST 由 60 000 张训练灰度图像和 10 000 张测试灰度图像组成，如图 8-17 所示。每张 28×28 灰度图都与 10 个类中的一个标签相关联。Fashion-MNIST 意在取代原来的 MNIST 数据集并成为机器学习算法的基准。本项目选择灰度图是因为相比于三通道的彩色图像，单通道的灰度图在卷积计算时需要的计算资源要少很多，这使读者们可以在没有 GPU 的个人计算机上运行本项目。

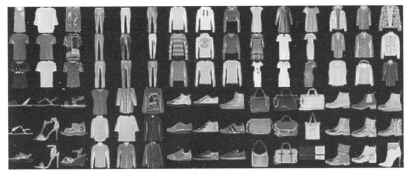

图 8-17　Fashion-MNIST 数据集示例

数据集分为 10 个类别，如表 8-2 所示。

表 8-2　Fashion-MNIST 数据集的类别标签和描述

标签	描述
0	T 恤(t-shirt/top)
1	裤子(trouser)
2	套头衫(pullover)
3	连衣裙(dress)
4	外套(coat)
5	凉鞋(sandal)
6	衬衫(shirt)
7	运动鞋(sneaker)
8	包(bag)
9	靴子(ankle boot)

第 1 步：导入必要的库

同往常一样，要做的第一件事是导入项目中所需的所有库：

```
from __future__ import print_function, division

from keras.datasets import fashion_mnist
from keras.layers import Input, Dense, Reshape, Flatten, Dropout
from keras.layers import BatchNormalization, Activation, ZeroPadding2D
from keras.layers.advanced_activations import LeakyReLU
from keras.layers.convolutional import UpSampling2D, Conv2D
from keras.models import Sequential, Model
from keras.optimizers import Adam

import numpy as np
import matplotlib.pyplot as plt
```

从 Keras 中导入 Fashion-MNIST 数据集

导入 NumPy 和 matplotlib

导入 Keras 的各种层和模型

第 2 步：下载并可视化数据集

在 Keras 中，仅需 fashion_mnist.load_data()这一个命令即可下载 Fashion-MNIST 数据集。这里下载数据集并将训练集归一化到-1～1 的范围，以使模型收敛得更快(参见第 4 章的"数据归一化"小节以获取更多关于数据处理的信息)。

```
(training_data, _), (_, _) = fashion_mnist.load_data()
```

加载数据集

```
X_train = training_data / 127.5 - 1.
X_train = np.expand_dims(X_train, axis=3)
```

将训练集归一化到-1～1 的范围

下面尝试将图像矩阵可视化并查看效果(见图 8-18)。

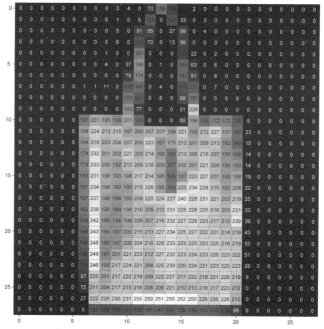

图 8-18　Fashion-MNIST 数据集的可视化示例

```python
def visualize_input(img, ax):
    ax.imshow(img, cmap='gray')
    width, height = img.shape
    thresh = img.max()/2.5
    for x in range(width):
        for y in range(height):
            ax.annotate(str(round(img[x][y],2)), xy=(y,x),
                        horizontalalignment='center',
                        verticalalignment='center',
                        color='white' if img[x][y]<thresh else 'black')

fig = plt.figure(figsize = (12,12))
ax = fig.add_subplot(111)
visualize_input(training_data[3343], ax)
```

第 3 步：构建生成器

接下来构建生成器模型。输入是噪声向量 z，如第 8.15 节所述。生成器架构如图 8-19 所示。

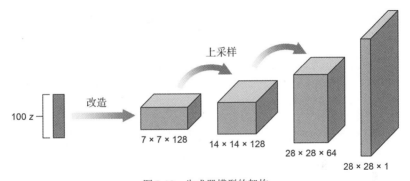

图 8-19 生成器模型的架构

第一层为全连接层，然后被改造为一个窄而深的、7×7×128 的层(在 DCGAN 的原创论文中，研究团队在这一步中将输入改造为 4×4×1024 大小)。然后，使用上采样层将特征图的尺寸从 7×7 扩大到 14×14，再到 28×28。本次练习使用三个卷积层，同时使用批归一化和 ReLU 激活函数。对于每一层而言，通用模式是：卷积⇒批归一化⇒ReLU。继续按照此模式堆叠各层，直到获得形状为 28×28×1 的转置卷积层。

将图像尺寸改为 7×7×128

```python
def build_generator():
    generator = Sequential()    ← 实例化序列模型并将
                                  其命名为 generator
                                                        添加有 128×7×7 个
                                                        神经元的密集层
    generator.add(Dense(128 * 7 * 7, activation="relu", input_dim=100)) ←

    generator.add(Reshape((7, 7, 128)))    上采样层以将图像的
                                           尺寸增大到 14×14
    generator.add(UpSampling2D())  ←
```

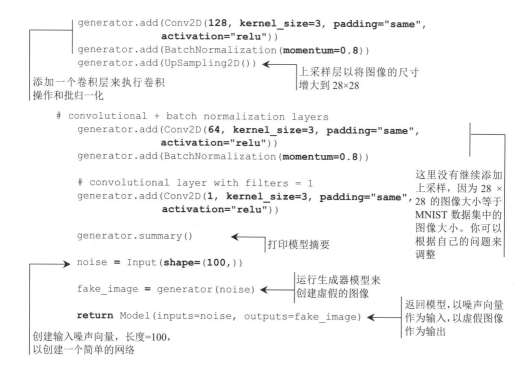

```
    generator.add(Conv2D(128, kernel_size=3, padding="same",
                  activation="relu"))
    generator.add(BatchNormalization(momentum=0.8))
    generator.add(UpSampling2D())
```

上采样层以将图像的尺寸
增大到 28×28

添加一个卷积层来执行卷积
操作和批归一化

```
    # convolutional + batch normalization layers
    generator.add(Conv2D(64, kernel_size=3, padding="same",
                  activation="relu"))
    generator.add(BatchNormalization(momentum=0.8))

    # convolutional layer with filters = 1
    generator.add(Conv2D(1, kernel_size=3, padding="same",
                  activation="relu"))

    generator.summary()

    noise = Input(shape=(100,))

    fake_image = generator(noise)

    return Model(inputs=noise, outputs=fake_image)
```

这里没有继续添加
上采样，因为 28 ×
28 的图像大小等于
MNIST 数据集中的
图像大小。你可以
根据自己的问题来
调整

打印模型摘要

运行生成器模型来
创建虚假的图像

返回模型，以噪声向量
作为输入，以虚假图像
作为输出

创建输入噪声向量，长度=100，
以创建一个简单的网络

第 4 步：构建鉴别器

与前面构建的卷积网络相似，鉴别器仅是一个常规卷积分类网络(见图 8-20)，其输入大小为 28×28×1。其中包含几个卷积层，以及一个用于输出的全连接层。同之前一样，输出采用 sigmoid 并返回 logits。对于卷积层的深度，建议在第一层使用 32 或 64 个滤波器，然后每层将深度增加一倍。本示例从 64 层开始，然后依次是 128 和 256。同 Radford 等人的做法类似，此处不使用池化层，而使用跨步卷积层(strided convolutional layer)进行下采样。

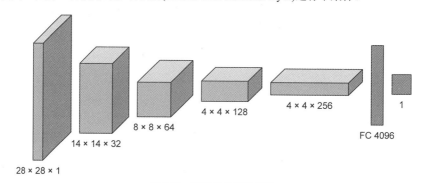

28 × 28 × 1
14 × 14 × 32
8 × 8 × 64
4 × 4 × 128
4 × 4 × 256
FC 4096
1

图 8-20   鉴别器模型的架构

训练中还使用了批归一化和 dropout，如第 4 章所述。对于 4 个卷积层，通用的架构是卷积⇒批归一化⇒Leaky ReLU。构建的 build_discriminator 函数如下：

实例化序列模型并将其命名为 discriminator

向 discriminator 中添加一个卷积层

```
def build_discriminator():
    discriminator = Sequential()

    discriminator.add(Conv2D(32, kernel_size=3, strides=2,
                      input_shape=(28,28,1), padding="same"))
```

添加 Leaky ReLU 激活函数

```
    discriminator.add(LeakyReLU(alpha=0.2))
```

添加舍弃率为 25% 的 dropout 层

```
    discriminator.add(Dropout(0.25))
```

添加第二个带 0 填充的卷积层

```
    discriminator.add(Conv2D(64, kernel_size=3, strides=2,
                      padding="same"))

    discriminator.add(ZeroPadding2D(padding=((0,1),(0,1))))
```

添加 0 填充层，将尺寸从 7×7 增大到 8×8

添加一个批归一化层，以便提升学习速度和准确率

```
    discriminator.add(BatchNormalization(momentum=0.8))

    discriminator.add(LeakyReLU(alpha=0.2))
    discriminator.add(Dropout(0.25))

    discriminator.add(Conv2D(128, kernel_size=3, strides=2, padding="same"))
    discriminator.add(BatchNormalization(momentum=0.8))
    discriminator.add(LeakyReLU(alpha=0.2))
    discriminator.add(Dropout(0.25))
```

添加第三个卷积层，使用批归一化、Leaky ReLU 和 dropout

将网络扁平化并添加具有 sigmoid 激活函数的密集输出层

```
    discriminator.add(Conv2D(256, kernel_size=3, strides=1, padding="same"))
    discriminator.add(BatchNormalization(momentum=0.8))
    discriminator.add(LeakyReLU(alpha=0.2))
    discriminator.add(Dropout(0.25))

    discriminator.add(Flatten())
    discriminator.add(Dense(1, activation='sigmoid'))
```

添加第四个卷积层，使用批归一化、Leaky ReLU 和 dropout

```
    img = Input(shape=(28,28,1))
    probability = discriminator(img)

    return Model(inputs=img, outputs=probability)
```

返回模型，以图像作为输入，以概率作为输出

运行鉴别器模型以得到输出概率

设置输入图像的形状

第 5 步：构建组合模型

如第 8.1.3 节所述，为了训练生成器，需要构建一个组合的模型，其中包含生成器和鉴别器(如图 8-21 所示)。组合模型以噪声信号 z 作为输入，并输出鉴别器预测真假的概率。

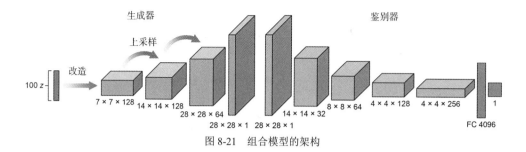

图 8-21　组合模型的架构

请记住，此处需要禁用组合模型中鉴别器的训练。第 8.1.3 节详细解释过，训练生成器时，我们不希望鉴别器也更新权重，但生成器的训练仍需要鉴别器的参与。因此我们创建了一个包含两个模型的组合网络，但冻结了其中鉴别器模型的权重。

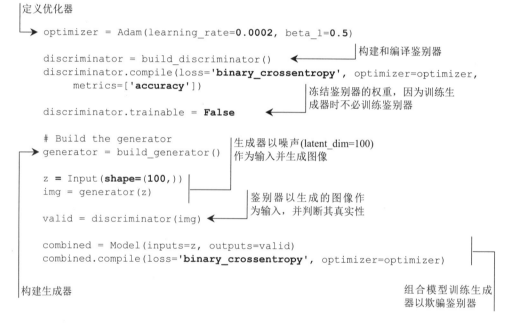

```
optimizer = Adam(learning_rate=0.0002, beta_1=0.5)    ← 定义优化器

discriminator = build_discriminator()    ← 构建和编译鉴别器
discriminator.compile(loss='binary_crossentropy', optimizer=optimizer,
    metrics=['accuracy'])
                                          冻结鉴别器的权重，因为训练生
discriminator.trainable = False    ←      成器时不必训练鉴别器

# Build the generator                     生成器以噪声(latent_dim=100)
generator = build_generator()             作为输入并生成图像
                                ← 构建生成器

z = Input(shape=(100,))
img = generator(z)                        鉴别器以生成的图像作
                                          为输入，并判断其真实性
valid = discriminator(img)    ←

combined = Model(inputs=z, outputs=valid)
combined.compile(loss='binary_crossentropy', optimizer=optimizer)
                                          组合模型训练生成
                                          器以欺骗鉴别器
```

第 6 步：构建训练函数

在训练 GAN 模型时训练了两个网络：鉴别器和组合网络(上一节中创建)。下面构建 train 函数进行训练，其参数如下：

- 训练轮数 epochs
- 批大小 batch-size
- 保存结果的频率 save_interval

```
def train(epochs, batch_size=128, save_interval=50):

    valid = np.ones((batch_size, 1))      对抗数据集的
    fake = np.zeros((batch_size, 1))      地面真值
```

```
for epoch in range(epochs):

    ## Train Discriminator network
```

随机选择一半
的输入图像

```
    idx = np.random.randint(0, X_train.shape[0], batch_size)
    imgs = X_train[idx]
```

对随机噪声进
行抽样，并生
成一批新图像

```
    noise = np.random.normal(0, 1, (batch_size, 100))
    gen_imgs = generator.predict(noise)
```

训练鉴别器(真
实的分为 1，生
成的分为 0)

```
    d_loss_real = discriminator.train_on_batch(imgs, valid)
    d_loss_fake = discriminator.train_on_batch(gen_imgs, fake)
    d_loss = 0.5 * np.add(d_loss_real, d_loss_fake)

    ## Train the combined network (Generator)
```

训练生成器(试图让
鉴别器误以为生成
的图片是真实的)

```
    g_loss = combined.train_on_batch(noise, valid)

print("%d [D loss: %f, acc.: %.2f%%] [G loss: %f]" %
      (epoch, d_loss[0], 100*d_loss[1], g_loss))
```

打印过程

以 save_interval
的频率保存生
成的图像结果

```
    if epoch % save_interval == 0:
        plot_generated_images(epoch, generator)
```

在运行 train()函数之前，需要定义 plot_generated_images()函数：

```
def plot_generated_images(epoch, generator, examples=100, dim=(10, 10),
                          figsize=(10, 10)):
    noise = np.random.normal(0, 1, size=[examples, latent_dim])
    generated_images = generator.predict(noise)
    generated_images = generated_images.reshape(examples, 28, 28)

    plt.figure(figsize=figsize)
    for i in range(generated_images.shape[0]):
        plt.subplot(dim[0], dim[1], i+1)
        plt.imshow(generated_images[i], interpolation='nearest',
cmap='gray_r')
        plt.axis('off')
    plt.tight_layout()
    plt.savefig('gan_generated_image_epoch_%d.png' % epoch)
```

第 7 步：训练并观察结果

运行以下代码启动模型训练：

```
train(epochs=1000, batch_size=32, save_interval=50)
```

上述代码将执行 1000 轮训练，并每隔 50 轮保存一次训练的图像。运行 train()函数后，系统将输出图 8-22 所示的训练过程。

```
0  [D loss: 0.963556, acc.: 42.19%] [G loss: 0.726341]
1  [D loss: 0.707453, acc.: 65.62%] [G loss: 1.239887]
2  [D loss: 0.478705, acc.: 76.56%] [G loss: 1.666347]
3  [D loss: 0.721997, acc.: 60.94%] [G loss: 2.243804]
4  [D loss: 0.937356, acc.: 45.31%] [G loss: 1.459240]
5  [D loss: 0.881121, acc.: 50.00%] [G loss: 1.417385]
6  [D loss: 0.558153, acc.: 73.44%] [G loss: 1.393961]
7  [D loss: 0.404117, acc.: 78.12%] [G loss: 1.141378]
8  [D loss: 0.452483, acc.: 82.81%] [G loss: 0.802813]
9  [D loss: 0.591792, acc.: 76.56%] [G loss: 0.690274]
10 [D loss: 0.753802, acc.: 67.19%] [G loss: 0.934047]
11 [D loss: 0.957626, acc.: 50.00%] [G loss: 1.140045]
12 [D loss: 0.919308, acc.: 51.56%] [G loss: 1.311618]
13 [D loss: 0.776363, acc.: 56.25%] [G loss: 1.041264]
14 [D loss: 0.763993, acc.: 56.25%] [G loss: 1.090716]
15 [D loss: 0.754735, acc.: 56.25%] [G loss: 1.530865]
16 [D loss: 0.739731, acc.: 68.75%] [G loss: 1.887644]
```

图 8-22　前 16 轮的训练过程

我亲自训练了 10 000 轮，图 8-23 显示了训练第 0 轮、50 轮、1000 轮和 10 000 轮的结果。

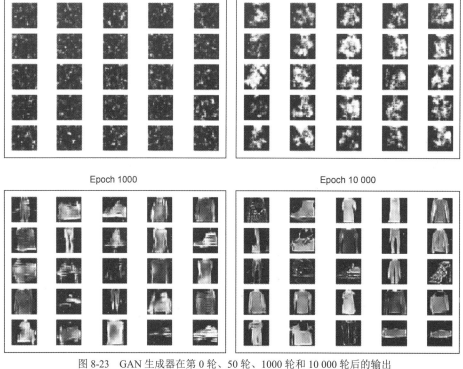

图 8-23　GAN 生成器在第 0 轮、50 轮、1000 轮和 10 000 轮后的输出

从图 8-23 可以看出，第 0 轮时，图像是随机噪声，不含任何模式或有意义的数据。第 50 轮时，模式已经开始形成，一个非常明显的模式是：明亮的像素开始在图像的中心形成，而周围的像素都比较暗。这是因为在训练数据中，所有的形状都位于图像的中心。在后续的训练过程中，在第 1000 轮，可以看到很清晰的形状，并可能猜到输入 GAN 模型的训练数据的类型。

快进到第 10 000 轮，可以看到生成器已经可以娴熟地创建数据集中不存在的新图像了。例如，任选一个在这一轮创建的图像，假定选择左上角的裙子图像，这是一个不存在于训练集中的全新礼服样式。在学习了训练集中礼服的模式之后，GAN 模型创建了一个全新的礼服样式。你可以尝试继续训练或者加深生成器网络，以得到更精细的结果。

最后

本项目之所以使用 Fashion-MNIST 数据集，是因为该数据集的图像非常小并且是灰度图(单通道)，这使你可以在没有 GPU 的本地计算机上低成本本地完成训练。Fashion-MNIST 数据集也非常干净：所有图像都居中显示并且没什么噪声，因此在启动 GAN 模型训练之前不需要太多的预处理。所以，该数据集非常适合用作 GAN 项目的启蒙级数据集。

想探索更高级的数据集，可以尝试 CIFAR(https://www.cs.toronto.edu/~kriz/cifar.html)或谷歌的 Quick, Draw!数据集(https://quickdraw.withgoogle.com)，后者被认为是世界上最大的涂鸦数据集(截至本书撰写之时)。另外，Stanford 的汽车数据集(https://ai.stanford. edu/~jkrause/cars/car_dataset.html)含有超过 196 个类别的 16 000 张汽车图片。你可以试试使用 GAN 创建一辆全新的梦想汽车！

8.5 本章小结

- GAN 从训练数据中学习模式并创建与训练集具有相似分布的全新图像。
- GAN 架构由两个彼此竞争的深度神经网络组成。
- 生成器试图将随机噪声转换为一种看起来像是从原始数据集中采集的观测结果。
- 鉴别器试图预测一个观察对象是来自原始训练集的真实存在还是来自生成器的仿造物。
- 鉴别器模型是一种典型的分类网络，旨在对来自生成器的图像进行真假分类。
- 生成器的架构看起来就像倒置的 CNN。它从一个狭窄的输入开始，经过几次上采样，直至达到预期的尺寸。
- 上采样层通过重复每行和每列的输入像素来放大图像尺寸。
- GAN 网络的训练须通过两个平行通道分别训练鉴别器和组合网络。在组合网络中应冻结鉴别器的权重而只更新生成器的权重。
- GAN 的评估主要依赖于对生成器生成的图像质量的人工观测。其他的评价指标主要包括 Inception score 和 Fréchet inception distance (FID)。
- 除了创建新图像，GAN 还可用于文本生成图像、图像翻译、图像超分辨率等诸多应用场景中。

第 *9* 章

DeepDream和神经风格迁移

本章主要内容：

- 可视化 CNN 特征图
- 理解 DeepDream 算法并实现自己的"dream"
- 利用神经风格迁移算法生成艺术图像

在美术，尤其是绘画领域，人类已经能通过构建图像内容和风格之间复杂的相互作用关系来创造独特的视觉体验。到目前为止，这一过程的算法基础尚未被揭晓，也不存在具有类似能力的人工系统。如今，深度神经网络已经在目标分类和检测等视觉感知领域展示出了巨大的潜力，为什么不利用深度神经网络来创建艺术呢？本章将介绍一个基于深度神经网络构建的人工系统，它可以创建高感知质量的艺术图像。该系统利用神经表征对任意图像的内容和风格进行分离和重组，并为艺术图像的生成提供了一种神经算法。

本章将探索使用神经网络创建艺术图像的两种技巧：DeepDream 和神经风格迁移(neural style transfer)。我们首先将调查神经网络如何"看待"现实世界。前面章节已经讨论了在目标检测和分类问题中如何使用 CNN 提取特征，现在，我们要学习如何可视化抽取的特征图。原因之一是，这种可视化技术有助于理解 DeepDream 算法，另一方面，它帮助我们更好地理解神经网络在训练中的学习机制，从而针对分类和检测问题改进网络的性能。

接下来将讨论 DeepDream 算法。该技术的核心思想是将某一层的可见特征打印到输入图像上，以创建出一种梦境般的、充满迷幻意味的图像。最后，我们将探索神经风格迁移技术，它以两幅图像(一幅风格图像和一幅内容图像)作为输入并创建出一种新的组合图像，组合图像包含来自内容图像的布局和来自风格图像的纹理、颜色和模式。

这个讨论的重要性在于，这些技术帮助我们理解和呈现神经网络如何执行困难的分类和检测任务，并检查神经网络通过训练学习到了什么。在区分目标时，神经网络"思考过程"的可见性是一个重要的特征，它使研究者们能够直观地理解训练数据集中缺少的内容并据此改进网络的性能。

　　这些技术也激发了人类的好奇心：神经网络是否可以成为艺术家的工具，以一种新的方式结合视觉概念，甚至为创作过程提供灵光一现的启发？此外，这些算法也为理解人类如何创作和感知艺术图像提供了一条独特的途径。

9.1　打开 CNN 的黑盒

　　本书已经多次讨论了深度神经网络的神奇力量，尽管深度学习领域令人兴奋的消息铺天盖地，神经网络观察和解释世界的确切方式却仍然是一个黑盒。我们已经尝试解析了网络训练的工作机制，从数学上直观展示了网络通过多次迭代更新权重以优化损失函数的后向传播过程。在科学方面，这些听起来言之有理，但 CNN 究竟如何“看待”真实世界以及从各层中提取的“特征”？这个话题仍然有待探讨。

　　若能更深入地理解 CNN 识别特定模式或目标的原理，以及 CNN 表现如此出色的原因，有助于进一步提高它们的性能。此外，在业务方面，这也将解决“AI 可解释性(AI explainability)”问题。在许多情况下，商业领袖感到无法基于模型的预测结果做出决策，因为没有人能真正了解黑盒里究竟发生了什么。这正是本节的使命：打开 CNN 的黑盒并使网络各层所“见”可视化，从而使人类可以理解神经网络做出的决策。

　　在计算机视觉问题中，我们可以将卷积网络内部的特征图可视化，从而理解它们“眼中”的特征图，以及它们如何确定一个对象区别于另一个对象的独特特征。可视化卷积层的思想由 Erhan 等人于 2009 年[1]提出，本节将解释并在 Keras 中实现此概念。

9.1.1　CNN 工作原理回顾

　　在详细解释如何可视化 CNN 的激活图(特征图)之前先回顾一下 CNN 的工作原理：将数以百万计的样本送入网络以训练一个深度神经网络，然后，网络逐步更新其参数，直到获得想要的分类。网络通常由 10～30 层堆叠的人工神经元组成。每张图像都经由输入层传送到下一层，直至最终达到“输出层”。网络的预测由最终输出层产生。

　　神经网络的挑战之一，是理解每一层到底发生了什么。我们知道在训练之后，每一层逐步提取的图像特征的级别越来越高，直到最后一层基本决定了图像包含的内容。例如，第一层可能寻找边或角，中间层解译基本特征以寻找整体形状或组件，最后几层将这些组合成完整的解释。因此，这些神经元会对非常复杂的图像(如汽车或自行车)产生反应。

　　为了理解网络学习的成果，需要打开 CNN 的黑盒，实现特征图可视化。方法之一是将网络颠倒过来，并要求它以某种方式增强输入图像，以引出特定的解释。假定目标是了解哪种类型的图像会输出鸟类，可从一张充满随机噪声的图像开始，然后逐渐调整图像，直到出现神经网络认为的鸟的重要特征，如图 9-1 所示。

　　1 Dumitru Erhan、Yoshua Bengio、Aaron Courville 和 Pascal Vincent，“Visualizing Higher-Layer Features of a Deep Network”，University of Montreal 1341 (3)：2009 年第 1 期。网址为 http://mng.bz/yyMq。

输入：随机噪声　　　　　　　输出：可视化的滤波器

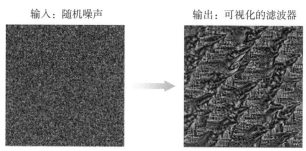

图 9-1　从一张充满随机噪声的图像开始，调整它，直到出现网络认为的"鸟的重要特征"

继续探究上述鸟的示例，了解如何可视化网络滤波器。从上述介绍可以看出，神经网络足够聪明，能够理解哪些是重要特征，并将其逐层传递，直至全连接层得到分类。在此过程中，不重要的特性被丢弃。简而言之，神经网络学习训练集中目标的特征。如果可以实现网络深层特征图的可视化，就能找到网络的关注点并揭秘被 CNN 用来产生决策的关键特征。

注意　François Chollet 的 *Deep Learning with Python*(Manning，2017 年；www.manning.com/books/deep-learning-with-python)对此过程的描述最贴切："你可以将深度网络想象成一个多级信息蒸馏操作，其中，信息经过连续的过滤，逐渐变为越来越纯净的输出。"

9.1.2　CNN 特征可视化

将卷积特征可视化的一种简单方法是：显示每个滤波器应当响应的视觉模式。这可以通过输入空间的梯度上升(gradient ascent)来实现。通过对输入图像施加梯度上升，可以从空白的输入图像开始，最大化特定滤波器的响应。最终的输入图像将是所选滤波器响应程度最大的图像。

梯度上升与梯度下降

梯度的一般定义：曲线在任意给定点的切线的斜率或变化率的函数。简单来说，梯度是经过该点的直线的斜率。下图是曲线上某些点的梯度的示例。

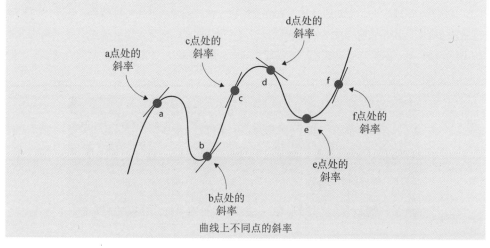

曲线上不同点的斜率

曲线的上升或下降取决于项目需求。第 2 章中讲到 GD 是一种算法，它通过梯度下降逐步寻找局部最小值(如最小化损失函数)，以降低误差函数。

可视化特征图则需要将这些特征最大化并显示在输出图像上。可以采用梯度上升算法(gradient ascent algorithm)逆转 GD 过程，从而使损失函数最大化。它采取与梯度成正比的步骤来接近该函数的局部最大值。

下面是本节最有趣的部分，在这个练习中，我们将在 VGGNet16 网络的开头、中间和结尾看到某些特征图可视化的示例。实现过程很简单(稍后将讨论)，在开始编写代码之前，先一睹这些可视化滤波器的"芳容"。

从图 9-1 展示的 VGG16 中输出第一层、中间层和深层的特征图：block1_conv1、block3_conv2 和 block5_conv3。图 9-2、图 9-3 和图 9-4 显示了特征在整个网络中演化的过程。

图 9-2　block1_conv1 滤波器产生的特征图的可视化

从图 9-2 可以看出，早期的层基本只给颜色和方向等低级的通用特征编码。这些方向和颜色滤波器在后续层中被组合成基本的网格和斑点纹理。这些纹理逐渐组合成越来越复杂的模式(如图 9-3 所示)：网络开始"看见"某些形成基本形状的图案。这些形状还不太容易辨认，但它们比之前的特征要清晰得多。

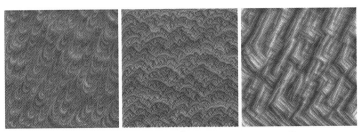

图 9-3　block3_conv2 滤波器产生的特征图的可视化

接下来是最激动人心的部分。在图 9-4 中可看出，网络找到了模式中的模式，这些特征包含可识别的形状。尽管网络依赖于一个以上的特征图进行预测，但我们可以仔细研究这些特征图并对图像的内容进行大胆猜测。在左图中，我可以看到眼睛，也许还有鸟喙的形状，因此我猜测这可能是鸟或者某种鱼。即便猜测不正确，也可以轻易消除汽车、船、建筑、自行车等大多数其他类别，因为我们可以清楚地看到眼睛，而这些类别都没有眼睛。同理，根据中间图像的模式，可以猜测这是某种链条，而右图看起来更像是食物或水果。

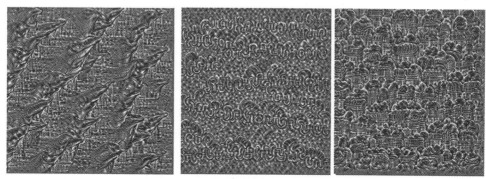

图 9-4　block5_conv3 滤波器产生的特征图的可视化

上述发现在分类和检测任务中有何帮助？以图 9-4 中最左侧的特征图为例，通过观察眼睛和鸟喙等可见特征，我可以将此理解为网络依赖于这两个特征来识别一只鸟。基于这个推断，我猜测它可以检测图 9-5 中的鸟类，因为鸟的眼睛和喙是可见的。

图 9-5　鸟的示例图像，眼睛和喙的特征可见

接下来考虑一个更具对抗性的情况：鸟的身体可见，但眼睛和喙被树叶覆盖(见图 9-6)。鉴于网络在鸟的识别中增大了眼睛和喙等特征的权重，因此这只鸟很有可能会被网络忽略，因为其主要特征被隐藏。另一方面，普通人却可以很容易地发现图像中的鸟。这个问题的解决方案是，使用某种数据增强技术并在训练数据集中放入更多的对抗性案例，以迫使网络在鸟类的其他特征(比如形状和颜色)上增大权重。

图 9-6　鸟类对抗性图像示例，鸟的眼睛和喙不可见，但人类可识别其身体

9.1.3　特征可视化工具的实现

看过了特征可视化的示例后，接下来可以亲自动手开发代码来可视化这些滤波器。本节将介绍 Keras 官方文档中 CNN 可视化代码的实现，并进行一些小调整[1]。你将学习如何生成使所选特征图的平均激活最大化的模式。你可以在 Keras 的 GitHub 仓库中看到完整的代码(http://mng.bz/Md8n)。

> **注意**　如果直接运行本节中的代码片段，系统会报错。这些代码片段意在说明本节主旨。建议你从本书的可下载资源中下载所有可执行的代码。

首先，从 Keras 库中加载 VGG16 模型。为此，先导入 VGG16，然后加载模型(该模型在 ImageNet 数据集上预训练，不包含网络顶部的分类全连接层)。

从 Keras 中导入 VGG 模型

```
from keras.applications.vgg16 import VGG16
model = VGG16(weights='imagenet', include_top=False)
```

加载模型

查看 VGG16 所有层的名称和输出形状，以便选择待可视化的特定层。

---

1 François Chollet，"How Convolutional Neural Networks See the World"，Keras 博客，2016 年，https://blog.keras.io/category/demo.html。

```
for layer in model.layers:        ← 循环遍历模型的各层
    if 'conv' not in layer.name:        ← 检查是否存在卷积层
        continue
    filters, biases = layer.get_weights()        ← 获取滤波器的权重
    print(layer.name, layer.output.shape)
```

运行上述代码后，将获得如图 9-7 所示的输出，这是 VGG16 网络中包含的所有卷积层。可通过引用各层名称来可视化所有输出，下一段代码中有示例。

```
block1_conv1        (None, None, None, 64)
block1_conv2        (None, None, None, 64)
block2_conv1        (None, None, None, 128)
block2_conv2        (None, None, None, 128)
block3_conv1        (None, None, None, 256)
block3_conv2        (None, None, None, 256)
block3_conv3        (None, None, None, 256)
block4_conv1        (None, None, None, 512)
block4_conv2        (None, None, None, 512)
block4_conv3        (None, None, None, 512)
block5_conv1        (None, None, None, 512)
block5_conv2        (None, None, None, 512)
block5_conv3        (None, None, None, 512)
```

图 9-7　输出显示了下载的 VGG16 网络中的卷积层

假定可视化第一个卷积层：block1_conv1。注意，该层含有 64 个滤波器，每个滤波器都有一个值为 0~63 的索引(称为 filter_index)。定义损失函数以使特定层(layer_name)的特定滤波器(filter_index)的激活值最大化，并使用 Keras 的后端函数 gradients 计算梯度，同时归一化梯度以避免极大值和极小值，确保梯度的平缓上升。

以下代码片段实现梯度上升：定义损失函数，计算梯度并将梯度归一化。

```
from keras import backend as K

layer_name = 'block1_conv1'
filter_index = 0          ← 定义想要可视化的滤波器。它可以是 0~63 的任何整数，因为该层有 64 个滤波器

layer_dict = dict([(layer.name, layer) for layer in model.layers[1:]])          ← 获取每个关键层的符号(每层都被赋予了唯一名称)

layer_output = layer_dict[layer_name].output
loss = K.mean(layer_output[:, :, :, filter_index])          ← 构建损失函数，使所选层的第 n 个滤波器的激活最大化

grads = K.gradients(loss, input_img)[0]          ← 计算输入图像相对于损失的梯度

grads /= (K.sqrt(K.mean(K.square(grads))) + 1e-5)

iterate = K.function([input_img], [loss, grads])          ← 该函数返回指定输入图像的损失和梯度
```

梯度归一化

使用刚刚定义的 Keras 函数使滤波器激活损失实现梯度上升。

从带有噪声的灰度图开始

```python
import numpy as np

input_img_data = np.random.random((1, 3, img_width, img_height)) * 20 + 128
for i in range(20):
    loss_value, grads_value = iterate([input_img_data])
    input_img_data += grads_value * step
```

运行 20 步的梯度上升

上述代码完成了梯度上升。接下来需要构建一个将张量转换为有效图像的函数，将其命名为 deprocess_image(x)，并将图像保存到磁盘上，以便浏览。

```python
from keras.preprocessing.image import save_img

def deprocess_image(x):
    x -= x.mean()
    x /= (x.std() + 1e-5)
    x *= 0.1

    x += 0.5
    x = np.clip(x, 0, 1)

    x *= 255
    x = x.transpose((1, 2, 0))
    x = np.clip(x, 0, 255).astype('uint8')
    return x
```

张量归一化：以 0 为中心，并确保标准差为 0.1

将数组中的元素限制在 0 和 1 之间

转换成 RGB 数组

```python
img = input_img_data[0]
img = deprocess_image(img)
imsave('%s_filter_%d.png' % (layer_name, filter_index), img)
```

输出结果应该类似于图 9-8。

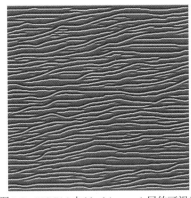

图 9-8　VGG16 中 block1_conv1 层的可视化

你可以尝试可视化更深层的滤波器，如 block2 和 block3，以查看网络提取的模式中的模式的更多细节特征。在最高层((block5_conv2、block5_conv3)，你可以识别到羽毛、眼睛等用来实现目标分类的纹理。

9.2 DeepDream

DeepDream 由 Google 的研究者 Alexander Mordvintsev 等人于 2015 年[1]开发。这是一种艺术性的图像修饰技术，使用 CNN 创建梦境般引起幻觉的图像，如图 9-9 所示。

图 9-9　DeepDream 输出图像

图 9-10 展示了原始的输入图像，以供对比。原始图像是一张来自海洋的风景图片，包含两只海豚和其他生物。DeepDream 将两只海豚合并到一个对象中，并将其中一张脸改得类似于狗脸，其他对象也以艺术的方式变形，海洋背景变得具有边缘般的纹理。

图 9-10　DeepDream 输入图像

---

1 Alexander Mordvintsev、Christopher Olah 和 Mike Tyka，"Deepdream—A Code Example for Visualizing Neural Networks"，Google AI 博客，2015 年，http://mng.bz/aROB。

　　DeepDream 很快在互联网上引起了轰动，这要归功于它生成的令人迷惑的图片，其中充斥着算法人工制品、鸟类羽毛、狗的脸和眼睛。这些人工制品是 DeepDream 卷积在 ImageNet 上训练后所得的副产品，在 ImageNet 上，狗和鸟类的图片所占比例实在太大了。如果使用另一种网络在汽车等其他目标大量分布的数据集上进行预训练，那么输出图像将呈现出汽车的特征。

　　该项目起初是一个有趣的实验，它反向运行 CNN 并使用第 9.1 节中介绍的卷积滤波可视化技术来处理特征图，过程如下：反向运行 CNN，然后对输入进行梯度上升以最大限度地激活 CNN 上层的特定滤波器。DeepDream 基于上述思想做了微调。

- 输入图像：滤波器的可视化不使用输入图像，而是从一张空白图像(或有轻微噪声的图像)开始，然后最大限度地激活卷积层滤波器来查看它们的特征。在 DeepDream 中使用输入图像的目的是将这些可视化特征打印到图像上。

- 最大化滤波器与层：顾名思义，滤波器的可视化只最大化某一层内特定滤波器的激活程度，但在 DeepDream 中，目标是最大化所有层的激活程度以便一次混合大量特征。

- 八度(octave)：在 DeepDream 中，输入图像在不同的尺度上处理。这种尺度被称为八度，目的是提高可视化特征的质量。稍后会解释此过程。

9.2.1　DeepDream 算法的工作原理

　　同滤波器可视化技术相似，DeepDream 使用一个在大型数据集上预训练的网络。Keras 库中有许多可用的预训练卷积网络，包括 VGG16、VGG19、Inception、ResNet 等。可以在 DeepDream 实现中使用这些网络中的任意一种，甚至可以自行训练自定义网络，并将其用于 DeepDream 算法中。直观而言，网络和预训练数据的选择将影响可视化的结果，因为不同的神经网络架构和不同的训练数据集均会产生不同的学习特征。

　　DeepDream 的创建者们使用了 Inception 模型，因为他们发现，在实践中它能产生漂亮的"梦"。因此本章将使用 Inception v3 模型。建议你尝试不同的模型来观察差异。

　　DeepDream 的总体想法是，将输入图像送入预训练的神经网络，如 Inception v3 模型。在某一层计算梯度，以了解如何改变输入图像以最大化该层的值。继续迭代 10 次、20 次或 40 次，直到完成训练，模式开始出现在输入图像中，如图 9-11 所示。

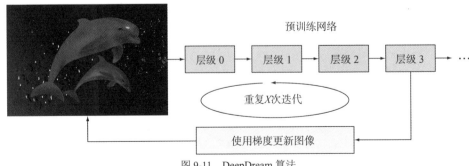

图 9-11　DeepDream 算法

上述理论在大多数情况下行之有效，有一种情况例外：如果预训练网络基于小尺寸的图像(如ImageNet)进行训练，那么当输入图像比较大(如1000×1000)时，DeepDream 算法将在图像中打印出许多看起来更像噪声而非艺术的小图案(模式)，这是因为提取的所有特征都很小。为了解决这个问题，DeepDream 算法使用被称为 octave 的方法在不同尺度上处理输入图像。

octave(八度)只是音阶里一种华丽的表述，在深度学习的语境里，其想法是通过一定的间隔对输入图像应用 DeepDream 算法。先将图像缩小几次，使之变为不同的尺寸，缩小的次数是可配置的。对每个间隔执行以下操作。

(1) 注入细节：为避免图像细节丢失，在每次放大操作之后将丢失的细节重新注入图像中，以创建一个混合图像。

(2) 应用 DeepDream 算法：将混合图像送入 DeepDream 算法。

(3) 执行下一轮放大。

如图 9-12 所示，从大的输入图像开始，将其缩小两次，得到音阶 3 上的小图像。在第一个间隔中使用 DeepDream 时，不必注入细节，因为输入图像是没有被放大过的原始图像。让图像经过 DeepDream 算法并将输出放大，放大后细节丢失，导致图像越来越模糊或像素化，因此需要在音阶 2 阶段从输入图像注入细节，然后让混合图像继续通过 DeepDream 算法。再次运行同样的放大、细节注入、DeepDream 算法的过程，以得到最终的结果图像。这个过程会递归地进行多次迭代，直到输出令你满意的图像为止。

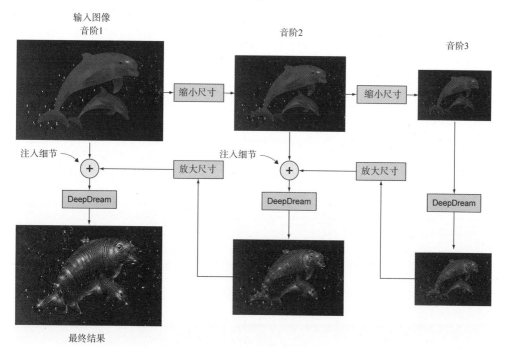

图 9-12　DeepDream 过程：连续的图像尺寸缩小(被称为 octave)、细节注入、放大到下一个音阶

DeepDream 的参数设置如下。

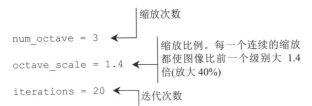

```
num_octave = 3        ←────── 缩放次数

                             缩放比例。每一个连续的缩放
octave_scale = 1.4    ←────  都使图像比前一个级别大 1.4
                             倍(放大 40%)

iterations = 20       ←───── 迭代次数
```

了解了 DeepDream 算法的工作原理后，接下来看一下 Keras 中的 DeepDream 实现。

9.2.2　DeepDream 的 Keras 实现

下面基于 Keras 的官方文档(https://keras.io/examples/generative/deep_dream/)和 François Chollet 的书籍 *Deep Learning with Python* 中的代码实现 DeepDream 算法，并在 Jupyter Notebooks 中运行调整后的代码(稍后解释该代码)。

```
import numpy as np                                        禁用所有训练操作，因
from keras.applications import inception_v3               为此处不会对模型进
from keras import backend as K                            行任何训练
from keras.preprocessing.image import save_img

K.set_learning_phase(0)     ←───────

model = inception_v3.InceptionV3(weights='imagenet', include_top=False)  ←──

                                                    下载预训练的 Inception v3 模
                                                    型，但不包含它的顶部部分
```

定义字典来指定生成梦境(dream)的层。为此，先打印模型摘要来查看所有层并选择层名。

```
model.summary()
```

Inception v3 网络非常深，打印出来的摘要也非常长。为简单起见，图 9-13 显示了网络的少数几层。

Layer (type)	Output Shape	Param #
activation_20 (Activation)	(None, None, None, 60	batch_normalization_20[0][0]
activation_22 (Activation)	(None, None, None, 60	batch_normalization_22[0][0]
activation_25 (Activation)	(None, None, None, 90	batch_normalization_25[0][0]
activation_26 (Activation)	(None, None, None, 60	batch_normalization_26[0][0]
mixed2 (Concatenate)	(None, None, None, 20	activation_20[0][0] activation_22[0][0] activation_25[0][0] activation_26[0][0]

图 9-13　Inception v3 模型摘要的部分示例

所选的层以及它们对最终损失的贡献对于梦境图产生的视觉效果影响重大，因此最好将这

两个参数设置为可配置的。创建一个包含层名和各自权重的字典，以定义将对梦境图产生影响的层。层的权重越大，对梦境图的影响就越大。

```
layer_contributions = {
                        'mixed2': 0.4,
                        'mixed3': 2.,
                        'mixed4': 1.5,
                        'mixed5': 2.3,
                      }
```

以上是我们试图最大化激活的各层的名称。注意，若更改本字典中的层，将产生不同的梦境图。你可以尽情尝试不同的层及相应的权重。本项目将从一个随机配置开始，向字典中添加 mixed2、mixed3、mixed4 和 mixed5 这 4 层及其权重。为了顺利进行本项目，请记住之前的内容：较低级别的层可以用来生成边缘和简单的几何图案，而高级别的层可用于注入具有迷幻感的视觉图案，如狗、猫和鸟的变形图等。

接下来定义一个包含损失的张量，它是各层激活的 L2 范数的加权和。

将层名映射到层的实例的字典

```
layer_dict = dict([(layer.name, layer) for layer in model.layers])

loss = K.variable(0.)
```

通过向标量变量添加层的贡献值来定义损失

```
for layer_name in layer_contributions:
    coeff = layer_contributions[layer_name]
    activation = layer_dict[layer_name].output
    scaling = K.prod(K.cast(K.shape(activation), 'float32'))

    loss = loss + coeff *
    K.sum(K.square(activation[:, 2: -2, 2: -2, :])) / scaling
```

将层的特征的 L2 范数添加到损失中。通过仅在损失中引入非边缘像素来避免边缘伪影

接下来计算损失，即应在梯度上升过程中最大化的数。滤波器的可视化需要最大化特定层的特定滤波器的值，这里将同时最大限度地激活多个层中的所有滤波器。具体来说，将最大化一组高级别层的激活的 L2 范式加权和。

用于保存生成的图像的张量

```
dream = model.input
```

计算梦境图相对于损失的梯度

```
grads = K.gradients(loss, dream)[0]
```

归一化梯度

```
grads /= K.maximum(K.mean(K.abs(grads)), 1e-7)

outputs = [loss, grads]
fetch_loss_and_grads = K.function([dream], outputs)
```

设置一个 Keras 函数来检索给定输入图像的损失值和梯度

```
def eval_loss_and_grads(x):
    outs = fetch_loss_and_grads([x])
```

```
    loss_value = outs[0]
    grad_values = outs[1]
    return loss_value, grad_values

def gradient_ascent(x, iterations, step, max_loss=None):
    for i in range(iterations):
    loss_value, grad_values = eval_loss_and_grads(x)
    if max_loss is not None and loss_value > max_loss:
        break
    print('...Loss value at', i, ':', loss_value)
    x += step * grad_values
return x
```

运行若干次梯度上升过程

DeepDream 算法的开发过程如下。

(1) 加载输入图像。

(2) 定义缩放次数(从最小到最大)。

(3) 将输入图像缩放到最小。

(4) 对于每次放大，从最小尺寸开始，应用以下方法：

　　① 梯度上升函数

　　② 放大到下一个尺寸

　　③ 重新注入在放大过程中丢失的细节

(5) 当图像恢复到原始大小时停止上述过程。

首先设置算法参数，注意，可调整这些参数以得到不同的效果。

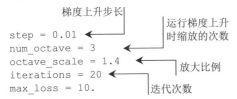

```
step = 0.01
num_octave = 3
octave_scale = 1.4
iterations = 20
max_loss = 10.
```

梯度上升步长

运行梯度上升时缩放的次数

放大比例

迭代次数

下面定义用来创建梦境图(dream)的输入图像。本示例使用了旧金山金门大桥的图像(见图 9-14)，你可以将其换成自己喜欢的图像。图 9-15 显示了 DeepDream 的输出结果。

图 9-14　输入图像示例

图 9-15　DeepDream 的输出

以下是 Keras 中的代码:

```
base_image_path = 'input.jpg'                    ◄────┐ 定义输入图像的路径
img = preprocess_image(base_image_path)               │
original_shape = img.shape[1:3]

successive_shapes = [original_shape]

for i in range(1, num_octave):
    shape = tuple([int(dim / (octave_scale ** i)) for dim in original_shape])

    successive_shapes.append(shape)

successive_shapes = successive_shapes[::-1]

original_img = np.copy(img)

shrunk_original_img = resize_img(img, successive_shapes[0])

for shape in successive_shapes:

    print('Processing image shape', shape)

    img = resize_img(img, shape)
    img = gradient_ascent(img, iterations=iterations, step=step,
                          max_loss=max_loss)
    upscaled_shrunk_original_img = resize_img(shrunk_original_img, shape)
    same_size_original = resize_img(original_img, shape)
    lost_detail = same_size_original - upscaled_shrunk_original_img
    img += lost_detail
    shrunk_original_img = resize_img(original_img, shape)

    phil_img = deprocess_image(np.copy(img))
    save_img('deepdream_output/dream_at_scale_' + str(shape) + '.png', phil_img)

final_img = deprocess_image(np.copy(img))        ◄────┐ 将结果存入硬盘
save_img('final_dream.png', final_img)                │
```

9.3　神经风格迁移

到目前为止,我们已经学习了如何在网络中可视化特定的滤波器,以及如何使用 DeepDream 算法来处理输入图像的特征,从而生成类似梦境的迷幻图像。本节将探索一种新的艺术形式:由卷积网络使用神经风格迁移来创建艺术形象。这是一种将风格从一幅图像转移到另一幅图像的技术。

神经风格迁移算法的目标是,将一幅图像(风格图像,style image)的风格应用到另一幅图像(内容图像,content image)的内容中。风格(style)在这里指图像中的纹理、颜色和其他视觉模式,而内容(content)是图像的更高层次的宏观结构,其结果是一个既包含内容图像的内容又包含风格图像的样式的组合图像。

例如，如图 9-16 所示，内容图像中的对象(如海豚、鱼和植物)在组合图像中得以保留，但其样式与风格图像中的特定纹理(蓝色和黄色的笔画)保持一致。

内容图像    风格图像    组合图像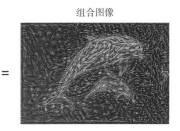

图 9-16   神经风格迁移示例

神经风格迁移的概念由 Leon A. Gatys 等人于 2015 年[1]提出。风格迁移的概念与纹理生成密切相关。在此之前，风格迁移在图像处理领域已经有了很长的历史，但事实证明，以 DL 为基础的风格迁移所带来的效果往往是传统 CV 技术所无法比拟的，前者引发了 CV 应用领域的惊人复兴。

在各种创造艺术的神经网络技术(如 DeepDream)中，风格迁移深得我心。DeepDream 可以创造梦幻般的炫酷图像，但有时也令人不安，而且，作为一名 DL 工程师，想要有意识地创造出一幅停留在脑海中的特定艺术作品，其实并不容易，风格迁移却可以综合你想要的图像内容和最喜欢的绘画风格来创建你想象的东西。这是一种相当酷的技术，如果由美术工程师使用，就可以创造出与专业画家的作品不相上下的美丽艺术品。

风格迁移的主要思想与第 2 章中描述的所有 DL 算法的核心思想相同：先定义一个损失函数来明确目标，然后优化损失函数。风格迁移的目标是：保留原始图像的内容，同时采用风格图像的样式。因此问题简化为：用数学表达式来定义内容和风格，然后定义一个适当的损失函数并实现最小化。

定义损失函数的关键理念是，保留来自一张图像的内容和来自另一张图像的风格。

- 内容损失(content loss)：计算内容图像和组合图像之间的损失。若最小化该损失，则意味着组合图像将拥有更多来自原始图像的内容。
- 风格损失(style loss)：计算风格图像和组合图像之间的损失。若最小化该损失，则意味着组合图像将具有与风格图像相似的风格。
- 噪声损失(noise loss)：即总变分损失(total variation loss)。它衡量组合图像的噪声，若最小化该损失，则意味着创建一个具有更高空间平滑度(higher spatial smoothness)的图像。

下面是总损失的计算方程：

```
total_loss = [style(style_image) - style(combined_image)] +
    [content(original_image) - content(combined_image)] + total_variation_loss
```

---

1 Leon A. Gatys、Alexander S. Ecker和Matthias Bethge，"A Neural Algorithm of Artistic Style"，2015年，http://arxiv.org/abs/1508.06576。

> **注意**　Gatys 等人(2015 年)提出的迁移学习并不包含总变分损失。经过实验，研究人员发现，引入空间平滑度概念时，网络会产生美学上更令人愉悦的输出。

从总体上了解了神经风格迁移算法的工作原理后，接下来深入研究每种损失，探讨其推导公式及其在 Keras 中的代码实现，以便了解如何训练风格迁移网络来最小化刚刚定义的 total_loss 函数。

9.3.1　内容损失

内容损失(content loss)衡量的是两张图片在主题和内容布局上的差异度，换句话说，相比于包含完全不同场景的两幅图像，包含相似场景的两幅图像应该拥有更小的损失值。图像主题和内容布局的衡量基于卷积神经网络中高级特征(如海豚、植物和水)的图像评分。识别这些特征的能力是深度神经网络的前提：这些网络被训练用来提取图像的内容，并通过识别前几层网络的简单特征中的模式来学习更深层次的高级特征。换句话说，需要一个经过预训练的深度神经网络来提取内容图像的高级特征。

测量内容图像和组合图像之间的均方误差以计算内容损失。为了尽量减小均方误差，网络试图添加更多内容到组合图像上，使其与原始的内容图像越来越相似。

$$\text{content loss} = \frac{1}{2}\sum[\text{content(original\_image)} - \text{content(combined\_image)}]^2$$

最小化内容损失以确保在组合图像中保留并创建了原始图像的内容。为了计算内容损失，将内容和风格图像输入预训练网络，并选择一个较深的层来提取高级特征。然后计算两个图像之间的均方误差，下面展示了 Keras 中两个图像之间的内容损失的计算方法。

> **注意**　本节中的代码片段改编自 Keras 官方文档中的神经风格迁移示例(https://keras.io/examples/generative/neural_style_transfer)。如果你想重新创建这个项目并尝试不同的参数，不妨以 Keras 的 GitHub 仓库(http://mng.bz/GVzv)作为起点，或者运行本书提供的可下载的改编代码。

首先定义 2 个 Keras 变量来保存内容图像和风格图像，然后创建一个占位符张量。它将包含生成的组合图像。

```
content_image_path = '/path_to_images/content_image.jpg'   内容和风格
style_image_path = '/path_to_images/style_image.jpg'       图像的路径

content_image = K.variable(preprocess_image(content_image_path))
style_image = K.variable(preprocess_image(style_image_path))      获取图像的
combined_image = K.placeholder((1, img_nrows, img_ncols, 3))      张量表示
```

将上述三幅图像连接成一个输入张量并将其输入 VGG19。注意，加载 VGG19 模型时将 include_top 参数设置为 False，因为此任务不需要分类的全连接层，而只关心网络的特征提取部分。

```
input_tensor = K.concatenate([content_image, style_image,
                              combined_image], axis=0)
model = vgg19.VGG19(input_tensor=input_tensor,
                    weights='imagenet', include_top=False)
```

将三幅图像组合成一个 Keras 张量

构建 VGG19 网络，以三幅图像作为输入。模型将加载预训练的 ImageNet 权重

与第 9.1 节中的做法类似，现在需要选择用于计算内容损失的网络层。我们想要选择一个深层的网络以确保它包含高级特征。如果选择网络的早期层(如 block1 或 block2)，网络将无法迁移原始图像上的所有内容，因为早期的层仅提取线、边缘和斑点等低级特征。本示例选择 block5 中的第 2 卷积层(block5_conv2)。

```
outputs_dict = dict([(layer.name, layer.output) for layer in model.layers])
layer_features = outputs_dict['block5_conv2']
```

获取每个关键层(含唯一名称)的符号化输出

现在可以从选中的层中提取特征(选中的层包含在输入张量中)：

```
content_image_features = layer_features[0, :, :, :]
combined_features = layer_features[2, :, :, :]
```

最后，创建 content_loss 函数以计算内容图像和组合图像之间的均方误差；创建一个辅助的损失函数，用于保存 content_image 的特征，并将其迁移至 combined_image：

```
def content_loss(content_image, combined_image):
    return K.sum(K.square(combined - base))

content_loss = content_weight * content_loss(content_image_features,
                                             combined_features)
```

内容图像与组合图像之间的均方误差函数

content_loss 通过权重参数进行缩放

权重参数(weighting parameter)

本代码示例将涉及以下权重参数：content_weight、style_weight 和 total_variation_ weight。这些是作为网络输入而设置的缩放参数，如下所示：

```
content_weight = content_weight
total_variation_weight = tv_weight
style_weight = style_weight
```

这些权重参数描述输出图像中内容、风格和噪声的重要性。例如，如果设置 style_weight =100 和 content_weight=1，就意味着愿意牺牲一些内容来实现更艺术化的风格迁移。另外，total_variation_ weight 越大，空间平滑度越高。

9.3.2　风格损失

正如前面提到的，风格在这里指的是图像中的纹理、颜色和其他视觉模式。

1. 用多层表示多个风格特征

定义风格损失比定义内容损失更有挑战性。对于内容损失，只需要关心从更深的层级中提取的更高级的特征，因此从 VGG19 网络中选择其中一层来保留特征即可；而对于风格损失，需要选择多层来获取图像风格的多尺度表达，因此要获取较低层次、中等层次和较高层次的图像风格，以捕获风格图像的纹理和样式，并排除内容图像中对象的全局排列。

2. 用格拉姆矩阵来测量联合激活的特征图

格拉姆矩阵(gram matrix)是一种测量两个特征图之间联合激活程度的数值测量方法，目标是构建一个损失函数，在 CNN 中捕获多层样式和纹理。为此，需要计算 CNN 中激活层之间的相关性。这种相关性可以通过计算激活之间的格拉姆矩阵，即特征相关的外积(feature-wise outer product)得到。

为计算特征图的格拉姆矩阵，将特征图扁平化并计算点积：

```
def gram_matrix(x):
    features = K.batch_flatten(K.permute_dimensions(x, (2, 0, 1)))
    gram = K.dot(features, K.transpose(features))
    return gram
```

接下来构建 style_loss 函数。它为风格图像和组合图像的各层计算格拉姆矩阵，然后通过计算误差平方和来比较它们之间的风格和纹理的相似性。

```
def style_loss(style, combined):
    S = gram_matrix(style)
    C = gram_matrix(combined)
    channels = 3
    size = img_nrows * img_ncols
    return K.sum(K.square(S - C)) / (4.0 * (channels ** 2) * (size ** 2))
```

本示例将计算 5 层的风格损失，即 VGG19 网络的 5 个 block 中每一个 block 的第 1 个卷积层(注意，如果更改了特征层，网络将保留不同的风格)。

```
feature_layers = ['block1_conv1', 'block2_conv1',
                  'block3_conv1', 'block4_conv1',
                  'Block5_conv1']
```

最后，遍历 feature_layers 以计算风格损失：

```
for layer_name in feature_layers:
    layer_features = outputs_dict[layer_name]
    style_reference_features = layer_features[1, :, :, :]
    combination_features = layer_features[2, :, :, :]
    sl = style_loss(style_reference_features, combination_features)
    style_loss += (style_weight / len(feature_layers)) * sl
```

通过权重参数和计算风格损失的层数来缩放风格损失

在训练过程中，该网络致力于将输出图像(组合图像)的风格与输入图像(风格图像)的风格之间的损失最小化，这将迫使组合图像的风格与风格图像相关联。

9.3.3　总变分损失

总变分损失(total variance loss)用于衡量组合图像中的噪声。网络的目标是使该损失函数最小化，从而使输出图像中的噪声最小化。

创建 total_variation_loss 函数来计算图像中的噪声，步骤如下：

(1) 将图像向右移动一个像素，并计算迁移图像与原始图像之间的误差的平方和。

(2) 重复步骤(1)，这次将图像向下移动一个像素。

a 和 b 这两个术语(代码中可见)的和即总变分损失。

```
def total_variation_loss(x):
    a = K.square(
        x[:, :img_nrows - 1, :img_ncols - 1, :] - x[:, 1:, :img_ncols - 1, :])
    b = K.square(
        x[:, :img_nrows - 1, :img_ncols - 1, :] - x[:, :img_nrows - 1, 1:, :])

    return K.sum(K.pow(a + b, 1.25))

tv_loss = total_variation_weight * total_variation_loss(combined_image) ←
```

通过权重参数缩
放总变分损失

最后，计算问题的总损失，即内容、风格和总变分损失的总和。

```
total_loss = content_loss + style_loss + tv_loss
```

9.3.4　网络训练

为问题定义了总损失函数后，接下来可以运行 GD 优化器来最小化这个损失函数。首先，创建一个对象类 Evaluator，其中包含计算总损失的方法(如前所述)，以及损失相对于输入图像的梯度。

```
class Evaluator(object):
    def __init__(self):
        self.loss_value = None
        self.grads_values = None

    def loss(self, x):
        assert self.loss_value is None
        loss_value, grad_values = eval_loss_and_grads(x)
        self.loss_value = loss_value
        self.grad_values = grad_values
        return self.loss_value

    def grads(self, x):
```

```
        assert self.loss_value is not None
        grad_values = np.copy(self.grad_values)
        self.loss_value = None
        self.grad_values = None
        return grad_values

evaluator = Evaluator()
```

接下来在训练过程中使用 Evaluator 类的相关方法。为最小化总损失函数，使用基于 SciPy (https://scipy.org/scipylib)的优化方法 scipy.optimize.fmin_l_bfgs_b：

```
from scipy.optimize import fmin_l_bfgs_b
                                        ┌──  训练 1000 轮
Iterations = 1000  ◄────────────┤
                                        └──
x = preprocess_image(content_image_path) ◄──
```

训练过程初始化。content_image 作为组合图像的第一次迭代

```
for i in range(iterations):
    x, min_val, info = fmin_l_bfgs_b(evaluator.loss, x.flatten(),
                                     fprime=evaluator.grads, maxfun=20)
    img = deprocess_image(x.copy())
    fname = result_prefix + '_at_iteration_%d.png' % i
    save_img(fname, img)
```

保存当前生成的图像

对生成图像的像素运行基于 SciPy 的优化方法(L-BFGS)，以使总损失最小化

提示　在训练你自己的神经风格迁移网络时，请记住，内容图像不需要高级别的细节内容就能表现得更好，并且可以创造出视觉上有吸引力或者有辨识度的艺术图像，这是众所周知的。此外，包含大量纹理的风格图像比单调的风格图像要好：单调的图像(如白色背景)不会产生艺术的审美效果，因为没有太多的纹理可以迁移。

9.4　本章小结

- CNN 通过连续的滤波器从训练集中学习信息。网络的各层处理不同抽象级别的特征，因此生成特征的复杂度取决于该层在网络中的位置。早期的层学习低级的特征；网络的层级越深，提取的特征的可辨识度就越强。

- 完成网络训练以后，就可以反向运行它以稍微调整原始图像，以便某个给定的输出神经元(比如人脸或者某种动物的神经元)产生更高的置信度得分。可将这种技术用于可视化，以更好地理解神经网络的层级结构，这也是 DeepDream 概念的基础。

- DeepDream 在不同尺度(被称为 octave)上对输入图像进行处理。让图像通过每一个尺度，重新注入图像细节，并将其传入 DeepDream 算法。然后将图像放大到下一个音阶。

- DeepDream 算法类似于滤波器可视化算法，DeepDream 反向运行卷积神经网络，并基

于网络提取的特征表征生成输出。

- DeepDream 与滤波器可视化的区别在于，DeepDream 需要一个输入图像并最大化整个层，而不是某个层内特定的滤波器。这使得 DeepDream 可以一次混合大量特征。

- DeepDream 并非特定于图像，它还可以用于语音、音乐等更多场景。

- 神经风格迁移是一种技术。可利用该技术训练网络，使其保留风格图像的风格(纹理、颜色、模式等)和内容图像的内容，然后创建一个将两者完美融合的新组合图像。

- 直观而言，如果最小化内容、风格和总变分损失，我们将从内容图像和风格图像中得到一幅包含低方差和低噪声的新图像。

- 不同的内容权重、风格权重和总变分权重将导致迥异的结果。

第 *10* 章

视觉嵌入

由 Ratnesh Kumar[1]撰写

本章主要内容:

- 通过损失函数表达图像之间的相似性
- 训练 CNN 以获得预期的高准确率嵌入函数
- 在实际应用中使用视觉嵌入

怎样才能获取图像之间有意义的关系? 该功能是人脸识别和图像搜索等应用的重要组成部分, 这些应用与我们的日常生活息息相关。为解决此类问题, 需要构建一种从图像中提取相关特征并利用这些特征进行比较的算法。

前面章节讲到如何使用 CNN 来提取图像中有意义的特征, 本章将基于对 CNN 的理解来(联合)训练视觉嵌入层(visual embedding layer)。在本章的上下文中, 视觉嵌入是指附加在 CNN 中的最后一个全连接层(在 loss 层之前)。联合训练(joint training)是指同时训练嵌入层和 CNN 共有的参数。

本章探讨大规模图像查询检索系统(如可视化嵌入的应用)中训练和使用视觉嵌入的具体细节(见图 10-1)。为了完成这项任务, 首先将图像数据库投影(嵌入, embed)到一个向量空间(vector space), 然后通过测量图像在该向量空间中的 pairwise 距离来执行图像之间的比较。这是视觉嵌入系统的总体思想。

---

1 Ratnesh Kumar 于 2014 年从法国 Inria(法国国家信息与自动化研究所)的 STARS 团队获得博士学位。在攻读博士学位期间, 他专注于视频理解领域的视频分割和多目标跟踪的研究。他还获得了印度曼尼帕大学(Manipal University)的工程学士学位, 以及盖恩斯维尔的佛罗里达大学(University of Florida at Gainesville)的理学硕士学位, 并与人合著了几本关于视觉嵌入(以在相机网络中重新识别物体)的科学出版物。

图 10-1　日常生活中使用视觉嵌入应用程序的示例：比较两个图像的机器(左)；查询数据库以查找与
输入图像类似的图像(右)。图像比较对于图像搜索领域来说是一项意义非凡的任务

定义　嵌入(embedding)是一种向量空间，其维数通常小于输入空间，并保留了输入空间中相
　　　对的相异性。向量空间(vector space)和嵌入空间(embedding space)这两个术语可以互换
　　　使用。在本章的上下文中，预训练的 CNN 的最后一个全连接层即向量(嵌入)空间。例
　　　如，一个含有 128 个神经元的全连接层对应于 128 维的向量空间。

　　为了在图像之间进行可靠的比较，嵌入函数需要捕获必需的输入相似性度量。嵌入函数可
以通过各种方法学习，最流行的方法之一是使用深度神经网络。图 10-2 展示了使用 CNN 创建
嵌入的总体流程。

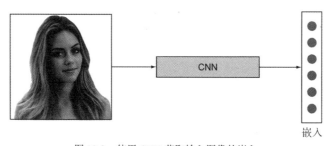

嵌入

图 10-2　使用 CNN 获取输入图像的嵌入

　　后续小节将探讨在大型查询检索系统中使用视觉嵌入的应用程序示例。然后，更深入地研
究视觉嵌入系统的不同组成部分：损失函数、信息数据的挖掘、嵌入网络的训练和测试。随后
使用这些概念构建本章中有关视觉嵌入的查询检索系统项目，并探索各种方法来提升网络准确
率。本章最后将介绍如何训练 CNN 以获取可靠且有意义的嵌入，并在实际中应用。

10.1　视觉嵌入的应用

　　下面探讨一些使用视觉嵌入概念的实用日常信息检索算法。根据给定输入查询条件来检索

相似图像的重要应用包括人脸识别(face recognition，FR)、图片推荐(image recommendation)和目标重识别系统(object re-identification system)。

10.1.1　人脸识别

人脸识别(FR)用于自动识别或标记图像中人的确切身份，日常应用包括在网上搜索名人，在图片中自动标记朋友和家人，等等。识别是一种细粒度图像分类。《人脸识别手册》(*The Handbook of Face Recognition*)[1]将 FR 系统分为两种模式(如图 10-3 所示)。

- **人脸识别(face identification)**：一对多匹配，将查询人脸图像与数据库中的所有模板图像进行比较，以确定查询人脸的身份。例如，政府管理人员可以检查监视列表，将输入图片与犯罪嫌疑人列表进行匹配(一对多匹配)。另一个有趣的应用是社交网络平台推出的，可将包含用户的照片自动标记出来。
- **人脸验证(face verification)**：一对一匹配，将查询人脸图像与声明身份的模板人脸图像进行比较。

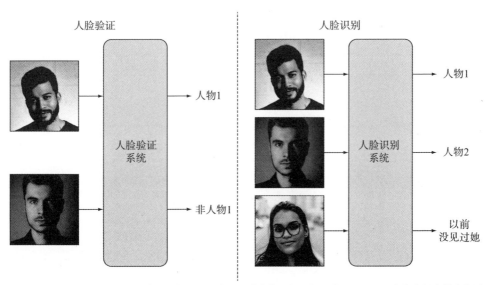

图 10-3　人脸验证和人脸识别系统：左侧是人脸验证系统的示例，它通过一对一匹配来鉴定图中的人物是否为 Sundar；右侧是人脸识别系统的示例，它通过一对多匹配来识别所有图像。尽管识别和验证系统之间存在客观水平的差异，但它们都依赖于良好的嵌入功能以捕获人脸之间有意义的差异(该图的灵感来自[2])

10.1.2　图片推荐系统

在此任务中，用户试图通过给定的图片查询与其内容相似的图像。购物网站会基于用户选择的特定产品的图片给出相关的产品建议，例如展示与用户所选鞋子的图片相似的各种鞋子。图 10-4 给出了一个有关服装搜索的示例。

查询 ⟶ 反馈结果

图 10-4 服装搜索。每行中最左边的图像是查询图像，随后的列显示与查询图像相似的各种服装
(示例图片来自[3])

注意，两幅图像之间的相似性因选择的相似性度量的上下文不同而有差异。根据所选的相似性度量的类型，图像的嵌入也有所不同。相似性度量的示例包括颜色相似性(color similarity)和语义相似性(semantic similarity)等。

- **颜色相似性**：搜索具有相似颜色的图像，如图 10-5 所示。这种方法被用于检索颜色相似的绘画、鞋子(款式不一定相同)等。
- **语义相似性**：检索具有相同语义信息的图像，如图 10-6 所示。在鞋子检索示例中，用户希望看到与高跟鞋具有相同语义的鞋的建议。你可以尝试将颜色相似性与语义信息结合起来，以获得更有意义的建议。

颜色相似

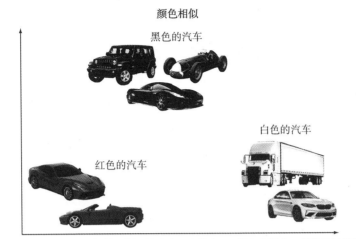

图 10-5　以颜色区分汽车的相似性示例。请注意，在这个 2D 嵌入空间中，颜色相似的汽车更接近

语义相似

图 10-6　特征嵌入示例。具有类似特征的汽车在嵌入空间中投影结果更接近

10.1.3　目标重识别系统

目标重识别(object re-identification)的一个例子是安保监控系统，如图 10-7 所示。安全操作人员可能需要查询一个特定的人并找出他们在所有摄像头中的位置。该系统需要在一个摄像机中识别移动的物体，然后在多个摄像机中重新识别(re-identify)该物体，以建立一致性的身份。

这类问题通常被称为行人重识别(person re-identification)。请注意，它类似于一个人脸验证系统，用于确定不同的摄像机中两个人是否相同，而不需要确切地知道这个人是谁。

在所有这些应用程序中，最重要的一点是依赖嵌入函数来获取和保存输入与输出嵌入空间的相似性和相异性。后续小节将深入探讨如何设计适当的损失函数以及如何采样(挖掘)信息数据点，以指导 CNN 训练出高质量的嵌入函数。

图 10-7　多摄像机数据集显示查询的人员在多个摄像头中的位置(来源：[4])

在深入研究如何创建嵌入之前请思考以下问题：为什么需要嵌入？为什么不能直接使用图像？

确实可以直接将图像像素值用作嵌入，但这种朴素的方法有明显的瓶颈。假设所有图像均为高清图，嵌入图片分辨率为 1920×1080，在计算机内存中以双精度表示，这在计算、存储和检索上无法保证响应性能。而且，大多数嵌入都需要有监督的学习，因为用于比较的先验语义是未知的，而这也是 CNN 可以大显身手的时刻。在这种高维嵌入空间中，任何学习算法都会出现维数灾难[1](curse of dimensionality)。随着维数的增加，空间体积增长得过快，导致可用的数据变得稀疏。

自然数据的几何和数据分布不均匀，并围绕着低维结构连接，因此，将图像大小用作数据维度的做法是不可取的，而且这样会导致过高的计算复杂度和数据冗余。故学习嵌入的目标有两个：学习图像比较所需的语义，以及实现一个低维的嵌入空间。

10.2　学习嵌入

学习嵌入函数需要定义一个度量相似性的标准，它可以基于颜色、图像中对象的语义或者纯粹的数据驱动的监督学习形式。先验地预知(比较不同图像)正确语义的方法是比较难以实现的，因此监督学习的方式更受欢迎。本章不采用人工标注相似性特征，而是重点关注嵌入的数据驱动

---

1 译者注：维数灾难也被称为维度诅咒，是 Richard E. Bellman 在考虑优化问题时首次提出来的术语。它是指当(数学)空间维度增加时，分析和组织高维空间通常有成百上千维，因体积指数增大而出现各种问题。

的有监督学习(假设给定了一个训练集)。图 10-8 描绘了一个使用深度 CNN 学习嵌入的总体架构。

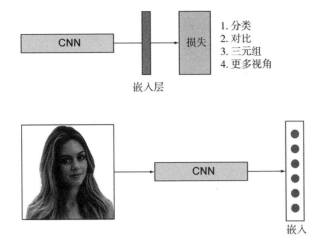

图 10-8　学习机制图解(上图)和测试过程大纲(下图)

学习嵌入的过程很简单。

(1) 选择 CNN 架构。可以选择任何合适的架构。在实践中，最后一个全连接层用于确定嵌入，因此，该全连接层的大小决定了嵌入向量空间的维数。不妨根据训练数据集的大小，采用基于 ImageNet 的预训练模型，这是一种明智的选择。

(2) 选择损失函数。流行的损失函数是对比损失(contrastive loss)和三元组损失(triplet loss)，详见第 10.3 节。

(3) 选择数据集采样(挖掘)方法。不建议简单地将数据集中所有可能的样本输入网络，这是不理智的行为。不妨通过采样(挖掘)信息数据点来训练 CNN。第 10.4 节将介绍各种采样技术。

(4) 在测试期间，最后一个全连接层充当相应图像的嵌入。

以上内容简要回顾了学习嵌入的训练和推理过程，下面将深入研究损失函数的定义以表达需要的嵌入目标。

10.3　损失函数

第 2 章已经讨论过，优化问题应定义需要最小化的损失函数。学习嵌入与其他 DL 问题并无不同：首先定义一个需要最小化的损失函数，然后训练神经网络的权重参数以产生最小化误差。本节将更深入地研究嵌入损失函数：交叉熵(cross entropy)损失、对比(contrastive)损失和三元组(triple)损失。

下面首先将问题的建立形式化，然后探讨不同的损失函数及其数学公式。

10.3.1   问题的建立和形式化

为了理解学习嵌入的损失函数，并最终训练 CNN，首先形式化输入要素和期望的输出特征。后续小节将用到这些形式化的方法，以简要阐明和区分各种损失函数。为此，数据集可按如下方式表示：

$$\chi = \{(x_i, y_i)\}_{i=1}^{N}$$

N 为训练图像的个数，x_i 为输入图像，y_i 为其对应的标签。我们的目标是创建一个嵌入：

$$f(x; \theta): \mathbb{R}^D \to \mathbb{R}^F$$

将 $\mathbb{R}^D$ 中的图像映射到 $\mathbb{R}^F$ 中的特征(嵌入)空间，这样相似身份的图像在特征空间的度量上也是接近的(反之亦然)：

$$\theta^* = \arg\min_{\theta} \mathcal{L}(f(\theta; \chi))$$

其中，θ 是学习函数的参数集。

设 $D(x_i, x_j): \mathbb{R}^F \times \mathbb{R}^F \to \mathbb{R}$ 为图像 x_i 和 x_j 在嵌入空间中的距离度量。简单起见，去掉输入标签，将 $D(x_i, x_j)$ 表示为 D_{ij}。$y_{ij}=1$ 样本 i 和 j 属于同一类，$y_{ij}=0$ 表示不同种类的样本。

训练嵌入网络以获取其最优参数时，我们希望学习到的函数具有以下特征：

- 嵌入应该不受视点、光照和物体形状变化的影响。
- 从实际应用部署来看，嵌入和排序的计算应该是高效的。这需要一个低维向量空间(嵌入)，该空间越大，比较两幅图像时所需的计算就越多，这反过来又会影响时间复杂度。

学习嵌入的常用选择是交叉熵损失、对比损失和三元组损失。接下来的部分将介绍并形式化这些损失。

10.3.2   交差熵损失

可将学习嵌入表述为一个细粒度的分类问题，也可使用流行的交叉熵损失训练相应的CNN(第 2 章解释过)。下列方程表示交叉熵损失，其中 $P(y_{ij}|f(x; \theta))$ 表示后验类别概率。在 CNN 文献中，softmax 损失意味着 softmax 层是在使用交叉熵损失的判别机制中训练的。

$$\mathcal{L}(\chi) = -\sum_{i=1}^{N}\sum_{k=1}^{C} y_{ij} \log p(y_{ij} \mid f(x; \theta))$$

在训练过程中，将全连接层(嵌入层)加在损失层之前。每个身份被认为是一个单独的类别，并且类别的数量等于训练集中身份的数量。一旦使用分类损失对网络进行训练，就会剥离最终的分类层，并从网络新的最终层中获得一个嵌入，如图 10-9 所示。

通过减少交叉熵损失来选择 CNN 的参数(θ)，使正确分类的估计概率接近于 1，其他类的估计概率接近于 0。交叉熵损失的目标是将特征划分到预定义的类别中，因此这种网络的性能通常较差，不如训练时直接在嵌入空间中加入相似(和不同)约束的损失。此外，当考虑大数据集(例如，含 100 万个身份)时，学习在计算上非常昂贵。(设想拥有 100 万个神经元的损失层！)

然而，工程师们经常对一个具有交叉熵损失的网络进行预训练(在一个可行的数据子集上，如 1000 个身份的子集)，这反过来使嵌入损失收敛得更快。第 10.4 节论述如何在训练中挖掘信息样本时将进一步探讨这个问题。

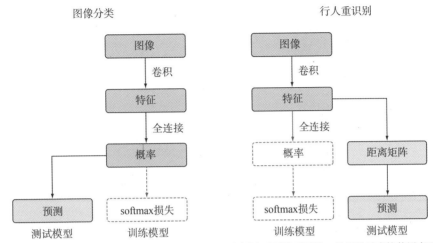

图 10-9　如何使用交叉熵损失训练嵌入层(全连接层)。右图演示了推理过程，并概述了直接使用交叉熵损失函数学习嵌入时训练和推理过程的脱节(图片改编自[5])

> **注意**　交叉熵损失的缺点之一是训练和推理之间的脱节，因此，与嵌入学习损失(对比损失和三元组损失)相比，它通常表现得较差。对比损失和三元组损失明确地试图将输入图像空间到嵌入空间的相对距离纳入其中。

10.3.3　对比损失

对比损失(contrastive loss)鼓励所有相似的类别实例无限接近对方，同时逼迫其他类别的实例远离输出嵌入空间，从而优化训练目标。这里之所以使用无限接近，是因为 CNN 的损失无法真正为 0。该损失的定义如下：

$$l_{\text{contrastive}}(i,j) = y_{ij}\, D_{ij}^2 + (1-y_{ij})[\alpha - D_{ij}^2]_+$$

注意，$[.]_+ = \max(0,.)$ 在损失函数中表示铰链损失(hinge loss)，α 是一个预先确定的阈值(边界)，它决定两个样本(i 和 j)在不同类别中的最大损失。在几何中，这意味着对两个不同类别的样本而言，只有当二者在嵌入空间中的距离小于边界时，它们才会对损失有所贡献。式中的 D_{ij} 表示样本 i 和 j 在嵌入空间中的距离。

这种损失也被称为 Siamese loss，因为它可以被想象成一个具有共享参数的孪生网络，两个 CNN 各得到一幅输入图像。对比损失由 Chopra 等人[6]开创性地用于人脸验证问题，其目的是验证所呈现的两个人脸是否属于同一身份。图 10-10 描述了人脸识别背景下的对比损失。

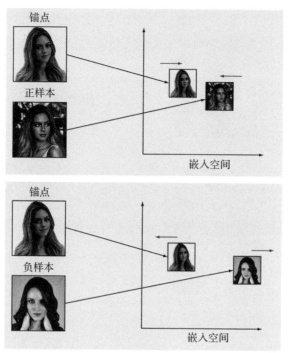

图 10-10   计算对比损失时需要两幅图像。当两幅图像是同一类别时，优化会试图将它们放在嵌入空间中
更靠近的位置；反之，当它们属于不同类别时，则将其放在相距较远的位置

请注意，对于所有不同的类，阈值 α 的选择都是相同的。Manmatha 等人[7]分析了其影响：α 的选择意味着对于不同的身份，视觉上不同的类与视觉上相似的类被嵌入相同的特征空间中。这一假设比三元组损失更严格，并且限制了嵌入的多样化结构，因而使学习变得更加困难。对于 N 个样本的数据集，每一轮的训练复杂度是 $O(N^2)$，因为这种损失需要遍历一对样本来计算对比损失。

10.3.4   三元组损失

Weinberger 等人[8]针对最邻近分类的度量学习开展了开创性的工作，在他们的启发下，FaceNet(Schroff 等人[9])提出了一种适合查询检索任务的改进方案，名为三元组损失(triplet loss)。三元组损失迫使来自同一类的数据点间的距离比来自不同类的数据点间的距离更近。与对比损失不同，三元组损失考虑到了与同一点的正对和负对距离，从而为损失函数添加了上下文。在数学上，可将三元组损失表述为：

$$l_{\text{triplet}}(a, p, n) = [D_{ap} - D_{an} + \alpha]_+$$

注意，D_{ap} 表示锚点和正样本之间的距离，D_{an} 表示锚点与负样本之间的距离。图 10-11 说明了使用锚点、正样本和负样本计算损失的方法。训练成功后，预期结果是：相同类别的一对比不同类别的一对要更接近一些。

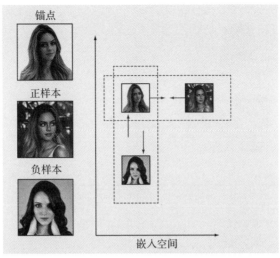

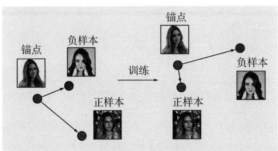

图 10-11　计算三元组损失时需要三个样本,学习的目标是使同一类样本间的距离比不同类样本间的距离更近

因为计算三元组损失时需要三个参数，每一轮的训练复杂度是 $O(N^3)$，这在实际数据集上是非常昂贵的。三元组损失和对比损失的高计算复杂度激发了许多采样方法以实现有效的优化和收敛。下面简单回顾实现这些损失的复杂度。

10.3.5　损失的简单实现和运行分析

以下列规范的数据为例。

- 身份数量(N)：100
- 每个身份的样本数量(S)：10

图 10-12 显示了以一种简单的方式实现损失时，每一轮(在 for 循环内[1]，如图 10-12 所示)训练的复杂度。

- **交叉熵损失**：相对简单的损失。每一轮只需要遍历所有样本,因此复杂度是 $O(N \times S) = O(10^3)$。
- **对比损失**：该损失的计算使用了所有 pairwise 距离,因此复杂度是样本数量($N \times S$)的二次表达式，即 $O(100 \times 10 \times 100 \times 10) = O(10^6)$。

---

1 在实践中，由于主机内存的限制，这个步骤将被分解为 2 个 for 循环。

- **三元组损失**：对于每一个损失需要计算三个样本，因此最坏情况下的复杂度是三次方的，所有样本的复杂度为 $O(10^9)$。

算法1：学习嵌入训练的简单实现

结果：具有理想嵌入尺寸的训练好的CNN

初始化：数据集、CNN、损失函数、嵌入尺寸

while *numEpochs* > 0 **do**

  for 所有数据样本 **do**

    计算所有可能的数据样本的任何一个损失(交叉熵、对比、三元组)

  end

  numEpochs − = 1

end

图 10-12　算法 1，简单实现

尽管交叉熵损失易于计算，但与其他嵌入损失相比，其性能相对较差，第 10.3.2 节给出了一些直观的解释。在最近的学术著作(如[10, 11, 13])中，当你提供了合适的数据挖掘时，三元组损失得到的结果通常比对比损失得到的更好，下一节将解释其中的原因。

注意　后续小节将提到三元组损失，因为它在一些学术著作中表现出了优于对比损失的性能。

需要注意的一点是，并没有很多复杂度为 $O(10^9)$ 的三元组以强烈的方式作用于损失，实际上，在一轮训练中，大多数三元组都是微不足道的，也就是说，这些三元组在训练中损失已经很低，因此在嵌入空间中，相比于"锚点-负样本"对，这些三元组的"锚点-正样本"对明显更接近。这些不重要的三元组没有添加有意义的信息来更新网络参数，所以会阻碍收敛。此外，信息型三元组(informative triplets)远少于不重要的三元组，这反过来导致了信息型三元组的贡献被忽略。

为了改进三元组枚举的计算复杂度和收敛性，需要提出一种有效的三元组枚举策略，并在 CNN 训练期间提供更多信息型三元组样本，而不是不重要的三元组样本，这种选择信息型三元组的过程被称为挖掘(mining)。信息数据点(informative data points)是本章的重点，将在后续小节中重点讨论。

解决这种三次复杂性的一个流行策略是按以下方式枚举三元组。

(1) 仅采用由 dataloader(数据加载器)加载的当前批处理数据来构建三元组集合。

(2) 从该集合中挖掘一个信息型三元组子集。

下一节详细介绍该策略。

10.4　挖掘信息数据

到目前为止，本章已经讨论了实际数据集中三元组损失和对比损失在计算上的昂贵成本。本节将深入探讨训练 CNN 处理三元组损失的关键步骤，并介绍如何改进训练的收敛性和计算复杂度。

图 10-12 简要表达了离线训练的过程，因为三元组的选择必须考虑到完整的数据集，所以不能在训练 CNN 时动态完成。正如之前提到的，这种计算有效三元组的方法是低效的，对于 DL 数据集来说，它在计算上也是不可行的。

为了解决这种复杂性，FaceNet[9]建议使用在线的、基于批处理的三元组挖掘方法。作者动态地构建了一个批处理，并对该批处理执行了三元组挖掘，而忽略该批处理之外的其他数据集。这一策略被证明非常有效，并在人脸识别中带来了最佳准确率。

图 10-13 总结了训练时期的信息流。在训练过程中，根据数据集构建小批处理，然后对小批处理中的每个样本识别出有效的三元组。这些三元组随后被用来更新损失，重复上述过程，直到所有的批次都被处理，从而完成一轮训练。

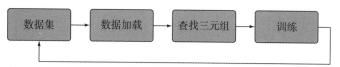

图 10-13　在线训练过程信息流。数据加载器随机抽取训练数据集的子集并将其加载到 GPU 中，随后计算
　　　　　三元组来更新损失

与 FaceNet 类似，OpenFace[37]提出了一种训练方案。其中，数据加载器构建一个预定义统计量的训练批次。然后，在 GPU 上计算该批次的嵌入，随后，在 CPU 上生成有效的三元组来计算损失。

下一节将研究一个改进的数据加载器，它可以提供良好的批统计数据来挖掘三元组。随后将探讨如何有效地挖掘好的、信息丰富的三元组来改善训练的收敛性。

10.4.1　数据加载器

下面简述数据加载器的设置和它在三元组损失训练中的作用。数据加载器从数据集中选择一个随机子集，它对信息型三元组的挖掘至关重要。如果使用一个简单的数据加载器来选择数据集的随机子集(小批处理)，对于三元组的查找，它可能不会带来好的分类多样性。例如，若随机选择一个只有一个类别的批次，其中可能没有任何有效的三元组，因此将导致批处理迭代的浪费。必须保证在数据加载器级别上有分布良好的批次来挖掘三元组。

注意　若要在数据加载器级别上更好地收敛，首先需要形成一个具有足够类别多样性的批次，
　　　　以促进图 10-11 中的三元组挖掘步骤。

一种通用而有效的训练方法是首先挖掘一组 B 大小的三元组，因此 B 参数影响三元组损失。B 确定以后，它们的图像会被堆叠成一批 $3B$ 图像(B 个锚点、B 个正样本和 B 个负样本)。随后计算 $3B$ 嵌入以更新损失。

Hermans 等人[11]在其令人印象深刻的研究中发现，上一节中提到的在线生成方法中，有效的三元组没有得到充分利用。$3B$ 图像(B 个锚点、B 个正样本和 B 个负样本)中共有($6B^2-4B$)个有效的三元组，所以如果只使用 B 个三元组，意味着利用率不足。

计算 B 个三元组的 $3B$ 图像中的有效三元组数量

为了理解 $3B$(B 个锚点、B 个正样本、B 个负样本)图像中的有效三元组数量计算,假设有一对相同的类别。这意味着可以选择($3B-2$)个负样本作为"锚点-负样本"对。这个集合中有 $2B$ 个可能的"锚点-正样本"对,导致共有 $2B(3B-2)$ 个有效三元组。下图显示了一个示例。

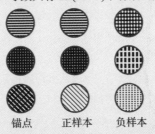

锚点　正样本　负样本

$B=3$ 的示例。具有相同图案的圆属于同一类,因为只有前两列可能含有正样本,
所以共有 $2B=6$ 个"锚点-正样本"对。选定一个锚点后,剩下 $3B-2=7$ 个负样本,这意味着
共有 $2B(3B-2)$ 个三元组

根据前面的讨论,为了更高效地使用三元组,Hermans 等人在数据加载器级别提出了一个关键的组织修改建议:从数据集 X 中随机抽取 P 个身份构建一个批处理,随后为每个身份采集 K 个图像,因此批大小为 PK 幅图像。使用这个数据加载器(以及适当的三元组挖掘),论文作者展示了行人重识别(person re-identification)任务当时最高水平的准确率。稍后将详细介绍[11]中提到的挖掘技术。利用这种组织的修改,Kumar 等人[10, 12]展示了跨多个不同数据集的车辆重识别任务的最先进成果。

得益于重识别任务上的优异结果,[11]已经成为识别文献中的支柱,而批量构建(数据加载器)已经成为实践中的标准。批大小的默认建议值为:$P=18$,$K=4$,共计 42 个样本。

计算有效的三元组数量

现在举例说明有效三元组的数量计算,假定选择了随机批大小 PK:

- $P=10$ 个不同的类别
- 每类 $K=4$ 个样本

使用这些值,可以得到以下批统计信息:

- 锚点总数$=PK=40$
- 每个锚点对应的正样本数量$=(K-1)=3$
- 每个锚点对应的负样本数量$=K(P-1)=9\times4$
- 有效三元组的总数$=$以上结果的乘积$=40\times3\times(9\times4)$

看一看关于挖掘信息型三元组的新概念,注意,每个锚点都有一组正样本和一组负样本。前面讨论过,许多三元组是没有信息的,因此稍后将讨论过滤重要的三元组的各种方法。更准确地说,下面将研究帮助过滤出正样本和负样本(对于一个锚点)的信息子集的技术。

现在已经为三元组的挖掘建立了一个高效的数据加载器,因此可以探索在训练 CNN 的同时挖掘信息型三元组的各种技术。接下来将首先讨论通用的难分数据挖掘(hard data mining)方法并关注基于[11]中的批处理构造方法的信息型三元组的在线生成(挖掘)技术。

10.4.2　信息型数据挖掘：寻找有用的三元组

在训练机器学习模型时，信息型样本的挖掘是一个重要问题，学术文献中存在许多解决方案，这里扼要说明一下。

难分数据挖掘(hard data mining)是寻找信息型样本的一种常用的采样方法，它被广泛应用于目标检测和动作定位(action localization)等 CV 应用中。难分数据挖掘是一种用于模型迭代训练的自举技术：每次迭代时，将当前模型应用于验证集上，并对该模型性能较差的难分数据进行挖掘。只有这些难分数据会被呈现给优化器，从而提高模型进行有效学习的能力，并使其更快收敛到最优结果。另一方面，如果一个模型只接触难分数据(其中可能包含异常值)，那么它区分正常数据中的异常值的能力就会受到影响，进而阻碍训练过程。数据集中的异常值可能是错误标记的结果或以较差的图像质量捕获的样本。

在三元组损失的语境下，难分负样本(hard negative sample)是更接近锚点的样本(因为该样本会导致高损失)。同理，难分正样本(hard positive sample)是指在嵌入空间中远离锚点的样本。

为了处理难分数据采样期间的异常值，FaceNet[9]提出了半难样本采样(semi-hard sampling)方法。该方法挖掘合适的三元组，这些三元组既不太难也不过于简单，适用于在训练期间获得有意义的梯度。它可以通过使用 margin 参数来实现：只考虑位于边缘并且远离为锚点选定的正样本的负样本(见图 10-14)，从而忽略太容易和太难的负样本。然而，这反过来又为额外超参数的训练和调优增加了负担。这种半难负样本的特定策略被用在批大小为 1800 的大批图像中，因此可以在 CPU 上枚举三元组。请注意，使用[11]中的默认批大小(42 张图像)，可以在 GPU 上高效地枚举有效的三元组。

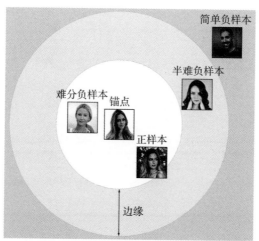

图 10-14　margin：将三元组分为难分样本、半难样本和简单样本。这幅图展示了人脸识别语境下的一个锚点及其相应的负样本，因此，距离锚点较近的负样本是难分样本

图 10-15 展示了三元组的难分程度(hardness)。请记住，如果网络在某一轮训练期间将正样本放置在嵌入空间中远离锚点的位置，则正样本更难区分；同理，在锚点到负样本的距离图中，离锚点越近(距离越小)的样本越难区分。下面是含锚点 a(anchor)、正样本 p(positive)和负样本 n(negative)的三元组损失函数：

$$l_{triplet}(a, p, n) = [D_{ap} - D_{an} + \alpha]_+$$

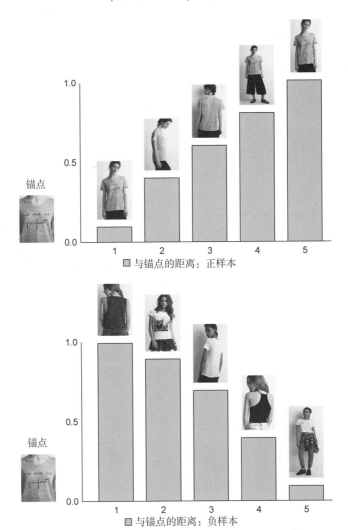

图 10-15   难分正样本和难分负样本。图中显示了正样本(上)和负样本(下)相对于锚点的距离(在特定的训练轮数中)。在上述两图中，从左往右样本的难度越来越大

探讨了难分数据的概念及其缺陷之后，接下来将讨论在线三元组挖掘技术。数据加载器构建了一个批次(批大小为 PK)后，将有 PK 个可能的锚点。如何找到这些锚点的正、负样本是挖掘技术的关键。首先看两种简单而有效的在线三元组挖掘技术：batch all(BA)和 batch hard(BH)。

10.4.3 batch all(BA)

在批处理的语境中，batch all 指使用所有可能和有效的三元组，也就是说，不对三元组进行任何排序或选择。在实现方面，对于一个锚点，应通过对所有可能的有效三元组进行求和来计算其损失。对于批大小为 PK 的图像，由于 BA 选择了所有三元组，因此更新三元组损失的项数为 $PK(K-1)(K(P-1))$。

使用这种方法时，所有的三元组样本都同等重要，因此该方法实现起来很容易。另一方面，BA 有可能导致信息平均化。一般来说，许多有效的三元组都是不重要的(低损失或无信息)，只有少数有信息。若以同样的权重对所有三元组求和，得到的将是信息三元组贡献的平均值。Hermans 等人[11]通过试验得出了这个平均值，并在行人重识别上下文中报告了它。

10.4.4 batch hard(BH)

与 BA 相反，batch hard 只考虑对锚点来说最难分的数据。对于一批中每个可能的锚点，BH 用一个最难分的正数据与最难分的负数据来计算损失。请注意，在这里，数据的难分程度是相对于锚点而言的。对于 PK 的批大小，因为 BH 针对每个锚点只选择一个正的和一个负的样本，所以更新三元组损失的数量为 PK，即可能的锚点的总数。

平均而言，BH 对于信息是稳健的，因为不重要的样本被忽略了。然而，离群值是很难消除的：由于不正确的注释，离群值可能会悄然出现，而模型试图收敛，因此会影响训练质量。此外，如果在使用 BH 之前使用未经预训练的网络，则无法可靠地测定样本(相对于锚点)的难分程度。在训练中没有办法获得这些信息，因为现在最难分的样本是任意随机样本，这可能会导致训练失速。[9]中提到了这个问题。在[10]的车辆重识别场景中，当 BH 被应用于从零开始的网络训练时也出现过该问题。

为了直观地理解 BA 和 BH，再回顾一下图 10-16 中锚点到所有正、负样本的距离：BA 不进行选择，而是使用所有样本来计算最终损失，而 BH 只使用最困难的可用数据而忽略其他所有数据。图 10-17 为计算 BH 和 BA 的算法大纲。

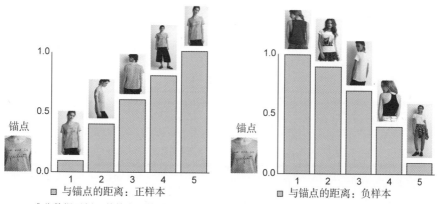

图 10-16 难分数据示例：某特定训练轮数中，锚点到正样本的距离(左)；锚点到负样本的距离(右)。BA 将所有样本纳入计算，而 BH 只在最右一栏柱子(该小批中最难分的正数据)中取样

算法2: 信息数据点采样算法概览

结果: 具有理想嵌入尺寸的训练好的CNN

初始化: 数据集、CNN、损失函数、嵌入尺寸、批大小(*PK*)

while 一个有效的批次 **do**

  numAnchors = PK

  while *numAnchors > 0* **do**

    在 [0 . .**PK**]中选择一个锚点, 无替代

    BA: 计算该锚点所有可能的有效三元组的损失

    或

    BH: 计算该锚点所有可能的有效难分三元组的损失

    numAnchors – –

  end

end

图 10-17　计算 BA 和 BH 的算法

三元组损失的另一种形式

Ristani 等人在其关于"多摄像头重识别特征"的论文[13]中, 将多种批采样(batch-sampling)技术统一在同一个表达下。在一个批处理中, 设 a 为锚点样本, $N(a)$ 和 $P(a)$ 分别表示对应锚点 a 的负样本和正样本的子集。因此, 可将三元组损失表述为:

$$l_{\text{triplet}}(a) = [\alpha + \sum_{p \in P(a)} w_p D_{ap} - \sum_{n \in N(a)} w_n D_{an}]_+$$

对于锚点样本 a, w_p 表示正样本 p 的权重(重要性), w_n 表示负样本 n 的权重, 一轮中的总损失为:

$$\mathcal{L}(\theta; \chi) = - \sum_{\text{all batches}} \sum_{a \in B} l_{\text{triplet}}(a)$$

在这个公式中, BA 和 BH 可以如下图所示(也可以见下一节的表 10-1), 图中的 Y 轴表示选择的权重。

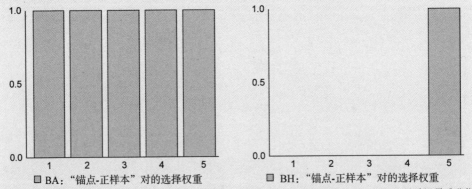

上图显示了正样本相对于锚点的选择权重。对于 BA 来说, 所有样本都同等重要, 而 BH 只重视最难分样本, 其余忽略

10.4.5　batch weighted(BW)

BA 是一种简单的抽样方法，它对所有的样本进行统一加权。这种均匀的权重分布会忽略重要难分样本的贡献，因为这些样本的数量通常比简单样本少很多。为解决这个问题，Ristani 等人[13]采用 batch weighted(BW)方案：一个样本的权重基于它与相应锚点的距离，因而给予信息型(难分)样本的权重比普通样本的更大。正负数据的对应权重如表 10-1 所示。图 10-18 显示了该技术中样本的权重。

表 10-1　各种方式挖掘的优良正样本 x_p 和负样本 x_n 的快照[10]。下一节将通过示例探讨 BS 和 BW

挖掘技术	正样本权重 W_p	负样本权重 W_n	评论
All(BA)	1	1	所有样本权重一致
Hard(BH)	$[x_p = \underset{x \in P(a)}{\arg\max} D_{ax}]$	$[x_n = \underset{x \in N(a)}{\arg\min} D_{ax}]$	选择一个最难分样本
Sample(BS)	$[x_p = \underset{x \in P(a)}{\text{multinomial}\{D_{ax}\}}]$	$[x_n = \underset{x \in N(a)}{\text{multinomial}\{-D_{ax}\}}]$	从多项式分布中选择一个
Weighted(BW)	$\dfrac{e^{D_{ap}}}{\sum\limits_{x \in P(a)} e^{D_{ax}}}$	$\dfrac{e^{-D_{an}}}{\sum\limits_{x \in N(a)} e^{-D_{ax}}}$	根据权重与锚点的距离对权重进行采样

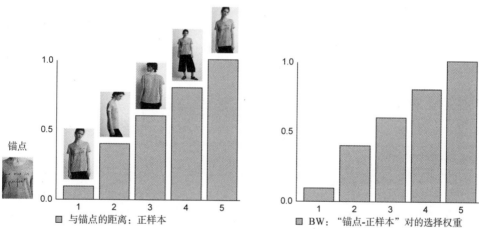

图 10-18　为左图中的锚点选择正数据的 BW 示意图。在这种情况下，所有 5 个正样本都被使用(如同 BA)，但每个样本都被分配了一个权重。BA 为每个样本分配的权重相同，而右边的图根据各样本与锚点的相应距离对每个样本的权重进行比例分配，这实际上意味着将更多注意力放在离锚点更远(因此更难分且更有信息)的正样本上。以同样的方式选择该锚点的负数据，但采用反向权重

10.4.6　batch sample(BS)

另一种取样技术是 batch sample(BS)，Hermans 等人在实施过程中对其进行了积极的讨

论[11]，Kumar 等人也将其用于最先进的车辆再识别场景[10]。BS 使用锚与样本的距离分布来挖掘[1]一个锚点的正、负数据，如图 10-19 所示。因此，该技术避免了 BH 中存在的样本离群值，而且它还希望在使用锚距分布进行采样时确定最相关的样本。

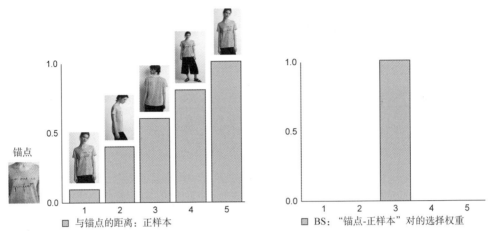

图 10-19   为锚点选择正数据的 BS 示意图。类似于 BH，BS 旨在找到左图中锚点的一个有信息并且非异常值的正数据项。BH 会获取导致发现异常值的最难分数据项，BS 则将距离用作分布并以分类方式挖掘样本，从而选择一个有信息且可能不是异常值的样本(注意，这是一个随机的多项选择。这里之所以选择第 3 个样本，只是为了说明这个概念)

10.5   练习项目：训练嵌入网络

在这个项目中，通过构建一个基于图像的查询检索系统来实现上述概念。为了寻找更好的解决方案，这里选择了两个在视觉嵌入文献中比较流行且被积极研究的问题。

- **购物困境**：找到与查询项相似的衣服。
- **重识别**：在数据库中找到相似的汽车，也就是说，从不同的角度(摄像头)识别一辆车。

无论任务类型是什么，训练、推理和评估过程都一样。以下是成功训练一个嵌入网络的主要因素。

- **训练集**：遵循一种有监督的学习方法，在内在相似性度量下进行标注。数据集可以被组织成一组文件夹，其中，每个文件夹决定图像的身份/类别。目的是使属于同一类别的图像在嵌入空间中保持更近的距离，而不同类别的图像则正好相反。
- **测试集**：测试集通常分为两个——查询集(query)和图库集(gallery)。注意，学术论文中通常将图库集写为测试集。查询集由用作查询的图像组成。图库集中的每个图像都根据每个查询图像进行排名(检索)。如果嵌入学习得很好，则排名靠前的(检索到的)查询

---

1 举个 TensorFlow 中直截了当的例子，请参见 http://mng.bz/zjvQ。

项都属于同一个类别。

- **距离指标**：为了表达嵌入空间中两幅图像之间的相似性，这里使用两者嵌入之间的 Euclidean 距离(L_2 距离)。

- **评估**：为定量地评价一个训练过的模型，使用 top-k 准确率和 mAP 指标。第 4 章和第 7 章讨论了这两个指标。对于查询集中的每个对象，目的是从测试集(图库集)中检索出类似的标识。查询图像 q 的 $AP(q)$ 的定义如下所示。

$$AP(q) = \frac{\sum_k P(k) \times \delta_k}{N_{gt}(q)}$$

其中，$P(k)$ 表示排名为 k 的精确率，$N_{gt}(q)$ 是 q 的真值检索(true retrievals)的总次数，δ_k 为布尔指示函数。因此，当查询图像 q 与测试图像在 rank≤k 时正确匹配，δ_k 值为 1。正确检索意味着查询和测试的地面真值标签是相同的。

然后将 mAP 当作所有查询图像的平均值进行计算：

$$mAP = \frac{\sum_q AP(q)}{Q}$$

其中 Q 是查询图像的总数。下面几节将更详细地讨论这两个任务。

10.5.1　时尚圈：查找相似的衣服

第一项任务是确定在商店里拍摄的两张照片是否属于同一件衣服。与时尚相关的购物对象(衣服、鞋子等)是工业应用中视觉搜索的关键领域，例如，图像推荐引擎被用于推荐与购物者所寻商品相似的商品。Liu 等人[3]引入了用于购物图像检索任务的最大数据集之一——DeepFashion。这个基准包含 21 个类别中 11 735 件流行服饰的 54 642 张图片。该数据集由 25 000 张训练图像和大约 26 000 张测试图像组成，分为查询集和图库集。图 10-20 显示了示例图像。

图 10-20　每一行表示一个特定的类别和相应的类别图像。一个完美学习的嵌入将使每一行图像的嵌入比任意两列的两幅图像(属于不同的服装类别)更接近(该图中的图像来自 DeepFashion 数据集[3])

10.5.2   车辆重识别

重识别是在摄像机网络和跨摄像机网络中匹配物体外观的任务。在该任务中，一个常见的管道涉及用户在网络的所有摄像机中寻找查询对象存在的所有实例。例如，一个交通监管机构可能正在全市范围内的摄像头网络中寻找一辆特定的汽车。又如人脸重识别任务，它是安全和生物识别的中流砥柱。

此任务使用了 Liu 等人[14, 36]创建的著名的 VeRi 数据集。该数据集包含在交通监控场景中通过 20 个摄像头对 776 辆车(身份)进行了 40 000 个限定框标注的图像,图 10-21 为图像示例。每一辆车由 2～18 个摄像头在不同的视点和照明下拍摄。值得注意的是，视点不仅包含前面和背面，还包含侧面，因此这是一个具有挑战性的数据集。标注内容包括车辆品牌和型号、颜色、相机间的关系和轨迹信息。

图 10-21   每一行表示一个车辆类别。与服装任务类似，这里训练嵌入 CNN 的目标是让同一类别的嵌入比不同类别的嵌入更接近。本示例中的图片来自 VeRi 数据集[14]

这里将只使用类别(身份)级别的注释，而不使用品牌、型号和时空位置等属性。若在训练过程中加入更多信息，可提升网络准确性，但这不是本章的重点。不过，本章的最后一部分介绍了一些关于整合多源信息学习嵌入式的最新进展。

10.5.3   实现

本项目使用了文献[11]中的 GitHub 三元组学习代码库(https://github.com/VisualComputingInstitute/triplet-reid/tree/sampling)。数据预处理等步骤摘要可与本书的可下载代码一起获取。不妨打开 Jupyter Notebook，跟着项目教程一步步操作。建议 TensorFlow 的用户去看看 Olivier Moindrot 的博客"Triplet Loss and Online Triplet Mining in TensorFlow"(https://omoindrot.github.io/triplet-loss) 一文，以理解实现三元组损失的各种方法。

深度 CNN 的训练涉及若干个关键的超参数，这里将简要讨论。下面总结了本项目设置的超参数。

- 在 ImageNet 数据集[15]上执行预训练。

- 输入图像尺寸为 224×224。

- 元架构(meta-architecture)：使用 Mobilenet-v1[16]。它有 5.69 亿个 MAC 以测量融合乘法和加法运算的数字。该架构有424万个参数，在 ImageNet 图像分类基准上获得了 70.9%的 top-1 准确率，输入图像大小为 224×224。

- 优化器：使用带有默认超参数($\varepsilon=10^{-3}$，$\beta_1=0.9$，$\beta_2=0.999$)的 Adam 优化器[17]。初始学习率为 0.0003。

- 使用标准的图像翻转操作以在线方式执行数据增强。

- 批大小：18(P)个随机抽样的身份，每个身份 4(K)个样本，每批共计 18×4 个样本。

- margin：原创论文作者使用名为 softplus:ln(1+.)的平滑变量替换了 hinge loss[.]$_+$。本实验也使用 softplus，而不是 hard margin。

- 嵌入尺寸对应于最后一个全连接层的尺寸，在所有实验中该参数都被改为 128。若采用较小的嵌入尺寸，将有助于提升计算效率。

定义　在计算中，乘积累加运算(multiply-accumulate operation)是一个常见的步骤，它计算两个数的乘积并将乘积加到累加器上。执行该操作的硬件单元被称为乘法累加器(MAC 或 MAC 单元)；该操作本身也经常被称为 MAC 或 MAC 操作。

与最先进的方法进行比较

在进行比较之前，请记住，训练深度神经网络时需要调整几个超参数，这反过来可能不利于正确地比较几种算法，例如，在同一个预训练的数据集上，如果潜在的 CNN 表现良好，另一种可能表现得更好。其他类似的超参数包括 vanilla SGD 或更复杂的 Adam 算法的选择，以及本书中已经展示过的其他参数。你必须深入研究一个算法的机制，才能看到事情的全貌。

10.5.4　测试训练的模型

为了测试训练过的模型，每个数据集应有两个文件夹：查询集和图库集。这些集合可用于计算前面提到的评价指标：mAP 和 top-k 准确率。虽然评价指标是一个很好的总结，但我们也可以直观地查看结果。为此，在一个查询集中获取随机图像，并从图库集中查找(绘制)top-k 检索结果。下面展示了使用本章各种挖掘技术的定量和定性结果。

任务 1：店内检索

以图 10-22 中学习的嵌入样本检索为例。结果看起来相当令人满意：排名靠前的检索来自与查询图片相同的类别。该网络在推断同一查询的不同视图方面做得相当出色。

表 10-2 概述了不同采样场景下的三元组损失的性能。BW 优于所有其他抽样方法。top-1 的准确率在本例中是相当不错的：在第一次检索中检索到同一类服装的准确率为 87%。注意，通过评估步骤之后，top-k($k>1$)的准确率更高。

查询 ⟶ 检索

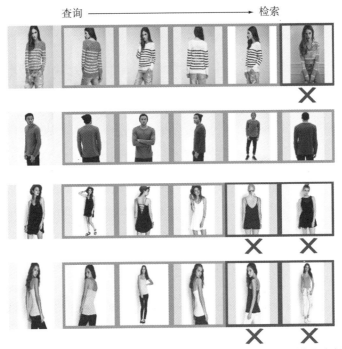

图 10-22   使用各种嵌入方法对时尚数据集进行检索的示例。每一行表示查询图像和该查询图像的 top-5
　　　　　检索结果，X 表示不正确的检索

表 10-2   各种抽样方法在店内检索任务中的表现

方法	top-1	top-2	top-5	top-10	top-20
Batch all(BA)	83.79	89.81	94.40	96.38	97.55
Batch hard(BH)	86.40	91.22	95.43	96.85	97.83
Batch sample(BS)	86.62	91.36	95.36	96.72	97.84
Batch weighted(BW)	87.70	92.26	95.77	97.22	98.09
Capsule embeddings	33.90	–	–	75.20	84.60
ABE [18]	87.30	–	–	96.70	97.90
BIER [19]	76.90	–	–	92.80	95.20

　　上述结果可以与最先进的结果相媲美。使用基于注意力的嵌入(ABE)[18]训练了一套不同
的集合来处理图像的各个部分。BIER(boosting independent embeddings robustly，增强独立嵌入)
训练一个具有共享特征表达的度量(metric)CNN 集合并将其视为在线梯度增强问题。值得注意
的是，这个集成框架没有引入任何额外的参数并且适用于任何差分损失(differential loss)。

任务 2：车辆鉴定

　　Kumar[12]等人最近对优化三元组损失的各种抽样方法进行了详尽的评估。表 10-3 是对几
种最先进的方法进行比较的结果。值得注意的是，与不使用时空距离和属性等其他任何信息源

的最先进的方法相比，Kumar 等人的方法表现得更好。定性结果如图 10-23 所示，该图显示了嵌入相对于视点的稳健性。注意，检索具有期望的视点不变性属性，因为同一辆车的不同视图被放在了检索结果的 top-5 中。

表 10-3　在 VeRi 数据集上提出的各种方法的比较。*表示使用时空信息

方法	mAP	top-1	top-5
Batch sample(BS)	67.55	90.23	96.42
Batch hard(BH)	65.10	87.25	94.76
Batch all(BA)	66.91	90.11	96.01
Batch weighted(BW)	67.02	89.99	96.54
GSTE [20]	59.47	96.24	98.97
VAMI [21]	50.13	77.03	90.82
VAMI+ST * [21]	61.32	85.92	91.84
Path-LSTM * [22]	58.27	83.49	90.04
PAMTRI (RS) [23]	63.76	90.70	94.40
PAMTRI (All) [23]	71.88	92.86	96.97
MSVR [24]	49.30	88.56	–
AAVER[25]	61.18	88.97	94.70

查询 ————————→ 检索

图 10-23　使用各种嵌入方法对 VeRi 数据集进行样本检索。每一行表示一个查询图像和它的 top-5 检索结果，X 表示不正确的检索结果

为了衡量文献中各种方法的利弊，下面从概念上检查车辆重识别领域的各种竞争方法。

- Kanaci 等人[26]在使用带型号标签的分类损失(如图 10-24 所示)的基础上，提出了横向校正车辆鉴定(cross-level vehicle re-identification，CLVR)来训练细粒度的车辆分类网络。这个设置类似于第 10.3.2 节和图 10-9 中展示的设置。论文作者没有在 VeRi 数据集上进行评估。建议参考原论文以了解其他车辆重识别数据集的性能。

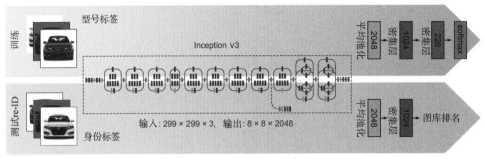

图 10-24　CLVR(来源：[24])

- Bai 等人[20]的群组敏感的三元组嵌入(group-sensitive triplet embedding，GSTE)是一种新颖的训练过程，使用 K-Means 聚类内部变化，这有助于以额外的 K-Means 聚类参数为代价进行更多的训练指导。

- Zheng 等人[23]的姿态感知多任务学习(pose aware multi-task learning，PAMTRI)训练一个网络，将关键点注释与合成数据结合在一起，以嵌入多任务机制(从而解决关键点注释需求)。PAMTRI(All)在这个数据集上取得了最好的结果。PAMTRI(RS)混合使用真实数据和合成数据来学习嵌入，而 PAMTRI(All)在多任务学习框架中还使用了车辆关键点和属性。

- Khorramshahi 等人[25]的车辆重识别自适应注意(adaptive attention for vehicle re-identification，AAVER)是最近的一个项目。他们构建了一个应用于提取全局和局部特征的双路径网络，然后将这些网络连接起来以形成最后的嵌入。该方法利用身份和关键点注释最大限度地减少了嵌入损失。

- Zhou 等人[21]提出的视点注意多视点推理(viewpoint attentive multi-view inference，VAMI)的训练过程包括生成对抗网络(GAN)和多视点注意学习。他们推测，合成(使用 GAN 生成)多个视点视图的能力将有助于学习更好的最终嵌入。

- 对于 Path-LSTM，Shen 等人[22]使用多个路径建议的生成来进行时空正则化，并需要额外的 LSTM 来对这些建议进行排名。

- Kanaci 等人[24]通过开发一种基于金字塔的 DL 方法，提出了车辆多尺度表示(multi-scale vehicle representation，MSVR)以进行再识别。MSVR 从一个多分支网络架构的图像金字塔中学习车辆重识别的敏感特征表示，同时进行优化。

表 10-4 对上述方法使用的关键超参数进行了总结。

表 10-4　训练中使用的一些重要超参数和标注总结

方法	嵌入大小	标注
本书方法	128	ID
GSTE[20]	1024	ID
VAMI[21]	2048	ID+A
PAMTRI(All)[23]	1024	ID+K+A
MSVR[24]	2048	ID
AAVER[25]	2048	ID+K

注意：K=keypoints(关键点)，A=attributes(属性)

　　通常，车牌是全球唯一的标识符，然而，由于交通摄像头的标准化安装，车牌变得很难提取。因此，车辆重识别需要基于视觉的特征。如果两辆车是相同的品牌、型号和颜色，那么视觉特征无法区分它们(除非有一些明显的标记，如文字或划痕)。在这些棘手的情况下，只有时空信息(如 GPS 信息)有所帮助。要了解更多信息，建议查看 Tang 等人新提出的数据集[27]。

10.6　突破准确率的限制

　　深度学习是一个不断发展的领域，每天都有新的训练方法被引入。本节提供了一些改进当前嵌入水平的方法，以及一些最近提出的、训练深度 CNN 的提示和技巧。

- **重排序(re-ranking)**：在获得图库图像(对于输入查询图像)的初始化排序之后，重排序作为一个后处理步骤，目的是提高相关图像的排名。这是一个功能强大的方法，在许多重识别和信息检索系统中广泛使用。

　　Zhong 等人[28]提出了另一种流行的重识别方法(见图 10-25)。给定一个取样器(P)和一个图库集，提取每个人的外观特征(嵌入)和 k-reciprocal(k-倒序)特征。计算每一对(取样器和图库)的原始距离 d 和 Jaccard 距离 d_j，然后计算 d 和 d_j 的组合距离并把它当作最终距离，并使用该距离得到重新排名的列表。

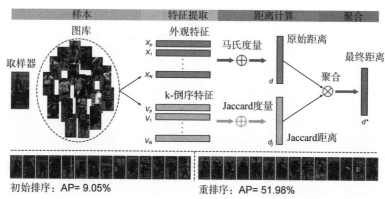

图 10-25　Zhong 等人提出的重排序方案(来源：[28])

在最近的一项车辆重识别任务中，AAVER[25]通过使用重排序进行后处理，将 mAP 的准确率提高了 5%。

定义　Jaccard 距离在两组数据之间计算，表达两组数据之间的交并比。

- **要诀和技巧**：Luo 等人[29]在行人重识别任务中展示了强大的基准性能。论文作者采用了与 Hermans 等人[11]所用结构相同的批结构(本章对比进行了研究)，并使用了数据增强、学习率热身和标签平滑等技巧。值得注意的是，论文作者获得的性能优于许多最先进的方法。建议你在执行任何与识别有关的任务时应用这些通用的技巧来训练 CNN。

定义　学习率热身(warm-up learning rate)指一种具有学习率调节器的策略。该学习率调节器根据预先设定的初始训练轮数线性调整学习率。标签平滑(label smoothing)调节交叉熵损失，使产生的损失在训练集上不过于自信，因而有助于模型泛化和防止过拟合，这在小规模数据集中特别有用。

- **注意力**：本章重点讨论如何在全局(global)范围内学习嵌入，也就是说，没有明确地引导网络关注物体的某个特别部分。一些值得关注的探讨注意力的论著包括 Liu 等人[30]和 Chen 等人[31]发表的论文。利用注意力也有助于提高重识别网络的跨域性能，如[32]中所证实。

- **使用更多信息指导训练**：表 10-3 中对几个最先进方法的对比简单地总结了从多个来源收集信息的效果。这些来源包括身份、属性(如车辆的品牌和型号)和时空信息(每个查询图像和图库图像的 GPS 位置)等。理论上讲，包含的信息越多，就越有助于获得更高的准确性，然而，这是以标注数据为代价的。多属性训练的合理方法是使用多任务学习(multi-task learning，MTL)。通常，损失会变得互相矛盾，这可以通过适当权衡任务(使用交叉验证)来解决。Sener 等人[32]提出了一种 MTL 框架，利用多目标优化(multi-objective optimization)来解决这种损失冲突的场景。

  MTL 在人脸、人员和车辆分类等方面的一些热门论著包括 Ranjan 等人[34]、Ling 等人[35]和 Tang[23]的论文。

10.7　本章小结

- 图像检索系统需要视觉嵌入(向量空间)的学习。对于任何一对图像，研究人员都可以使用其在嵌入空间中的几何距离对其进行比较。

- 使用 CNN 来学习嵌入时有三种流行的损失函数供你选择：交叉熵损失、三元组损失及对比损失。

- 三元组损失的原始训练在计算上非常昂贵，因此使用基于批处理的信息数据挖掘技术：BA、BH、BS 以及 BW。